PHOTONIC
MENTAL ENGINEERING MIT DEM LICHT DES LEBENS
- Hendrik Hannes -

Danksagung an

Dr. Karl-Heinz Fuchs, dem es in mehr als 15 Jahren Forschungsarbeit gelungen ist, aufbauend auf den Kenntnissen von Wilhelm Reich, die Biophotonic von Prof. Dr. F.-A. Popp, für den alltäglichen Bereich des Lebens verfügbar zu machen. Erst durch seine wissenschaftliche Arbeit ist es heute möglich, Disharmonien, entstanden durch Technisierung und naturwidrige Bewegungen, auf eine einzigartige Art und Weise zu beheben und das auf allen Ebenen des Lebens!

1. Auflage

Deutsche Erstauflage, Mai 2014

Herausgeber: Cosmo Energetic School, Germany.

IN-PHOTONIC® IST EIN GESCHÜTZTER MARKENNAME
Alle Bilder, Grafiken und Darstellungen sind urheberrechtlich von der In-Photonic® Group geschützt und dürfen mit freundlicher Genehmigung der Markeninhaber für dieses Buch genutzt werden.

Layout und grafische Bearbeitung: Hendrik Hannes

Weitere Informationen zu den Inhalten:
Cosmo Energetic School, Germany
info@holisticart.eu - **www.holisticart.eu**

Herstellung und Verlag:
BoD - Books on Demand, Norderstedt
ISBN_13: 978-3-7357-2521-9

Herausgeber
Cosmo Energetic School – 76437 Rastatt.

Inhaltsverzeichnis

Einleitung	6	- 12
In-Photonic – eine Einführung	12	- 19
Der Photonen-Körper	19	- 23
Licht & Wasser	24	- 27
Teilchen & Wellenaspekte der Wassersanierung	28	- 47
Erfolgreiche Wassersanierungsobjekte	48	- 64
Agrar Lösungen mit In-Photonic	64	- 76
Initiative Lichtenergie	77	- 85
Angewandte Energetik	85	- 97
Phtonic an der Basis der Gesundheit	98	- 113
Mental Engineering mit In-Photonic	114	- 125
Schumann Frequenz	125	- 129
Dirty Energy's & Vital Force Technology (Dr. Y. Kronn)	130	- 138
Skalarfelder N. Sergej Koltsov	139	- 147
Cosmo Energetic	148	- 155
Photonic EnergyTool's	156	- 159
Erfahrungsberichte zur Lebensmittel Platte *LP1*	159	- 178
Dezentrale Photonic Applikationsentwicklung	178	- 186
Photonic Basis Tools	187	- 194
Neurtinos & Elektronen	194	- 198
Der Beobachter	199	- 208
Anhang I Lichtspektral-Spektrum	209	- 209
Anlagen	210	- 212

Die Größe der Freiheit, der wahren Freiheit, ihre Würde, ihre Schönheit liegen in einem selber, wenn man in vollkommener Ordnung lebt. Und diese Ordnung entsteht nur dadurch, daß wir uns selber Licht sind.
Jiddu Krishnamurti

In eigener Sache

Das Ihnen vorliegende Werk ist authentisch mit mir als Autoren und Menschen. Es stellt nicht den Anspruch perfekt zu sein und es versucht auch nicht, diesem sinnlosen Unterfangen zu frönen. Fehler machen uns menschlich und verständlich. Als ein nichtlineares Wesen ist es meine Hauptintention, Sie so persönlich anzusprechen, wie es mir eben nur möglich ist. So wurde dieses Buch von keinem Lektor in eine Form des einheitlichen und „*richtigen*" Ausdrucks gebracht, sondern in seinem individuellen Sein belassen. Ich habe es mir vorbehalten so zu sein, wie ich bin, - auch wenn das der Linearität des Ausdrucks entgegensteht.

Ärgern Sie sich also nicht, wenn Sie einen „*Fehler*" finden. Wichtig ist, dass Sie das, was ich Ihnen mitteilen möchte verstehen, damit Sie Ihre Wahrheit expandieren können.
Das sollte aus Ihrem Gefühl für Stimmigkeit heraus erfolgen und nicht deswegen, weil alle Gesetze der Grammatik und Zeichensetzung befolgt wurden. Bedenken Sie dabei immer, dass alles was den Anspruch von Vollendung und völliger Richtigkeit hat, aufhört zu werden. Nehmen Sie deshalb die Energie meiner Fehler, um zu den eigenen Fehlern zu stehen, ohne sich dabei an ihnen zu bewerten.

Wenn Sie sich aber unbedingt über Fehler ärgern wollen, dann sollten Sie sich über die Fehler ärgern, die Sie aus Mechanismen der Selbstboykottage an Ihrer guten Lebensqualität machen.
Nehmen Sie die Energie des Ärgers und transformieren Sie diese in eine Kraft der konstruktiven Veränderung. Trotz meiner germanistischen Regelbrüche wünsche ich Ihnen viel Spaß und Interesse an meinem Buch, bei dem ein Gesetz jederzeit Gültigkeit hat:

WER EINEN FEHLER FINDET, DER DARF IHN BEHALTEN......

EINLEITUNG

In diesem Buch möchte ich Ihnen eine lebensverändernde Technologie vorstellen, die es inzwischen seit mehr als 15 Jahren gibt. Da diese Technologie das Verständnis der meisten Menschen sprengt, war es für den Entwickler nicht immer einfach, sich gegen die Widerstände des Unwissens durchzusetzen. Am Ende aber waren es die Erfolge, die nun den Weg einer einzigartigen *Lichttechnologie* in alle Bereiche des Lebens öffnen. Inzwischen nimmt man die Wirkung der *In-Photonic Technologie* ernst, denn die Ergebnisse, auch wenn sie nicht verstanden werden, sprechen eine klare Sprache und sind mit keiner bisher existierenden Technologie vergleichbar.
Eine Innovation, auf die niemand mehr verzichten möchte, der schon erste Erfahrungen damit gemacht hat.

Mit *In-Photonic* eröffnet sich ein Universum an Möglichkeiten, die nun genutzt werden wollen. Mehr als 15 Jahre Forschung und erfolgreiche Einsätze in den Bereichen Landwirtschaft, Wassersanierung sowie Gesundheit, bilden den Grundstein für einen sukzessiven Ausbau an Anwendungsmöglichkeiten.
Dieses Buch möchte die Möglichkeiten vor Augen führen, die es ermöglichen, effizient an der Lebensqualität zu arbeiten, egal, ob man dies als Endverbraucher für sich privat in Anspruch nimmt, oder aber ob man mit wirtschaftlichen Interessen an der Prozessintegration und Verbreitung der *In-Photonic* Technologie mitwirken und damit auch ein Pionier für neue, innovative Energien werden möchte. Im Bereich der konsequenten Umsetzung quantphysikalischer Kausalitätsbezüge, eröffnet *In-Photonic* über seine fundamentale Wirkung ganz neue Möglichkeiten im Umgang und der Nutzung von Energien, was zu einem völlig neuen Berfusbild führt, - das *Mental Engineering*, auf das ich in diesem Buch noch genauer eingehen werde.
Da ich als Autor des Buches nicht der Entwickler dieser Licht-Technologie bin, hat mir Dr. Fuchs freundlicherweise eine Vielzahl seiner Veröffentlichungen zur Niederlegung in diesem Buch überlassen.
Ich habe zwar gute Fach- und Sachkenntnisse aus meinen jahrelangen Tätigkeiten im Bereich des wissenschaftlichen *Independence Networkings*, doch vermag ich die kausale Basis der Technologie nicht in der Klarheit und Intention dazulegen, wie es der Entwickler aus dem

Fundus seiner reichhaltigen Erfahrung aus Forschung und Anwendung zu tun vermag. Meine Intention ist es diese Photonen Technologie so darzustellen, dass auch der Laie verstehen kann, warum und in welchem Umfang diese Licht-Technologie wirkt.

Das ist ein inniges Anliegen, da *In-Photonic* ein Schlüssel für nahezu alle Probleme sein kann, die uns heute beschäftigen.
Egal ob es um die Umwelt ist, die viele Jahrhunderte anthropogene Raubritterzüge zu verarbeiten hat, oder aber, ob es um die körperliche, geistige und seelische Gesundheit geht. – Alles, was belebt und beseelt ist möchte in sein harmonisches Gleichgewicht kommen, weil nur aus dieser Balance eine evolutionäre Entwicklung zur Norm der Schöpfung stattfinden kann.
Licht ist dabei die höchste Ordnungsenergie, die alle anderen Energieverdichtungen zu ihrem Gleichgewicht austariert. Aus Sicht der *Thermodynamik* sprechen wir hier von einem Instrument, das eine *negative Entropie*[1] *(Negentropie)* im biologischen Systemen erzeugt.
Sind z.B. Abläufe in einem biologischen System nur sub-optimaler Natur, dann bedeutet *negative Entropie* eine Inversion aller Ausreißer, die gleichsam Krankheit, erhöhter Verschleiß und am Ende vorzeitiger Abbau von Lebensenergie bedeuten. Dieser Mechanismus ist auf alles übertragbar, da sämtliche Veränderungen die durch kohärentes Licht entstehen, auf der atomaren Ebene der Molekülbewegung stattfinden und jede Form der Materie besteht nun einmal aus Atomen, weswegen man es hier mit einer Kausal-Wirkung zu tun hat.

Kohärentes Licht als höchster Ordnungsfaktor, durchdringt das Atom und modifiziert die innere Struktur der *Quarks*[2] *(Up-/Down-Quark)* zur Norm, wodurch das Atom wieder in seine harmonische Eigenschwingung kommt, aus der heraus es wiederum stabile Moleküle bilden kann, woraus als Ergebnis „*gesunde*" Materie entstehen kann.

Wie sich das in den einzelnen Bereichen auswirkt, das werden wir noch im Verlauf des Buches näher beleuchten. Nur soviel sei noch

---

[1] **Negentropie** ist die Kurzbezeichnung für **negative Entropie**, ist also genau das Gegenteil von Entropie und ein Spezialfall der Syntropie. Allgemein ist die Negentropie definiert als Entropie mit einem negativen Vorzeichen, was wissenschaftlich heftig diskutiert wird, weil damit die Voraussetzungen für ein *Perpetuum mobile* gegeben sind.

[2] **Quarks** sind im Standardmodell der Teilchenphysik die elementaren Bestandteile (Elementarteilchen), aus denen Hadronen (z. B. die Atomkern-Bausteine Protonen und Neutronen) bestehen.

gesagt, dass nämliche sämtliche schädliche, also naturwidrige Schwingungsverläufe aus elektrischen Gleich- und Wechselfeldern nur in dem Maße schädlich sein können, wie Resonanz aus einem biologischen System oder einer Molekülstruktur vorhanden ist. Ist ein System oder ein Molekül in seiner harmonischen, naturrichtigen Eigenschwingung, so bleibt eine unerwünschte *Resonanz-Korrelation* mit einer destruktiven Schwingung *(z.B. E-Smog)* aus, zumal unerwünschte destruktive Interferenzen *(Schwingungen, welche die Eigenschwingung abschwächen)* über die *Invertierung*[3] durch das kohärente Licht von vornherein unschädlich gemacht werden. Auch wenn der Mensch durch die *Heisenberg'sche Unschärferelation* diese Vorgänge nicht mehr zu beobachten vermag, weil sie sich auf Ebene der kleinsten Bausteine der Materie abspielen, so sind die Reaktionen heute dennoch, z.B. mittels *Elektronenrastermikroskop* oder *Raman-Spektroskopie* nachweisbar.

Im Bezug auf kohärentes Licht, das man auch als *Biophotonen* kennt, wurde die wissenschaftliche Empirik von *Prof. Fritz Albert Popp* über viele Jahre wissenschaftlicher Anfeindung erbracht, so dass seine *Biophotonic* heute als wissenschaftlich anerkannt gilt. Popp hat jedoch lediglich das Messverfahren für den Nachweis kohärenter Lichtemissionen erbracht. - Kohärentes Licht ist der *Lebensodem* der Zellen, das beim Zellzerfall freigesetzt wird und über ein von Popp entwickeltes Messsystem *(Photomultipler)* quantitativ dargestellt werden kann.
So kann man erkennen, wie viel Lebensenergie in einem biologischen System enthalten ist. Den Abbau von Lebensenergie nennt man übrigens *Entropie*[4]. Popp wiederum hat seine Biophotonic u.a. auf den Grundlagen der Forschungen von *Werner Kropp* aufgebaut, welcher in den 70er Jahren mit der Grundlagenforschung von Wasserstrukturen begann. Licht, insbesondere kohärentes Licht, spielte bei der Strukturierung von Wasser eine große und bisher unverstandene Rolle.

---

[3] Mit **Invertieren** ist hier eine spiegelsymmetrische Umkehr eines Feldes auf der atomar negativen Seite gemeint. Ein invertiertes Feld richtet sich immer zur Mitte aus, woraus eine Potenzialharmonie entsteht.

[4] **Entropie (Wandlung):** Die Entropie bleibt nur dann unverändert, wenn die Prozesse reversibel verlaufen. Reale Zustandsänderungen sind immer mit Energieverlusten (z. B. durch Reibung) verbunden, wodurch sich die Entropie erhöht. Im Bezug auf biologische Systeme bedeutet Entropie, dass sich ein vermehrtes Quantum an Lebensenergie abbaut, weil das System mehr Energie aufbringen muss um sich wieder zur Harmonie auszutarieren.

Der deutsche Erfinder glaubte an die Existenz einer wissenschaftlich unbekannten, so genannten "*dritten Kraft*", die er als *Feldkraft* oder *Interferenzenergie beschrieb*, die von statischen Magnetfeldern sowie von magnetischen Wechselfeldern ausgehen. In diesem Zusammenhang sprach Kropp auch von der *Energetischen Interferenz Resonanz Technologie (ERIT)*. Damit ist es ihm erstmals gelungen, eine persistente Informationsübertragung auf Objekte und Wasser zu machen. Auch er konnte schädliche Informationen durch seine Technologie neutralisieren, indem er die aus *ERIT* erzeugten *Interferenzenergien* einsetze. Kropp's Lebenswerk galt der Suche nach den *Maxwell'schen Gleichungen übergeordneten Vektorpotential-Feldern*, die er einfach nur als *K-Feld*[5] nannte. Mit seiner einzigartigen, jedoch leider sehr unbekannten Technologie, konnte er hoch spezifische Wasserstrukturen herstellen, die es sogar vermögen, radioaktiv kontaminierte Gegenstände und Personen zu dekontaminieren, - und das in nur kurzen Augenblicken! Dies jedoch ist ein anderes, ebenfalls hochinteressantes Thema. – Nur soviel sei gesagt, dass wir beim *Mental Engineering* auch diese Technologie zum wirkungsvollen Einsatz bringen. Kropps Produkte waren die am stärksten wirkenden *Energy-Tools*, die der Markt bis vor *In-Photonic* hervorbrachte. In Synthese mit *In-Photonic* lässt sich die Wirkung aber noch potenziell steigern!

Popp, welcher über eine interdisziplinäre Zusammenarbeit mit Kropp, eine Doktorantin bei ihm einstellte, nahm sich dessen fundamentaler Forschungen zum Thema Licht an, um daraus seine Biophotonic zu initiieren. Diese wurde jetzt, über das bloße Messverfahren, in die Anwendung im Alltag integrierbar, woraus sich ein Universum an unterschiedlichen Anwendungen eröffnet, das nun auf seine Eroberung wartet.

Neben Popp hat auch noch ein anderer Grundlagenforscher seinen Platz in der *In-Photonic* Technologie, nämlich *Wilhelm Reich*, der zu Zeiten eines *Viktor Schauberger* und *Nikolai Tesla* lebte. Seine Arbeiten zur *Orgon-Energie* fanden jedoch niemals den Weg in die wissenschaftliche Akzeptanz und das, obwohl sie eine fundamentale Grundlage der In-Photonic Technologie ist, die erwiesener Maßen wirkt.. Die ganze *In-Photonic* Technologie wurde nur deswegen

---

[5] Das **K-Feld** steht für Kropp-Feld und beschreibt eigentlich ein Nullpinkt-Feld, das frei von Polarität ist.

möglich, weil man einen *Orgon-Akkumulator* so modifizierte, dass daraus eine Photonenkompression möglich wurde, aus der kohärentes Licht entsteht. Die *In-Photonic* Technologie basiert sehr vereinfacht also darauf, dass sie Photonen, die willkürlich im Raum verteilt sind ordnet, um sie dann zu bündeln und in ein Medium zu *infundieren*[6]. Im *In-Photonic Generator* kumulieren sich große Photonen-Potenziale auf, so dass eine Komprimierung bis an das Maximum stattfindet. Dermaßen komprimierte Photonen werden nun über eine von Dr. Fuchs entwickelte Verfahrenstechnik, in geeignete Medien, wie z.b. Silicium oder leitfähige Metalle eingebracht *(Kupfer, Aluminium und radioaktive Elemente eignen sich nicht!)*.
Nach der *Infundierung* sind die geladenen Objekte aktiv, was bedeutet, dass sie über einen Zeitraum von etwa **15.000 Jahren** *(mathematisch berechnete Zerfallszeit)* kohärentes Licht in die Umgebung abgeben!

Mit dieser kurzen Einleitung möchte ich Ihnen einen grundlegenden Eindruck zu *In-Photonic* und zum *Mental Engineering* vermitteln, bevor wir nun dazu übergehen, das Thema etwas weitläufiger zu betrachten. Das schöne bei *In-Photonic* ist, dass man nichts falsch machen kann, weil es aufgrund der hohen Ordnungsstruktur des Lichtes keine negativen *Side-Effects* geben kann, sehen wir einmal von einer subjektiven Eigeninterpretation ab, wenn z.B. sog. *Heilkrisen* entstehen, die nicht ausgeschlossen werden können, wenn ein System aus der Starre in die Bewegung übergeht. Jedoch lässt die hohe Ordnung des Lichtes keine Prozesse zu, die das System überfordern oder es schädigen könnten, was nicht bei allen *Kohärenzfaktoren* üblich ist, - im Gegenteil. Kohärenz heißt, dass die Schwingung ALLES durchdringt und mit ALLEM reagiert, bzw. interagiert, ohne selbst darauf zu reagieren. Wegen der hohen Reaktionsfrequenz haben kohärente Faktoren eine Art eigene Intelligenz, die durch alle Ebenen des Seins wirkt und die einer höheren Wahrheit als der unseres Denkens folgt. Das ist das einzigartige an dieser Technologie: Sie wirkt auf allen Ebenen und stellt *Synchronizität*[7] her, wodurch der Körper denselben Prozessen unterliegt wie Geist und Seele.

---

[6] Damit ist das reversible Einbringen mittel technischer Geräte oder mentaler Konzentration von energetischen Signaturen *(Information, Schwingung, Felder)* in geeignete Objekte, wie z.B. Kristalle, Wasser oder Öle, u.s.w. beschrieben.

[7] Als Synchronizität (altgr. σύν syn ‚mit', ‚gemeinsam' und χρόνος chronos ‚Zeit') bezeichnete der Psychologe Carl Gustav Jung zeitlich korrelierende Ereignisse, die nicht über eine Kausalbeziehung

Bereits jetzt sollte klar werden, wie weit gefächert daher die Anwendungsbereiche von *In-Photonic* sind und welch große Chancen sie für unsere heutige Zeit bereithält.

Um diese Chancen mit Bewegungsenergie *(Motivation)* zu tonisieren, möchte ich über die vielen erfolgreichen Einsätze dieser Technologie schreiben, damit sich ein Vertrauen aufbauen kann, auch wenn man die Wirkweise nicht sehen oder nur teils verstehen kann.
Insbesondere die bahnbrechenden Ergebnisse im Bereich der Wasseraufbereitung sowie in der Gesundheit, öffneten nun die Tore zu Regierungen und Investoren. Auch wenn man die Wirkung oftmals nicht versteht, so kann man inzwischen staunend die Ergebnisse sehen, die sich nicht nur einmal einstellten, sondern schon beliebig oft mit demselben positiven Ergebnis wiederholen ließen.
Auch die Nachhaltigkeit der Wirkung ist inzwischen in allen bisher getätigten Projekten zu 100% konstant geblieben, weswegen diese *Photonen-Technologie* nun ausholt, um den Erfolg zu expandieren.

Da ich schon seit vielen Jahren experimentelle Applikationsentwicklungen aus den verschiedenen Technologien energetischer Modifikationen verschiedener Verdichtungsgrade betreibe, konnte ich mit mit der kausalen *In-Photonic* Technologie nun endlich die Grundlage für ein völlig neues Berufsbild schaffen, dem *Mental Engineerer*.
In-Photonic synchronisiert die Energien niederer Verdichtungsgrade, was nun die Möglichkeit öffnet, *EnergyTools* höchster Ordnungsgrade über mehrere energetische Kaskaden, für den spezifischen, aber auch unspezifischen Anwendungsbereich zu erschaffen. Auch dazu werde ich noch mehr schreiben, weil hier ein großes Expansionspotenzial vorliegt, das auf seine Nutzung wartet. Seien Sie also gespannt, an was Sie alles noch nicht gedacht haben.

Das Thema Quantenphysik löst das alte Archetypedenken ab, da es aus der Quintessenz hochkomplizierter Berechnungen, Erkenntnisse über das Sein liefert. Sie bringt Klarheit und Wissen um die Zusammenhänge überall dorthin, wo man sich über lange Zeit nur mit metaphorischen archetypischen Glaubenssystemen zu helfen wusste.

---

verknüpft sind, jedoch durch willkürliche Assoziation als miteinander verbunden, aufeinander bezogen wahrgenommen und gedeutet werden.

Da jeder Mensch, bewusst oder unbewusst, von der Kernfrage seines Seins gefesselt ist, erzeugen die Erkenntnisse aus der Quantenphysik eine nicht näher beschreibbare Faszination beim Menschen. Mit *In-Photonic* wird diese Faszination nun zu einem erlebbaren, fühl- und spürbaren Erlebnis.

Alles, was der Mensch tut und zu tun hat, soll er aus dem Licht der Natur tun. Denn das Licht der Natur ist nichts anderes als die Vernunft selber. Wer anders ist der Feind der Natur, als der sich klüger dünkt denn sie, obwohl sie unser aller höchste Schule ist. – Paracelsus

IN-PHOTONIC - EINE EINFÜHRUNG

Die heutige Biophysik zeigt auf, dass die Zellen aller Lebewesen nicht nur Licht abstrahlen sondern auch speichern, und dass die Gesamtheit dieses Lichts die Lebensvorgänge steuert. Nur mit modernsten Geräten können die abgestrahlten Biophotonen gemessen werden. Die daraus gewonnenen Erkenntnisse haben bereits auf einer Reihe von Gebieten zu vielfältigen Anwendungen geführt. Inzwischen hat auch die Bundesregierung den Forschungsbedarf auf dem Gebiet der *Biophotonic* erkannt. Die *"Bekanntmachung von Richtlinien über die Förderung zum Themengebiet Biophotonic"*, vom 21. Februar 2001 aus dem Bundesforschungsministerium, stuft die *Biophotonic* als *prioritäres Themenfeld* ein.

Der russische Zellbiologe *Prof. Dr. Alexander Gurwitsch*[8] ging Anfang des letzen Jahrhunderts davon aus, dass ein *biologisches, morphogenetisches (formbildendes) Feld* für die Regulation der Vorgänge in der Zelle und im Organismus verantwortlich sei. Für die chemischen Prozesse lebender Systeme seien nicht irgendwelche Moleküle oder Molekülkomplexe das Wesentliche, sondern deren räumliche Anordnung, in die sich ständig wech-

---

[8] **Prof. Dr. med. Alexander Gurwitsch**
(1874-1954) Akademie für med. Wissenschaften (Moskau) Direktor des Institutes für exp. Biologie.

selnde Moleküle einfügen. Dazu gehört auch die Bildung von Molekülgruppen aus Molekülen, die beim alleinigen Vorhandensein der klassischen chemischen Bindungskräfte, keine Bindung eingehen könnten.

Im Jahre 1922 entdeckte *Gurwitsch*, dass die Wurzelzellen einer jungen Zwiebel an einer bestimmten Stelle zu vermehrter Zellteilung angeregt wurden, wenn die Spitze einer zweiten Zwiebelwurzel darauf gerichtet war. Die Abschirmung mit normalem Fensterglas verhinderte den Effekt, - UV-Licht durchlässiges Quarzglas hingegen ermöglichte ihn weiterhin. Es handelte sich dabei um eine Strahlung im ultravioletten Frequenzbereich *(320 nm)* und nicht um einen Effekt chemischer Übermittlersubstanzen. In jahrzehntelangen systematischen Experimenten belegte er, dass diese Strahlung nicht nur die Zellteilung auslöst, sondern ganz allgemein verschiedene Zustände der Zelle anzeigt, wie z.B. Geburt, Tod, rasche Abkühlung, Narkose und Vergiftung der Zelle, sowie andere störende oder schädliche Einflüsse.

Ein anderer, ebenfalls sehr interessanter Forschungsbereich in der Sowjetunion, beschäftigte sich seit den 50iger Jahren mit den Wirkungen elektromagnetischer Felder auf Lebewesen. Es stellte sich als eine Tatsache heraus, dass bestimmte Frequenz- und Intensitätsbereiche von elektromagnetischen Feldern, auf Funktionsbereiche von tierischen und menschlichen Organismen einwirkten, - diese sogar steuern *(Skalarfelder)*.
Inzwischen vertreten auch schon einige westliche Forscher die Meinung, dass das nur möglich ist, wenn Pflanzen, Tiere und Menschen selbt entsprechende Felder mit biologischer Funktion besitzen, weil erst daraus eine Resonanz-Wechselbeziehung entstehen kann. Vertreter der vorherrschenden Molekularbiologie, welche in Kenntnis der Zellstrahlung kamen, interpretieren sie als *Luminiszenz*, d. h. als Leuchten eines Stoffes biologischer Moleküle und führen die Strahlung auf chemische Reaktionen zurück. - Sie sehen die Strahlung quasi als ein *Abfallprodukt*, die keine eigene biologische Funktion besitzt. - Insofern war es für den deutschen Biophysiker *Prof. Dr. Fritz-Albert Popp*[9] von

---

[9] **Prof. Dr. Fritz-Albert Popp** (geb. 1938) International Institute of Biopyhsics (Neuss)
1969 Promotion in theor. Chemie 1972 Habilitation in theor. Radiologie

ausschlaggebender Bedeutung zu beweisen, dass das Licht in Zellen *kohärent*[10] war.
Nur kohärentes Licht vermag es über lokale Aufgaben hinaus, Steuerungsfunktionen für den ganzen Organismus zu übernehmen, weil es durch seine starke Bündelung, auch weit von der Lichtquelle entfernt, kaum gestreut wird. Er stellte darüber hinaus die Überlegung an, dass bei der hohen Erneuerungsrate der Zellen im Menschen, nur eine Signalübermittlung mit Lichtgeschwindigkeit, dem gesamten Zellverband den Verlust von zehn Millionen Zellen pro Sekunde zu melden vermag und entsprechend Informationen zur adäquaten Reaktion an den ganzen Organismus zurückzumelden.

Popp entwickelte einen *Photomultipler1* zur Messung ultraschwacher Zellstrahlung und konnte die Experimente früherer Forscher, wie die von Gurwitsch, bestätigen. Er stellte dabei die Zellstrahlung im gesamten optischen Bereich vom UV über das sichtbare Licht, bis zum Infrarot fest.
Mit der Analyse der hochkohärenten Biophotonenstrahlung von pflanzlichen und tierischen Zellen, konnte er gleichzeitig experimentell beweisen, dass die strahlenden Organismen nach thermodynamischen Gesichtspunkten, *Nicht-Gleichgewichtssysteme* darstellen. Die klassische Thermodynamik besagt hierzu, dass der Ordnungszustand von Teilchen nicht lebender Materie bei Zufuhr von Wärme und Energie abnimmt *(Entropie)*, von einem hoch geordneten kristallinen, hin, zu einen chaotischen Zustand. Schon Gurwitsch zeigte aber mit seinen *unausgeglichenen Molekularkomplexen,* dass sich biologische Systeme, also Lebewesen, in einem labilen Übergangszustand befinden. Diesseits dieser Schwelle macht das *biologische Feld,* die aus den Stoffwechselprozessen in der Zelle entstehenden Produkte wieder verfügbar. Das heißt, die Energie wird in der Form des neuen Ordnungszustandes der Molekülgruppen gespeichert! –

---

und Biophysik 1973-80 Dozent an der Universität Marburg 1980-82 Aufbau einer Forschergruppe in Flörsheim bei Worms 1982-85 Universität Kaiserslautern am
Lehrstuhl für Zellbiologie 1982 Zusammenschluß von 11
Forschung- Laboratorien in 8 Ländern und Gründung des "International Institute of Biophysics"

[10] **Kohärenz**: die Eigenschaft von Wellen, im dynamischen Verlauf einer gemeinsamen festen Regel zu folgen. Die Kohärenz ist zugleich als die Gesamtheit aller Korrelationseigenschaften zwischen Wellengrößen definiert.

Jenseits dieser Schwelle hört das Feld auf, den Molekülgruppen die nötige Energie zu ihrer Aufrechterhaltung zuzuführen. Sie zerfallen wobei die Energie aus dem Zerfall als Biophotonen wieder freigesetzt wird.

Diese Ordnungszustände können ganz plötzlich durch geringste Einflüsse kippen. Voraussetzung für diese innere Funktions- und Ordnungsstruktur ist die ständige Zufuhr von Energie, z.B. aus der Nahrung oder aus dem Sonnenlicht. Ohne diese Energiezufuhr würden biologische Systeme bald zusammenbrechen. Physiker nennen solche Phasenübergangszustände *dissipative Strukturen*[11]. Der russisch-belgische Chemiker *Prigogine* hat für die mathematische Formulierung dieser *dissipativen Strukturen* im Jahr 1977 sogar den Chemie-Nobelpreis erhalten.

Prof. Popp hat nun als erster die Richtigkeit dieser Theorie experimentell beweisen können. Popp zeigt damit auf, dass die Kohärenz der Teilchen nur mit einem kohärenten elektromagnetischen Feld denkbar ist, das erst die Teilchen zu einem ganzheitlichen Verhalten veranlasst. *Dissipative Strukturen* sind z.B. auch Laserprozesse, in denen durch ständige Energiezufuhr ein Verstärkungsmechanismus in Gang gehalten und ein kohärentes Feld erzeugt wird. Den Phasenübergang bezeichnet man als *"Laserschwelle"*. Lebewesen sind somit biologische Laser, was bedeutet, dass nicht nur die Materieteilchen im Biophotonenfeld, sondern auch das Biophotonenfeld selbst, durch geringste Einflüsse, von einem chaotischen, nur schwach geordneten Zustand in einen kohärenten Zustand wechseln kann. Er sieht in diesem komplementären Zusammenspiel ein Analog zum Yin- und Yang des *Chi* der *tradaditionellen chinesischen Medizin (TCM)*, der Lebensenergie, die sämtliche Prozesse in unserem Organismus reguliert, bis hin zur Bildung und Auflösung von materiellen Strukturen. So erscheint das *Yin-Yang Symbol* als eine Matrizze zur fundamentalen Mechanik der Schöpfung.

---

[11] Mit dem Begriff **Dissipative Struktur** (zerstreuende Struktur) wird das Phänomen sich selbstorganisierender, dynamischer, geordneter Strukturen in nichtlinearen Systemen fern dem thermodynamischen Gleichgewicht bezeichnet. Dissipative Strukturen bilden sich nur in offenen Nichtgleichgewichtssystemen, die Energie, Materie oder beides mit ihrer Umgebung austauschen.

Zellen und Gewebe die sich teilen und vermehren wollen, befinden sich in einem *chaotischen Yin-Biophotonenfeld*, während ein kohärentes *Yang-Biophotonenfeld* die Betonung auf Koordination und Differenzierung, beispielsweise von Nerven-, Muskel- oder Stützgewebe legt. So besitzen Gehirn- und Nervenzellen in denen kaum Zellteilungen und Stoffwechselaktivität stattfinden, ein kohärenteres Biophotonenfeld, als z.B. die sich schnell erneuernden Gewebezellen von Leber, Darm oder Schleimhäuten.
Gesundheit bedeutet dann, dass der Selbstregulationsmechanismus dafür sorgt, dass sich das Biophotonenfeld nie zu lange von der *Laserschwelle* weg bewegt.

Krebsarten entstehen, wenn Yin überbetont ist, - entzündliche Erkrankungen hingegen, z.B. Multiple Sklerose, bei zuviel Yang.
Veränderte Bewusstseinszustände, wie Entspannung und Meditation, könnten als eine Art Kohärenztherapie im langwelligen Bereich unseres Biophotonenfeldes aufgefasst werden.
Nachweislich erhöht sie die Kohärenz unserer Gehirnwellen und führt möglicherweise zu einer Erweiterung unseres Bewusstseins, u. a. über die qualitative, wie auch die quantitative Bildung neuronaler Strukturen *(Neurophysiologie/Neuroimmunologie)*.
Ein Modell für eine neuartige Medizin der Zukunft stellt nach den Erkenntnissen der Biophotonenforschung die Homöopathie dar, weil sie gezielt und individuell, mit nur geringem Aufwand und Nebenwirkungen, auf die grundlegende Ebene des menschlichen Organismus einwirkt, auf der jede Störung beruht und daher auch ursächlich wieder am besten einreguliert werden kann, nämlich das Biophotonenfeld des Menschen.
Hochpotenzen wirken nicht mehr molekular, sondern durch ihre elektromagnetische Signatur, - ihre kohärente Wellensignatur im Lösungsmittel. Je höher die Potenzierung, desto langfristiger und weniger lokal, also grundlegender, ist die Wirkung.
Ein enger Zusammenhang darf auch zwischen emotionaler Befindlichkeit, Bewusstseinszuständen, Immunsystem und dem Biophotonenfeld angenommen werden. Experimente und Gehirnoperationen haben gezeigt, dass die im Gehirn vorhandene Information nicht lokal und in bestimmten materiellen Strukturen gespeichert ist, sondern als kohärente Biophotonenfelder.
Sehr wahrscheinlich können daher sogar alle Felder des Organis-

mus Gedächtnisfunktionen wahrnehmen, was eine Grundlage der *Neuroimmunologie* ist. Das jedoch ist nur möglich, wenn die Erinnerungen holographisch gespeichert sind, also als dreidimensionale kohärente Welleninterferenz.

Auf einem Hologramm ist das Interferenzmuster zwischen dem Laserlicht, das z.B. von einem Gegenstand reflektiert wird und sich mit einem anderen Laserlicht, z.B. einem Teil des abgelenkten Ursprungslichtes überlagert, nur als unregelmäßige Wellenlinien auf einem Film erkennbar. - Der angestrahlte Gegenstand erscheint als Lichtprojektion, als Holographie, aber wieder an beliebiger Position im Raum, wenn man kohärentes Licht durch das Hologramm schickt.

In einem Hologramm kann eine ungeheure Menge von Informationen gespeichert werden und in jedem Punkt des Hologramms ist die gesamte, in ihm vorhandene Informationsmenge, als fraktale Selbstwiederholung vorhanden, aus der sich wieder eine Holographie des Ganzen bilden kann.

Holografische Eigenschaften *(Selbstwiederholung)* des menschlichen Organismus finden wir z. B. auch in den Reflexzonen auf der Körperoberfläche, den Händen, den Füßen, den Ohren, der Nase, über die man Organe und Funktionssysteme beeinflussen kann. - In jedem einzelnen Akupunkturpunkt ist ebenfalls die Information des gesamten Netzes aller Akupunkturpunkte und damit des gesamten Organismus enthalten.

Deshalb geht Prof. Popp davon aus, dass die Meridiane die Knotenlinien eines über den ganzen Organismus ausgedehnten dreidimensionalen Feldes stehender elektromagnetischer Wellen sind, auf denen sich Informationen am besten fortpflanzen können. Die Kohärenz von Lebewesen ist nun aber viel höher, als die in ihrer Umgebung.

Der deutsche Nobelpreisträger *Schrödinger* sagte schon 1944, dass Lebewesen *Kohärenz anreichern,* Photonen kondensieren und speichern, *Ordnung aus der Umwelt aufsaugen.*

Popp und der chinesische *Prof. Li* zeigten in einem mathematischphysikalischen Modell, dass die DNS die Fähigkeit besitzt, sogenannte *Exiplexe (elektronische, durch Licht angeregte Molekülkomplexe)* zu bilden. Durch die Aufnahme und Speicherung von Photonen werden *Exiplexe* angeregt und die Anziehungskräfte zwischen den Molekülen innerhalb der DNS verstärkt; -

Dadurch zieht sie sich zusammen und die Energie verteilt sich auf innere Prozesse. Wenn in der Umgebung Photonenmangel herrscht, zerfallen die *Exiplexe* wieder in ihren Grundzustand, die Anziehungskräfte lassen nach und die DNS dehnt sich aus, wobei kohärentes Licht für äußere Prozesse abgestrahlt wird.
Diese durch Lichteinwirkung angeregte *Lichtpumpe* basiert wahrscheinlich auf dem Lichtangebot, das den Zellen zur Verfügung steht. Weil der angeregte *Exiplexzustand* durch diese Energiezufuhr mindestens gleich oder sogar stabiler ist als der Grundzustand, bilden *Exiplexe* ein optisch aktives Medium, - die *Lasermaterie.*
Glauber entwirft ein ähnliches Modell *kohärenter Zustände.* Wenn biologische Laser Photonen aufnehmen, also teilchenhafte, *inkohärente* Energie, dann ziehen sie sich zusammen und geben gleichzeitig Wellen in Form kohärenter Energie, ab. Nehmen sie hingegen periodische Wellen auf, also geordnete Energie, dann dehnen sie sich aus und geben gleichzeitig Photonen ab.
Kohärente und inkohärente Anteile stehen im *kohärenten Zustand* in ständiger negativer Rückkopplung zueinander, was den Zustand fixiert. Diesen Ordnungssog hält Popp für das Prinzip der Entstehung und Entwicklung des Lebens, hin zu immer komplexeren Lebensformen.

Marco Bischoff: Man vermutet heute, dass die DNS in enger Zusammenarbeit mit anderen - meist ebenfalls spiralförmigen - *exiplexfähigen* Molekülen wie Proteinen, Melaninen usw. als *Biophotonen-Schaltstationen* den gesamten Organismus überziehen und sein Biophotonenfeld regulieren. Dabei ist die von der DNS ausgesandte Laserwelle selbst nur der Träger für die Kommunikation. Im Ein- und Ausschalten des Laserstrahls, der sog. Modulation, steckt die Information. Aktuelle Experimente beweisen, dass nicht nur Zellverbände und ganze Tierpopulationen, sondern auch Wachstum, Embryo-/ Morphogenese, biologische Rhythmik, Metamorphose, Differenzierung der Gewebe bis hin zu Kommunikation und sozialen Gestaltung bei Individuen und Populationen, von kohärenten Biophotonen organisiert und reguliert werden.
Die Grundlagenforschung der Biophotonik hat das Verständnis der Lebensvorgänge revolutioniert. Es gibt auch schon eine

Reihe von Anwendungen, wie z.B. die Nutzung von pflanzlichen und tierischen Zellen als Biodetektoren zur Lebensmittel-Qualitätskontrolle an bisher 200 Lebensmitteln, oder als Maß für Gesundheit, für Tumortests, Allergien-, Blut- und Urintests, für Schadstoffanalysen, als Test auf radioaktive oder elektromagnetische Strahlung oder Erdstrahlen. Marco Bischoff formulierte 1995, dass Popp das Fernziel habe, ein Gerät zur Diagnose und Therapie zu entwickeln, das die Biophotonenstrahlen des gesamten Menschen in allen Frequenzbereichen, im optischen, im Radio- und im Mikrowellenbereich usw. erfassen und aussenden kann. Mittlerweile werden solche Geräte bereits entwickelt.

DER „PHOTONEN-KÖRPER"

Der menschliche Organismus benötigt zur Aufrechterhaltung seiner Überlebensfunktionen am Tag etwa 11.000 kcal. Nur etwa ein Viertel bis ein Fünftel deckt der Mensch durch die Nahrung ab und so stellt sich die Frage, woher kommt der Rest? - Die einfache Antwort ist: Durch das Sonnenlicht!
Was wir jedoch so banal als Sonnlicht bezeichnen, umfasst wesentlich mehr, denn nicht das Licht ist die Energiequelle, sondern die Teilchen, welche das Licht transportierten, - die Photonen. Diese wiederum entstehen auf der Sonne, die wegen Ihrer gigantischen Masse wie ein *Neutrino-Magnet* wirkt, - sie verlangsamt die *Neutrinos*, was dazu führt, dass die Sonne zu einem Pool energetisch aufgeladener Elektronen wird, die einen ganz spezifischen *Sonnen-Spin*[12] aufweisen.
Diese *Sonnen-Elektronen* stellen den Grundbaustein jegwelcher Materie in unserem Sonnensystem und auch auf der von uns belebten Erde dar. Im Licht der Sonne werden also die Elektronen mit dem spezifischen *Sonnen-Spin* geliefert. Nun kommt der Übergang zum Wasser, das als anorganisches Medium ohne eine spezifische Eigenschwingung zur *Matrix des Lebens* wird, da es vom *Sonnen-Spin* eine kausale

---

[12] **Spin**: fiktive Achse, welche die Rotationsintensität, die Drehrichtung und den Winkel der Elektronenrotation bestimmt.

strukturelle Prägung erhält. Diese Prägung beinhaltet die strukturelle Information, die zum Elektron mit dem *Sonnen-Spin* kompatibel ist, was bedeutet, dass sich die Elektronen aus der Sonne nur in dafür spezifisch angeordnete Moleküle einfügen können.
Dabei ist der Abstand der Atome im Molekül zueinander, sowie die Winkelstellung der Verbindungen im Molekül *(Raumverteilung)*, von größter Bedeutung für das *gesunde Molekül*. Der Aufbau des Moleküls unterliegt den Resonanzgesetzen und so kann man es als Metakonstrukt der Schwingung aller Atome ansehen, aus denen es besteht.
Im Umkehrschluss bedeutet das aber auch, dass das Molekül eine Folge der *Resonanz-Wechsekwirkungen* der Eigenschwingung aller Atome ist, aus denen es besteht. Um das Atom nun in eine vom *Sonnen-Spin* erforderliche harmonische Eigenschwingung zu bringen, fungieren auf der Teilchen-Ebene die *Sonnen-Elektronen* und auf der Informations-Ebene die daraus resultierenden Wasserstrukturen.
Die durch den *Sonnen-Spin* erzeugten *Mikrowirbel* wirken dabei wie die Primärstruktur eines Kristalls und durchziehen das gesamte Medium auf einer sehr tiefen und kausalen Ebene.
Dieser Informations- und Stoffaustausch ist ein dynamischer Prozess, da sich die Umgebungsparameter *(elektro-)magnetischer Felder, Potenzial-Austauschreaktionen, u.s.w.*, permanent ändern, weswegen es zum Optimum immer einen mehr oder weniger begrenzten Toleranzbereich gibt. Denken sie z.B. an den pH-Wert des Blutes, der zwischen 7,35 – 7,45 liegen muss, - Werte darüber oder darunter machen ein Leben unmöglich. Jedes biologische System besteht aus Wasser und trägt somit die kausale Information des *Sonnen-Spins*!

Hierbei gilt es zwei Aspekte zu beachten:
Das Wasser dient als Schlüsselelement der Evolution, über das der *Sonnen-Spin* in allen biologischen Systemen initiiert wird.
Nahezu alle Austausch- und/oder Lebensprozesse findet im wässrigen Medium statt. Störungen bei der Initiierung, bzw. der Anpassung an den *Sonnen-Spin* können daher nur zwei Ursachen haben:

1) Auf das Wasser wirken destruktive Kräfte ein, welche die Initial-Information des *Sonnen-Spins* überlagern oder sogar beschädigen. Ein derartiges Wasser führt zu Mutationen und Destabilisierung, - das Wasser wirkt auf biologische Systeme naturwidrig und sie verlieren die Fähigkeit, Lebensenergie fließen zu lassen. Durch den blockierten

Fluß an Lebensenergie entstehen sog. „*Entropiefaktoren*" wie z.B. Wärme, Strahlung oder destruktive Interferenzmuster, die sich nicht nur auf das Innere des Systems, sondern auch auf das Lebensumfeld destruktiv auswirken.

2) Das biologische System gerät aus seiner Selbstregulation, was sich hauptsächlich an der Zellspannung bemessen lässt. Fällt die Zellspannung ab, dann bedeutet dies immer einen Elektronenmangel, was man ganz banal Übersäuerung nennt. Instinkt-, bzw. naturgesteuerte biologische Systeme übersäuern, weil sie einem elektronenarmen Umfeld ausgesetzt sind. Intelligente biologische Systeme, die einen freien Willen ausüben können wie z.B. der Mensch, sind nur bedingt ihrem Umfeld ausgeliefert, da sie sich bewegen können.
Paradoxerweise haben aber gerade die intelligenten biologischen Systeme, eine wesentlich höhere Degenerationsrate im Bezug auf den Abfall der Zellspannung, weil man sich nicht mehr zweckbezogen, sondern sinnlich *(genüsslich)* ernährt. Es sollte zu Denken geben, dass beinahe alles was dem Genuss dient, elektronenarm ist! – Was könnte darin wohl für ein tieferer Sinn gefunden werden wollen? –

Die Folgen einer nur sub-optimalen Zellspannung sind es jedoch, die uns in diesem Buch interessieren und deshalb lasse ich jeden weiteren Kommentar zum Thema Übersäuerung beiseite.
Die Zellspannung regelt die inneren und äußeren Austauschprozesse, sowie die Leistungskraft der Zelle, die gleichsam die kleinste biologische Einheit der Evolution ist. Nur wenn die Zelle nicht mehr im Überlebenskampf ist, - also eine optimale Zellspannung aufweist, die beim Menschen bei etwa *90 mV* liegt, kann sie sich nach dem kosmischen Harmoniegesetz *(Balance) evolutionieren*. Andernfalls ist sie im Überlebenskampf und folgt der *Darwin'schen* Evolution, denn nur im Mangel überlebt der Stärkere. So kommen wir nun zu einer kausalen Basis, bei der sich alles auf der Verlaufskaskade verändert, wenn man dort Modifikationen vornimmt.

Das intelligente biologische System muss nun lernen, wie es sich mittels bewusster Entscheidungen in die harmonische Balance seiner Eigenschwingung bringt, - durch eine ausgewogene *(elektronenreiche)* Nahrung oder durch den liebevollen Umgang mit sich selbst und anderen. Nur so erzeugt das System im Inneren wie auch im Äußeren

Zustände einer hohen Ordnung. - In einem solchen Ordnungszustand kann es der Zelle gelingen, sich dem dauerhaft ändernden *Sonnen-Spin* anzupassen, wodurch das System sich dauerhaft mit Lebensenergie versorgen kann. Weil die Folgen einer hohen Ordnung sich auf den gesamten Lebensprozess, in und um das System herum auswirken, würde man sich hier zerfleddern, wenn man in spezifische Details eingehen wollte. Natürlich wirkt sich eine hohe Ordnung auf die Effizient des Immunsystems aus, wodurch virale oder infektiöse Krankheiten im wahrsten Sinne des Wortes *im Keim erstickt* werden. Und das, was für das Immunsystem gilt, das gilt natürlich auch für alle Organe, Nerven, Gewebe und Sekrete, - es umschließt die gesamte *Homöostase*[13]!

Wir leben in einem fraktalen, *skaleninvarianten* Universum, was bedeutet, dass das, was wir auf einer Betrachtungsebene an Gesetzmäßigkeiten beobachten können, seine Gültigkeit auch auf allen anderen Betrachtungsebenen nicht verliert!
Mensch und Zelle sind daher besser vorstellbar als ein Atom und ein Molekül. Aber so wie eine Gruppe kranker Menschen nur eine geringe Ordnung darstellt, deren Wirken zu mehr oder weniger sub-optimalen Ergebnissen führt, verhält es sich auch bei Atomen. Atome, die z.B. durch destruktive Interferenzen nicht in ihrer harmonischen Eigenschwingung sind, bilden als Ergebnis ein *krankes* Molekül, das sehr anfällig für die sich permanent verändernden Umgebungsparameter ist.

Ich bin deshalb auf diese Bezüge eingegangen, weil sie grundlegend für das Verständnis zur Wirkung von kohärentem Licht sind.
Wenn man mit kohärentem Licht arbeitet, dann arbeitet man auf der kausalen Ebene des Lebens. Dadurch lassen sich zwar keine spezifischen Bezüge, wie z.B. bei einer Symptombehandlung herstellen.
Hier tritt die Kybernetik in Kraft, welche sich auf positive Potenzialverschiebungen beschränkt, jedoch ist es unmöglich, die spezifischen Einzelwirkungen daraus zu benennen, weswegen wir mit *In-Photonic* mit einer *nicht-linearen* Technologie arbeiten, über die wir im Grunde nur eines sagen können:

---

[13] *Homöostase:* Gesamtheit aller Prozesse zur optimalen Aufrechterhaltung eines biologischen Systems.

Alles wird Ganz und Heil, weil es aus sich heraus in seine naturgegebene Norm bewegt wird. Wer daher gesund werden will, der muss der Wahrheit der Natur folgen und nicht der Wahrheit unwissender Spezialisten, die zu wissen glauben, was man nicht wissen kann! - Die Wissenschaft steckt heute noch fest im linearen *Gradualismus*[14], die Medizin im *Virchow'schen* linearen Notfallmedizinmodell und die Menschen in der vereinheitlichten Denkweise ihrer Gesellschaftssysteme; - Stillstand auf der ganzen Linie.
Vielleicht können sie jetzt verstehen, warum diese einzigartige *In-Photonic* Technologie seit mehr als 15 Jahren neue Akzente setzt, die aber keiner wahrnimmt, weil sie halt so gar nicht in das indoktrinierte Weltbild passt. Doch dort, wo es so massive Defizite gibt, da gibt es auch große Chancen!

Der für die Materie so wichtige *Sonnen-Spin* lässt sich durch den Menschen *(noch)* nicht beeinflussen. Umso wichtiger ist es, eine Technologie zu haben, die dem Menschen heute dabei hilft, dass er für die Sonnen-Elektronen adaptionsfähig wird und bleibt.
Da dies eine Frage der *Kohärenz* ist, gibt es derzeit kein geeigneteres Mittel als die Photonen-Technologie. Diese neue Art von Technologie benötigt Fachleute in den unterschiedlichsten Bereichen, welche diese universelle Ordnungsenergie darin einzubinden vermögen. Bisher sind nur wenige Einsatzbereiche im Entstehen und so sind Pioniere gesucht, die sich, anderen sowie der ganzen Welt durch ihre lichtvolle Arbeit helfen, an der Basis Heilung zu erschaffen.

Ich glaube, daß wir einen Funken jenes ewigen Lichts in uns tragen, das im Grunde des Seins leuchten muß und welches unsere schwachen Sinne nur von Ferne ahnen können. Diesen Funken in uns zur Flamme werden zu lassen und das Göttliche in uns zu verwirklichen, ist unsere höchste Pflicht. - Johann Wolfgang von Goethe

---

[14] Der **Gradualismus** ist ein Konzept der Evolutionstheorie mit zwei unterschiedlichen Bedeutungen. Im Kontext der Evolutionsrate bedeutet Gradualismus, dass die Evolutionsrate konstant ist. Im Kontext der Evolution von Adaptionen bedeutet Gradualismus, dass Adaptionen sich über viele Zwischenschritte bilden und nicht sprunghaft erscheinen.

LICHT & WASSER

Der Zufall wollte es, dass die ersten Applikationen der *In-Photonic Technologie* bei der Gewässersanierung zum Tragen kommen, was mitunter einer der derzeit wichtigsten Faktoren für den Weltfrieden ist! - Auch wenn es uns *Bessergestellten* noch nicht auffällt, aber Wasser wird knapp und in vielleicht hundert Jahren gibt es Kriege darum! - Wasser ist ein *Daseinsgut!*
Das sind Güter, die der Mensch zwingend benötigt um leben zu können und der Krieg darum hat längst begonnen!
Die Wahrung der *Daseinsgüter* wäre die höchste Priorität der Politik eines Volkes. Doch hat man das Thema Totgeschwiegen und hinter dem Rücken der Schutzbefohlenen die Rechte am Wasser und den anderen *Daseinsgütern* verkauft, - oder offiziell gesagt, *privatisiert (z.B. Cross-Border-Leasing)*.
Das ist ein Aspekt; - der andere ist aber noch viel existenzieller. Natürlich haben die Unternehmen Interesse an einem Gut, dessen Ressourcen immer mehr schrumpfen, wohingegen die Nachfrage immer größer wird. Nur 0,3 % des gesamten Wassers der Erde ist auch als Trinkwasser geeignet. Dieses liegt vor in Seen, Flüssen und Grundgewässer. Das hört sich wenig an, ist jedoch vollkommen ausreichend, wenn der Mensch diese Ressource nicht vehement mit Wasserverschmutzungsmaßnahmen attackieren würde. – So sägen einige wenige den Ast ab, auf dem ALLE sitzen!
Um die weltweiten Wasserreserven zu schützen, benötigen wir also Technologien, welche das Wasser säubern, was aber nicht darüber hinwegtäuschen darf, dass man auch Wasserverunreinigungen unterlassen muss. Mit welcher Logik muss man beseelt sein, wenn man das Haus in dem man wohnt, mit toxischen Müll zustopft? - Das muss gesagt werden, denn mit *In-Photonic* kann man heute auch die hoffnungslosesten Gewässer wieder in ihren naturrichtigen Zustand bringen. Da *In-Photonic* nun seit mehr als 15 Jahren intensiv in der Wassersanierung genutzt wird, kann man auf Ergebnisse zurückblicken, die in ihrer Effizienz stellvertretend auch für andere Anwendungsbereiche stehen und die zu erstaunlichen Ergebnissen führten. Erstaunlich deshalb, weil man noch nicht gewohnt ist, die Wirkung aus einer so kausalen Ebene, selbstbestimmt in der Materie zu steuern.

Keine heutige Technologie kann das so gut wie *In-Photonic*, insbesondere deshalb, weil es keine einseitige Wirkung im System gibt. Kohärentes Licht schließt die beiden augenscheinlichen Antagonisten wieder zu einem Kreis der Einheit zusammen, wo es kein *entweder oder* mehr gibt sondern nur noch ein *sowohl als auch*. Die Technologie wirkt autoregulativ, weswegen es keine energetische Überforderung oder andere negative Side-Effects geben kann.

Im Bereich von Wasser werde ich im weiteren Verlauf des Buches einige *In-Photonic* Projekte mit Wort und Bild vorstellen, damit auch sie der Faszination der Wirkung des kohärenten Lichts teilhaft werden können. Alle Gewässer die mit der Lichttechnologie wieder regeneriert wurden sind benannt und so kann sich jeder auch vor Ort von den Ergebnissen überzeugen.

Die Erfolge mit der *In-Photonic Technologie* bei stark verunreinigten Gewässern, davon etliche mikrobiell verunreinigt und von Algenpest befallen, waren in **allen** Fällen ein 100%iger Erfolg! In nur kurzer Zeit und ohne Zusatz von Chemie oder anderen stofflichen Substanzen, abgesehen von kohärenten Licht aufgeladenem Silizium oder Zeolith, die aus katalytischen Gründen zusätzlich zu den *In-Photonic* Wasserreinigungsgeneratoren ausgebracht werden, löste man auch schwierigste Aufgaben, die zuvor noch keiner in den Griff bekommen hat. – Und das solange, wie der Generator die Gewässer mit kohärentem Licht, oder Bio-Photonen durchflutet. Während ich das schreibe entsteht eine tiefe Einsicht in das Leben und seine wundersam gelegten Pfade zur Heilung. Einerseits zerstören wir unsere Umwelt in einem so extremen Maß, dass sie sich nicht mehr aus sich heraus zur Norm regenerieren kann. Dieser Umstand führte bewusst oder unbewusst zu einem Zwang des Handelns, - Lösungen zu finden, um die Schäden nachhaltig mit der Kraft unseres kreativen Geistes zu beheben und wieder zur Norm zu bringen. Dazu darf man aber nicht das verwenden, was die Zerstörung brachte; - man muss das verwenden, was man entwendet hat, nämlich Lebensenergie auf kausaler Ebene!

In Österreich ist man inzwischen überzeugt, - was bleibt einem auch anderes übrig, nach 22 erfolgreichen See- und Gewässersanierungen! – Im Januar 2014 folgten weitere Seeprojekte in

Österreich, wo man immer mehr dazu übergeht, die Photonen Technologie nicht nur als Feuerwehr in letzter Not einzusetzen, sondern als voraussehende Maßnahme, der Natur wieder mehr Leben zu schenken. – Die Natur braucht uns, denn ein See kann sich keinen Wassergenerator anschaffen. - Auch deswegen ist die Photonen Technologie so interessant, weil sie nur einen Bruchteil von dem kostet, was herkömmliche Wassersanierungsmaßnahmen kosten!

Die letzt genannten Kosten würden jedoch nicht einmalig sein, sondern Jahr für Jahr wiederholt anfallen, da diese Maßnahmen nur für eine Oberflächenbehandlung sind. An das ursächlich Problem kommt man damit jedoch nicht heran und, metaphorisch gesehen, - anstatt nun den Wasser*(kosten)*hahn zuzudrehen, schöpft man lieber Wassereimer aus dem gefluteten Haus!?

Bevor wir jedoch in die Seeprojekte einsteigen, möchte ich einige Dokumentationen im Zusammenhang mit der Photonen Technologie zu Wasser voranschicken, welche interessante Aspekte des Wassers zeigen, die u. a. aus der nicht-linearen Interaktion von Licht und Wasser stammen.

Ich halte sie für wichtig, weil viele Teilaspekte dazu beitragen können, die Grundlagen und die Wirkungsweise von kohärenten Licht zu verstehen. Das ist sehr wichtig, denn aus meinem tägliche Umgang damit und den Menschen in Behörden oder der Wirtschaft, habe ich erlebt, wie wenig diese Technologie verstanden wird. - So wollte man von mir für eine *BIO – Zertifizierung* die Gewähr, dass Bio-Photonen keine Ionisierende Strahlung abgeben!? – Natürlich, - diese Frage ist OK, - aber sie zeigt, dass der Gegenüber keine Ahnung hat, - keinen Bezug, - kein Verständnis.

Ein Tierfutterhersteller einer Qualitätsmarke bekam *In-Photonic* vorgestellt, um damit sein Futter zu renaturieren. Vorab wollte er Infos, die er auch bekam, jedoch nur über die Wirkweise, - nicht über eine spezielle Anwendung. Wochen später machte er einen Rückzug mit den Worten *„Das ist wohl eher was für Heilpraktiker......".*

Will sagen, dass auch wenn man die Wirkweise erlesen hat, sie noch lange nicht verstanden sein muss, was diese Äußerung deutlich zeigt. Daher ist es mein Anliegen, mit diesem Buch, ein Verständnis für eine völlig neuartige Technologie herzustellen, die ein verändertes Denken benötigt um verstanden zu werden. Hätte der Tierfutterhersteller mehr Interesse gezeigt und sich informieren lassen, dann hätte er neben erstaunlichen Erlebnissen auch noch mehr Umsatz machen können. Doch anstatt mehr Lebensenegrie gibt man lieber ein synthetische Vitamine dazu!?

Einer meiner Freunde hat eine kleine Ranch mit 17 Pferden, 9 Hunden, Schweinen, Hühnern und viel Landwirtschaft in seiner Umgebung. Er ist aber vor allem engagiert in der Western-Pferdehaltung und Zucht. Er lädt z.B. Pferdedecken mit *In-Photonic* auf, sein Hundefressen, Keimlinge, seine Unterwäsche, Socken und die Bettwäsche und so ziemlich alles, was ihm unter die Finger gerät. Seit mehr als einem Jahr arbeiten wir so in *freien Feldversuchen* und die Erfahrungen die daraus hervorgingen, würden ein eigenes Buch füllen, das den Titel *„Ein Buch zum Wundern"* haben könnte. Aber auch er brauchte Wochen um das Thema *kohärentes Licht* wirklich zu verstehen; - Über ihn bekam ich viele Anregungen, wie ich das Buch abfertige, damit man verstehen kann, was *In-Photonic* wirklich ist. – Ich behaupte aber nicht, dass es immer leicht ist. Dennoch hoffe ich, dass man das Thema mit offenem Herzen und offener Inspiration aufnimmt, damit eine Berührung stattfinden kann, aus der Geistkraft in die Materie kondensiert.

In diesem Tenor gehen wir nun über zu den Dokumentationen, welche der Begründer der Photonen Technologie begleitend veröffentlicht hat und die ich kompakt zusammengestellt habe.

Das Verständnis reicht oft viel weiter als der Verstand. – Marie Freifrau von Ebner-Eschenbach

Teilchen & Wellenaspekte des Wassers

Es gibt weltweit kein annähernd gleichwertiges Verfahren, das quantenphysikalisch im Ionenaustausch atomarer Energien eine derart reproduzierbare Dauerleistung erbringt, wie *In-Photonic*. Die Meeresbiologien verfügen zwar über die Möglichkeit, durch chemische Laboranalysen die Wasserqualität aller Seen oder bei Gewässern generell festzustellen. Aber in jedem Fall kommt es zu einer allgemeinen Bestimmung, Erklärung zum Fischbestand und zu einer Erhebung chemischer Messdaten mit abschließender Beurteilung. Die Analysen zeigen nur in üblicher Weise die Werte des Wasserzustandes auf und beziehen sich dabei nur auf die chemischen Parameter sowie auf die Mikrobiologie, jedoch sagen sie nichts über die Quelle der gemessenen Wirkung! Ein hohes Kohärenzniveau des Wassers zeigt sich aber in der Art seiner Clusterbildung. Durch die bipolare Plus-Minus Ladung im Wassermolekül, entstehen sog. Wasserstoffbrücken die aus einigen Tausend Wassermolekülen bestehen und die z.B. im Gehirn so hochgradig kristalline Strukturen ausbilden, dass das Gehirnwasser, aus dem das Gehirn zu 90% besteht, schon bei ca. 37° gefriert und gelartig wird. Die kristallinen Gitternetze der Cluster schwingen in hohen Frequenzen, die von der Bewegung der einzelnen Moleküle abhängen. Somit hat jedes Wasser auch sein eigenes identifizierbares Frequenzspektrum, das als Relief abbildbar ist. - In solchen *Clustern*[15] werden die Informationen anderer Stoffe gespeichert, indem sie von den Molekülen der Cluster umhüllt werden. Dadurch verändert sich die Geometrie der Cluster und es entstehen neue Frequenzen mit einem anderen Resonanzverhalten. Diese gespeicherten Signale kann Wasser weitergeben an andere Wässer, Lebewesen sowie generell an sämtliche biologische Systeme, die Wasser beinhalten. Die neuen Cluster- und Frequenzstrukturen bleiben auch dann erhalten, wenn man die chemischen Stoffe aus dem Wasser herausfiltert. Wasser ist also intelligent und hat einen Charakter; - es hat ein Erinnerungsvermögen und es kann kommunizieren. Dieser Zusammenhang erklärt die Wirkungsweise der Homöo-

---

[15] **Wassercluster** sind instabile, meist kurzlebige Zusammenschlüsse von Wassermolekülen zu größeren Molekülverbünden.

pathie insbesondere die Wirkung von Hochpotenzen, in denen kein einziges Molekül des ursprünglichen Wirkstoffes mehr zu finden ist. Homöopathische Potenzen stellt man folgendermaßen her: Einen Tropfen der *Urtinktur* eines Wirkstoffs gibt man in ein Fläschchen mit Wasser und schüttelt es durch. Von dieser ersten Potenz gibt man wiederum einen Tropfen in ein zweites Fläschchen mit reinem Wasser, verschüttle dies und so fort.
Bei jedem neuen Ansatz reduziert sich die stoffliche Substanz. Damit schneidet man über viele Potenzierungen die Information immer weiter vom Stoff ab.
Wenn aber im Wasser heilende homöopathische Informationen gespeichert werden können, so gilt dieses Prinzip natürlich auch für Schadstoffe. D.h., selbst wenn man durch Kläranlagen das Wasser von Schwermetallen, Nitraten, Pestiziden, Arzneimittelrückständen oder Bakterien vollständig chemisch reinigen könnte, sind die elektromagnetischen Schwingungen dieser Stoffe nach wie vor in den Clustern gespeichert und geben ihre Informationen an Menschen, Tiere und Pflanzen weiter.
Das gilt genauso für das Regenwasser, das sich aus der Verdunstung des Meerwassers bildet, im Boden versickert und im Quellwasser wieder auftaucht. Wir atmen diese Strukturen sogar über den Wassergehalt in der Luft ein. Auch die Destillierung des Wassers hebt seine einmal erworbene elektromagnetische Signatur nicht auf.

Im Gegensatz zu Wasser in lebenden Organismen, ist *freies* Wasser in seinen verschiedenen Aggregatzuständen weniger durch seine *Flüssigkristallinität*, also einen hohen Ordnungszustand, sondern mehr durch seine Flexibilität und Plastizität ausgeprägt. Das bedeutet aber, dass es bereitwillig unbegrenzt viele Informationen aufnimmt.
Diese Informationen sind für das Wasser selbst neutral, für organisches Leben aber oft schädlich. Besonders ungünstig ist es, Wasser einem hohen Druck auszusetzen, wie das etwa durch Kohlensäure bei Mineralwässern oder durch den Rohrdruck mit Leitungswasser geschieht - von der Auswirkung von Plastikrohren oder oxidierenden Metallrohren ganz zu schweigen.
Durch diesen andauernden Druck wird die kristalline Struktur, die Lebendigkeit sowie die elektromagnetische Kraft des

Wassers zerstört und die Anteile kohärenten Lichts pro Wassermolekül werden stark reduziert.
Das Wasser ist analog zu seinen Biophotonenanteilen *Kohärenzgeladen*. Eine geringe Kohärenz zieht Energie ab anstatt Energie zu geben - auch beim Baden. In totem Wasser ist natürlich auch die Gefahr viel größer, dass sich Keime ausbreiten und aktiv werden. Glücklicherweise sind wir nicht mehr ganz so sicher, dass es gesundheitlich unbedenklich ist, dem Wasser dann keimtötende Chemikalien, z.B. Chlor zugeben zu dürfen. Chlor fördert darüber hinaus materielle Denkstrukturen. Fluorzusätze im Wasser machen willenlos, was schon die Nationalsozialisten gezielt umgesetzt haben. Trotzdem wird heutzutage in einigen westlichen Staaten dem Wasser noch Fluor zugegeben und wer Fluor nicht aus dem Wasser bezieht, der erhält es in seiner Zahncreme beim Zähneputzen!

Die Römer waren in diesem Punkt schlauer und transportierten ihr Wasser in offenen Wasserrinnen.
Es ist heute wissenschaftlich erwiesen, dass Wasser direkt mit einzelnen elektromagnetischen Schwingungen informiert werden kann *(Prof. Cyrel Smith, GB)*. Dadurch werden zusätzlich die Oberfrequenzen, wie etwa bei den Obertönen in der Akustik verstärkt. Umgekehrt können wir mit einem *Spektrometer* die elektromagnetischen Frequenzen des Wassers messen.
Der international renommierte Wasserforscher, *Dr. Wolfgang Ludwig*, hat mittels *Spektrometer*[16] aufgezeigt, dass lebendiges Wasser ein natürliches Homöopathikum ist, und dass wir mit lebendigem Wasser genau die Kohärenzfaktoren erhalten, die einer Entwicklung zur Norm der Natur dienen.
Mit einem Spektrometer kann man auch genau bestimmen, welches spezifische Frequenzspektrum z.B. Heilwässer, wie etwa das *Gangeswasser*, aufweisen. - Das *Gangeswasser* ist reich an Kohärenzfaktoren die im Menschen autoregulierende, bioaktive Skalarfelder erzeugen. Deshalb nehmen viele Pilger, trotz des hohen Verschmutzungsgrades Vollbäder im *Ganges* - nicht nur

---

[16] Ein **Spektrometer** ist ein Gerät zur Darstellung eines Spektrums. Im Unterschied zu einem Spektroskop bietet es die Möglichkeit, die Spektren auszumessen. Ein Spektrum ist die Intensität als Funktion der Wellenlänge, der Frequenz, der Energie oder – im Falle von Elementarteilchen, Atomen oder Ionen – der Masse. Aufgrund des Welle-Teilchen-Dualismus sind diese Größen oft äquivalent.

ohne Schaden zu nehmen sondern sie spüren einen heilenden Effekt. Hier scheint also die biophysikalische Struktur so stark zu sein, dass sie die Wirkung der chemischen Gifte neutralisiert oder stark reduziert. Einen vergleichbaren Effekt kennen wir vom Brunnenwasser in Baden-Württemberg, dass mit bipolaren Biophotonenschwingungsverstärkern mit *In-Photonic* behandelt wurde. Der Nitratgehalt reduzierte sich von 90 auf nur noch 10 mg pro Kubikmeter Wasser[17]!

Man kann also sagen, dass Wasser unterschiedliche Formen und Stufen von *Bewusstsein* haben kann, indem es in einem eher technischen Sinn bestimmte Frequenzen als Information aufnimmt oder abstrahlt.

Als sensationell dürfen wissenschaftliche Experimente gelten, die Wasser als Träger von Bewusstsein inhaltlicher Bedeutung im engeren Sinn zeigen. - Der Wasserforscher *Masaru Emoto (Messages from Water)* fotografierte erstmals die Kristalle von gefrorenem Wasser. Unter schwierigen Bedingungen - die Eiskristalle schmolzen unter dem Mikroskop, - in Sekundenschnelle entstanden atemberaubende Aufnahmen.

Er lieferte damit den ersten wissenschaftlichen Beweis, dass Wasser auf Gedanken, Gefühle, Worte und Musik reagiert, - dass Gebete in die Struktur von Materie wirken - sichtbar positiver als Flüche. Bei allen Worten der *Un-Liebe*, bildete das Wasser, wie auch bei Leitungswasser von Großstädten, das mit Chlor versetzt ist, oder aus anderen Gründen verschmutzt war, keine sechseckige *(hexagonale)* Struktur mehr aus, sondern zeigte sich als zerfranste Scheibe, - als zerfranstes Loch, ohne die Ausbildung eines inneren Torus, wie er bei lebendigem Wasser zu sehen ist. Vergleichbare Unterschiede ergaben sich auch bei Regenwasser aus den verschiedenen Regionen der Welt.

Musik hat ebenfalls eine sehr starke Wirkung auf das Wasser und so kommt es einerseits auf die Klangharmonie der Musik an und andererseits auf den Klangkörper, der diese wiedergibt.

Am stärksten wirken Naturschallwellen auf das Wasser ein, da sie Kohärenz erzeugen.

---

[17] Dokumentation von Dr. K-H. Fuchs, *Von Teilchen und Welleaspekten über Wasser und der erfolgreichen Seesanierung.*

Diese Erkenntnisse erklären die oft widersprüchlichen Ergebnisse bei den verschiedenen Arten der Wasserbehandlung.
In Zukunft muss jeder sich seriös nennende Wissenschaftler bereit sein, sich auch gedanklich neutral gegenüber dem zu untersuchenden Objekt zu verhalten, besonders wenn es sich um Wasser oder andere lebende Organismen handelt.
Ähnlich wie Emoto, hat das *Institut für Statik und Dynamik der Raum- und Luftfahrt der Universität Stuttgart* in seinen Publikationen *Die andere Wissenschaft* Fotos von unter dem Mikroskop verdunstetem Wasser veröffentlicht.
Es werden die Veränderungen der Kristallisationsbilder durch Magnetfelder aufgezeigt. Schockierend sind z.B. die Veränderungen des Speichels nach bereits zwei Minuten Handygespräch. Die Kristallstrukturen werden durchgehend durch parallele Striche verwischt. - Zusammenfassend lässt sich sagen, dass Wasser ein flexibler flüssiger Kristall ist, der sich in dauerhafter Veränderung befindet. Struktur und Informationsgehalt des Wassers bedingen sich gegenseitig und tragen maßgeblich zur *Homöostase*[18], dem natürlichen Selbstregelungsmechanismus bei.
Wir müssen dafür Sorge tragen, dass unser Körper, der wie eine Batterie funktioniert, auch immer geladen ist.
Dazu brauchen wir vor allem das Sonnenlicht, also Photonen und lebendiges Wasser, denn in totem Wasser können sich die in den Photonen enthaltenen Informationen nicht entfalten. Auf dieser lebensnotwendigen Grundlage kann man selbstbestimmt Verantwortung dafür übernehmen, wie viel Lebens- oder *Todesmittel* man sich über Gedanken und über Worte von anderen, wie z.B. über die Medien, zumuten oder gönnen möchte. Wenn man sein Zellwasser mit Achtsamkeit, Respekt, Liebe und Harmonie informiert, erhöht man sein Bewusstseins- und Lebensniveau!

Untersuchungen zu energetisch aufgewerteten Wasser in Verbindung mit organischen Mineralien ergaben, dass Gemüse, Obst und Getreide zunehmend mineralstoffarm geworden ist.
Der Gehalt an pflanzlichen Mineralien und Spurenelementen in Gemüse und Obst ist innerhalb der letzten 50 Jahre dramatisch

---

[18] **Homöostase** bezeichnet die Aufrechterhaltung eines Gleichgewichtszustandes eines offenen dynamischen Systems durch einen internen regelnden Prozess. Sie ist damit ein Spezialfall der Selbstregulation von Systemen.

gesunken: Kupfer z.B. um ca. 93%, Magnesium und Kalzium um jeweils ca. 75%, Eisen um ca. 65%. Jedoch benötigt der Körper die essentielle Zufuhr von ca. 70 - 80 Mineralien und Spurenelementen. Nur organische Mineralien werden vom Körper optimal aufgenommen. Anorganische Mineralien verfügen über keine so positiven Eigenschaften. Mineralwässer beinhalten etwa das 50fache an Mineralien und können Krankheiten fördern, da sie nur schwer oder gar nicht verstoffwechselt werden können: Ihre Bioverfügbarkeit ist sehr gering, d.h. nur ein kleiner Prozentsatz kann vom Körper aufgenommen werden, was daran liegt, dass die Mineralien als grobe Molekül-Cluster vorliegen und nicht in ionisierter Form, wie dies z.b. durch die mikrobielle Katalyse *(pflanzliche Mineralien)* oder durch Sedimentfiltration, wie dies z.B. bei der Sangokoralle geschieht, der Fall ist.

Die Arbeiten der Chemiker beschränken sich nur auf die molekulare Ebene, was gleichsam eine Ergebis-Ebene ist auf der man nur Erkennen, jedoch nichts grundlegend verändern kann.
Zu den Aufgaben eines Chemikers gehört ja auch nicht, umgekippte Gewässer wieder zu sanieren, - er kann nur das Ergebnis feststellen und es ggf. auf derselben Ebene modifizieren.

Probleme kann man niemals mit derselben Denkweise lösen, durch die sie entstanden sind.- **Albert Einstein.**

Eine fundamentale Regenerierung liegt ausschließlich auf atomarer Ebene physikalischer Gesetzmäßigkeit und kann nur durch aufwendige Umweltsysteme, wie z.B. *In-Photonic* funktionieren, da sie genau dort ansetzen, woran andere nicht denken *(wollen)*.

Die Lösung eines jeden Problems zeigt sich, wenn wir es bloß von der nächst höheren Ebene aus betrachten.- **Albert Einstein.**

Den naturwissenschaftlichen Hintergründen der neuen Erkenntnisse über die Resonanzphänomene sollten sich die Meeresbiologen widmen, um das physikalische Wasserverhältnis besser verstehen zu lernen. Sie dürfen nicht außer Acht gelassen werden. Beide, - die Biologie und die Biophysik gehören unmittelbar zusammen. Aber wo findet man die Aufklärung? -

Weder im Internet noch wird darüber an den Universitäten gelehrt. Man braucht also eine Technologie, die es jedem ermöglicht am Wohle der Natur mitzuwirken weil diejenigen die es könnten, es nicht tun. So entsteht Heilung nach der Norm der Natur, die jedem Einzelnen beginnt.

Wasserenergie
Ein Wasserfall verfügt über ein sehr hohes Energiefeld und Regenerationspotenzial. Es reicht bereits, wenn man sich nur davor aufhält. Befüllt man einen Biotop mit vitalem Wasser, so ist er zu beginn voller Lebensenergie. Um diese Aufrecht erhalten zu können benötigt das Wasser aber Energie. Fehlt diese oder ist sie auch nur ungenügend vorhanden, so bleibt das Wasser zwar in seiner physikalischen Konsistenz bestehen, jedoch verfügt es nicht mehr über die nötige Energie, um die im Wasser befindlichen Mikroorganismen energetisch zu versorgen.
Der Sauerstoffgehalt schwindet und alles Leben wird abgetötet. Es entsteht Fäulnis und das degenerative biologische Verhalten führt zu unerwünschter Algenbildung und Keime entstehen.
Dies würde auch mit dem Trinkwasser passieren. Um das nun zu verhindern, werden dem Trinkwasser höchst bedenkliche Stoffe beigeführt. Das Trinkwasser aus der Quelle der Natur verfügt im Vergleich dazu über ein höheres Energiepotenzial als unsere Zellen und es hat damit die primäre Aufgabe, den Organismus mit Energie zu versorgen. Über die dadurch erhöhte Schwingung wird der Zellstoffwechsel angeregt. Dies führt zur Ausleitung von belasteten Ablagerungen, die wir teils über Jahrzehnte gespeichert haben. Ein energetisch schwaches oder gar totes Trinkwasser bringt daher keinen Nutzen, - im Gegenteil!

Der österreichische Naturforscher, *Viktor Schauberger*, zeigte uns die naturphysikalische Gesetzmäßigkeit um das Wasserverhalten, die aber leider nur selten verstanden und erst gar nicht umgesetzt wurde. Nur wenige Wissenschaftler haben sich der Erforschung der biophysikalischen Eigenschaften des Wassers unterworfen, wie z.B. der schweizer Forscher *Hans Wiederkehr*, dem es gelungen war, Sauerstoff über die Wassermolekül-, bzw. Clusterbildung stabil ins Wasser einzubinden.
Ein derart aufgewertetes Wasser zeigt einzigartige Eigenschaf-

ten, die inzwischen von freien Forschungen bestätigt wurden. - Über die Wirkung der im Handel erhältlichen Sauerstoffwässer, die bis zu 21fach angereichert werden, streiten aber die Gelehrten heute noch. Wasser kann aber auch zu Hause über eine Art Siphon selbst mit O_2 angereichert werden. Hierbei handelt es sich jedoch um eine chemische Umwandlung und nicht um den Sauerstoff aus der Natur. - Ein Marketing zur Umsatzförderung? - Man nehme ja den Sauerstoff über die Haut und durch das Atmen auf. - Herr *Prof. Hechtl*, ein nicht unbedeutender Wissenschaftler in der Wasserforschung, der über 40 Jahre einen Lehrstuhl an der Princeton University USA hatte und weltweit über 800 Wasserprojekte durch Regierungsaufträge führte, weiß hierüber anderes zu berichten. Er vertreibt die mit Sauerstoff angereicherten Wässer, in Reformhäusern, Bio- und Naturkostläden.
Das Besondere ist seine einzigartige Entwicklung.
Hierbei handelt es sich um einen natürlichen Sauerstoff, der aus der Luft ins Wasser eingebracht wird. Somit beinhaltet dieses Wasser zudem lebenserforderliche Informationen zur Unterstützung der Lebensqualität. Prof. Hechtl spricht von einem Jungbrunnen mit ungeahnten Auswirkungen auf das Wohlbefinden, die Gesundheit und der Lebenserwartung.
Unter anderem berichtete er darüber, dass 75 % aller Migräneanfälle durch Sauerstoffmangel im Gehirn ausgelöst werden.
Damit geht er konform mit einem kausalen Gesundheitsfaktor, der uns heute leider immer mehr und mehr abhanden kommt, nämlich Sauerstoff. Nahezu alle Menschen leiden heute durch falsche Atmung und die Ausdünnung des Sauerstoffs aus der Atemluft an einem chronischen Abfall des *Sauerstoffpartialdrucks* im Organismus. Es entsteht ein Milieu, in dem sich vor allem *Anaerober*, also krankmachende *(pathogene)* Mikroorganismen wohl fühlen und ausbreiten.

Wichtig zu wissen ist, um welche atomare Gesetzmäßigkeit es sich hier handelt. Wasser ist in der atomaren Folge der biochemischen und molekularen Reaktion höchst komplex und kann nicht in überheblicher Weise durch ein paar Laborwerte dokumentiert werden. Die biophysikalische Regulationsenergie liegt, wie bereits erwähnt, auf der atomaren Ebene und wird nur von der modernen Biophysik behandelt.

Um das besser zu verstehen, stellen wir einen simplen Vergleich auf: Um eine Glühbirne zum Leuchten zu bringen, benötigt man Energie, an Strom mit 230 Volt und die Energie von 50Hertz *(50 Schwingungen pro Sekunde)*. Jedoch das Photon des Sonnenlichts verfügt über ein elektromagnetisches Feld von 10^{13} - 10^{19} Hz, also bei z.B. 10^{13} = 10 Billionen Schwingungen pro Sekunde. Diese hochfrequente Schwingung in Tera-Hertz, wird durch Wechselwirkung quantenphysikalisch *(Quantensprung)* erzeugt. Der Entdecker der Quantentheorie war *Max Planck*. Der Begriff *Quantensprung (engl. meist quantum leap, gelegentlich auch quantum jump)* wurde im frühen 20. Jahrhundert geprägt. Hintergrund war die Entdeckung, dass sich fundamentale Widersprüche der damaligen Physik mit der Annahme auflösen lassen, dass manche physikalischen Systeme nur diskrete Zustände annehmen können. Da Zwischenzustände nicht erlaubt sind, muss der Wechsel eines solchen Systems von einem Zustand in einen anderen *instantan* erfolgen, wobei ein *Energiequant* emittiert oder absorbiert wird. Ein solcher augenblicklicher Übergang wurde *Quantensprung* genannt.

Diese Entdeckung stand in völligem Widerspruch zur damaligen Vorstellung, dass in der Natur alle Abläufe kontinuierlich seien *(natura non facit saltus)*. Frühe Formulierungen der Quantenphysik waren daher nicht frei von Widersprüchen, die schließlich 1925 gelöst wurden, als *Werner Heisenberg, Max Born* und *Pascual Jordan* die *Matrizenmechanik*[19] formulierten. Eine Folge dieser Formulierung war die *Unschärferelation*, die besagt, dass Energie und Zeit nicht gleichzeitig genau gemessen werden können, mithin also die Vorstellung eines *instantanen* Übergangs zwischen zwei exakt festgelegten Energieniveaus falsch ist.

Erwin Schrödinger verfolgte mit seiner Wellenmechanik einen komplett anderen Lösungsansatz, der aber letztlich zum selben Resultat führte, wie Schrödinger selbst zeigte.

Der Begriff *Quantensprung* wurde ursprünglich geprägt, weil man ein Wort brauchte, um ein neu entdecktes Phänomen zu benennen. Einige Physiker, wie z. B. Schrödinger, lehnten den

---

[19] Ausgearbeitet wurde die *Matrizenmechanik* dann gemeinsam von Max Born, Werner Heisenberg und Pascual Jordan in einer Veröffentlichung für die *Zeitschrift für Physik* 1926, der sogenannten *"Dreimännerarbeit"*. In dieser Betrachtungsweise der Quantenmechanik ändert sich der Zustandsvektor eines Systems nicht mit der Zeit. Stattdessen wird die Dynamik des Systems nur durch die Zeitabhängigkeit der Operatoren („Matrizen") beschrieben (siehe Heisenberg-Bild).

Begriff aber ab, da er die falsche Vorstellung eines *instantanen* Übergangs suggeriert.
Korrekt ist hingegen die Vorstellung, dass der Übergang zwar eine endliche Zeit benötigt, über den Zustand des Systems während dieser Zeit aber grundsätzlich nichts ausgesagt werden kann. Heute wird das Wort *Quantensprung* in der Physik kaum noch benutzt, man spricht allgemein von *Übergängen*.

Der Bergkristall *(Siliziumoxid)* wie auch unsere Zelle oder die Molekülbewegung von Wasser, liegen auf gleicher Schwingungsebene. Die Erdkruste besteht zu 71% aus Quarzgestein. Somit verfügt die Erde in Verbindung der Sonnenenergie und Wasser über ein sehr hohes Energieniveau.
Dieses Energiefeld weist ein sehr starkes Energie- und Regenerierungspotenzial auf, um die biologische Struktur allen Lebens auf Erden naturgemäß stabil und in seiner Funktion zu halten. Jedoch reicht dieses Energiepotenzial heute durch die Umweltbelastung bei weitem nicht mehr aus, um dieser natürlichen Bestimmung zu folgen.
Forschungen des Entwicklers von In-Photonic zeigen in der Energiestatistik, dass man das Vierfache Energiepotenzial dessen was da ist benötigt, um sich vor den heutigen Belastungen zu schützen. - Das Leben ist von der Sonnenenergie abhängig!
Würde die Sonne erlöschen, so könnte die Vegetation dies nur drei bis vier Wochen überleben. Der Mensch hätte gerade mal noch drei bis vier Monate zu leben. Dies verdeutlicht uns umso mehr die biologische Kausaldynamik, sowie die Aufgaben des Sonnenlichts. Das Aussterben der Dinosaurier ist auch darauf zurückzuführen, dass durch einen Meteoriteneinschlag vor ca. 60 Millionen Jahren, eine Phase anhaltender Finsternis einkehrte und ohne Licht, keine Lebensenergie. - Diese Wirkung wird an den Universitäten nicht gelehrt, da sie nicht verstanden ist.
Es wird daher auch keine Grundlagenforschung betrieben. - Die *In-Photonic Forschung* befasst sich deshalb schon seit über 20 Jahren mit diesen Fragen und setzt ihre Erfahrungen in nutzbare Technologien um, deren Wirkung man sehen und spüren kann.
Die *In-Photonic* Wirkung wird durch viele erfolgreiche Seesanierungen und biologische Testprogramme an Universitäten, z.B. an der renommierten BOKU Wien *(Uni Wien Abteilung Bodenkultur)*,

der Landesregierung Tirol und in Ungarn bestätigt.

Ein Lichtblick in dieser wissenschaftlich festgefahrenen Starre ist der elektrochemische Aspekt des Wassers, der nun immer mehr Interesse findet. Der pH Wert liefert z.b. Aussagen über die Elektronendichte und der *Redox-Wert* gibt Auskunft über die Bewegung und damit über das Regenerationspotenzial des Wassers. Auf dieser Ebene findet keine Arbeit mehr am Ergebnis statt, sondern eine Arbeit vor dem „=" Zeichen und nur dort kann man ein anderes Ergebnis erwirken.

Wenn wir also nicht umdenken und die Naturgesetzmäßigkeiten außer Acht lassen, so wird das Umkippen aller, der noch verfügbaren Gewässer der Erde fortschreiten. Weniger als 0,5% des gesamten Wasservorkommens ist als Trinkwasser geeignet. Und das ist zum größten Teil privatisiert und industriell verseucht.

Da Wasser Leben für alle biologischen Systeme bedeutet, ist deren Lebensenergie abhängig von dem Maß an Lebensenergie, die im Wasser enthalten ist! – Bei dem unbewussten und leichtfertigen Umgang mit Wasser heutzutage steht fest, dass die nächsten Kriege um Wasser geführt werden. Wasser ist ein unveräußerliches *Daseinsgut* des Menschen, das er für sein Überleben essentiell benötigt und nachdem diejenigen, welche die Rechte daran haben, nichts für eine lebenskonforme Qualität machen, liegt es am einzelnen selbstverantwortlich aktiv zu werden. *In-Photonic* bietet jedem die Möglichkeit, das Wasser auf fundamentaler Ebene zu revitalisieren, jedoch sollte man wegen der extrem hohen Wasserbelastung eine Vorfilterung mit Carbonit durhführen. - Natürlich könnte das Wasser auch bei Dauerbehandlung in einer Zeitspanne von ein paar Tagen gänzlich gereingt sein, was z.B. bei einer Seesanierung angesagt wäre, nicht aber bei der Trinkwasseraufbereitung, - das muss schneller gehen. Die Wirkung auf der atomaren Molekülebene hingegen vollzieht sich in sekundenschnelle.

Weltweit werden jährlich Billionen von Tonnen toxischer Abfälle in den Wasserkreislauf eingebracht und nicht zu vergessen, die weltweit Milliarden von Menschen, die ihre Medikamentenrückstände oder aggressive Putzmittel dort hinein geben.

Das davon mehr schlecht wie recht gereinigte Wasser kommt dann über marode Rohrleitungssysteme durch ein E-Smog

Gewitter aus den Wasserhähnen, wo man es dem Menschen als ein oberflächlich chemisch gereinigtes aber totes *Trinkwasser (!)* verkauft! – Ein solches Wasser kann keine Lebensenergie geben, dafür aber negative Informationen!

In einem leblosen Wasser bilden sich zunehmend große Wassercluster. Bei diesen Clustern handelt es sich um kristalline Molekülketten, die bei vitalem Wasser optimiert sind. Je größer sie aber durch zunehmende Energieverluste werden, desto mehr schwindet die Bioverfügbarkeit und Lebensenergie.
Die Wasser-Aufnahmebereitschaft der Zellen ist somit sehr eingeschränkt. Sie verhindern weitgehend das Eindringen in unsere Zellen, da die Wasserclusterbildung größer ist, als die Zellmembran. - Studien belegen, dass durch die zunehmende Vergrößerung von Clusterbildung bei leblosem Leitungswasser oder in Flaschen abgefüllte Wässer, man 4 Ltr. davon trinken müsste, damit nur 1 Ltr. in den Zellen ankommt! Jedoch ist es wichtig, dass wir zwei Liter täglich davon zu uns nehmen, um nicht zu dehydrieren. So müsste man acht Liter Wasser trinken, um dem Wasserhaushalt gerecht zu werden. Tun wir es dennoch, so verfügt das leblose Wasser nicht über die benötigte Energie, um den Stoffwechsel anzuregen und es findet keine Ausleitung der gefährlichen Ablagerung in den Zellen statt.

Die Molekülbewegung des Wassers liegt zwischen 10^{12} bis 10^{23} Hz auf der Lichtspektralebene *(Siehe Anhang 1)* in den sichtbaren und nicht sichtbaren Bereichen. Sie liegt auf gleicher Höhe zellidentischer Frequenzen und befindet sich auf der bipolaren elektromagnetischen Ebene zur atomaren Energie. Z. B. liegt die Röntgenstrahlung bei 10^{17} Hertz. Die Gammastrahlen liegen bei 10^{20} Hertz usw. Hierbei kommt erfahrungsgemäß bei Physikern allgemeine Verwirrung und Unverständnis auf, nachdem die Gesetzmäßigkeit der Bipolarität nicht gelehrt wird.
Uneingeschränkt kommt es bei Naturresonanzen immer zum bipolaren Ausgleich, + / -. Nicht aber bei künstlich erzeugten Feldern! In der biophysikalischen Funktion bildet dieses quantenphysikalische Verhalten eine dominierende Rolle in der naturbelassenen Regenerierung durch den Ionenaustausch.
Leitungswasser ist durch die Umweltverschmutzung über den

Wasserkreislauf von Schadstoffen belastet und besitzt zudem negative Informationen. Zieht man die Informationsgesetzmäßigkeit in Betracht, so muss man die Warnungen des *Dr. Ludwig Werner* und vor allem die Aussage von *Prof. Dr. David Schweitzer* ernst nehmen, die davon sprechen, dass unser Leitungswasser bereits zu einem *krankmachenden Homöopathikum* verkommen ist. Die moderne Biophysik gibt uns Aufschluss darüber, dass sich diese negativen Einflüsse äußerst ungünstig auf die DNA-Steuerfunktion auswirken und den Organismus belasten können. Intuitiv lehnt unser Körper ein solches Wasser durch eine *Trinkblockade* ab.

Die Lösung, die aus der *In-Photonic Forschung* entwickelt wurde ist dabei ganz einfach aber unvergleichbar effizient.
In einem Metallrohr, das man mit einer Muffe auf das Hauptrohr der Wasserzufuhr befestigt, befindet sich ein *In-Photonic,* im Nanobereich behandeltes Siliziumgranulat. – Bewegtes Wasser nimmt von außen kommende Impulse unmittelbar auf, weswegen beim räumlich nahen Durchfluß an der *in-photonischen* Kohärenzquelle ein Quantensprung auf der atomaren Molekülebene zur Norm der Natur erfolgt. Über das Medium Wasser in Rohrleitungen überträgt sich das hohe Energiepotenzial *(elektroschwache Felder)* auch über die Wände in die Räume. In der Baubiologie spricht man von einem nutzbaren Resonanzphänomen, das ebenso das Raum- und Lebensklima verbessert.
Aus Rohrleitungen, in der Küche zum Kochen oder im Bad zum Duschen, fliesst vitales Wasser, mit einer Energie, die einem Wasserfall im Gebirge gleichkommt, wodurch eine Zufuhr von Lebensenergie erfolgt. Doch was wird nun mit der Information des Wassers? -

Bei uns Menschen misst man ein quantitatives Strahlenfeld nahe der Haut von ca. 0,20 Mikrosievert[20] im Jahr. Studien von *Prof. Popp* weisen eine erhöhte Photonenstrahlung *(Mitogenetische Strahlung)* in den Zellen durch einen sog. *Photomultiplier* nach.
Im Wasser weist man die Photonenanteile durch ein spezielles

---

[20] Das **Sievert** (Sv)ist die Maßeinheit verschiedener gewichteter Strahlendosen. Sie dient zur Bestimmung der Strahlenbelastung biologischer Organismen und wird bei der Analyse des Strahlenrisikos verwendet. Das Sievert wird als Einheit herangezogen für

Elektrolumineszenz-Verfahren nach. Sie sind unter anderem auch für die Unterstützung der Mikroorganismen, der Zellkommunikation und der Erhaltung der Vegetation verantwortlich. Wäre dieses bipolare quantenmechanische Resonanzverhältnis nicht existent, so wären eine bioelektromagnetische Funktion und daraus initiierte biochemische Abläufe im Organismus nicht möglich. Dieses System stabilisiert und organisiert im Wasser die Mikroorganismen und biologischen Strukturen. Wäre die Wasserenergie *(atomare Wassermolekülresonanz)* nicht zellidentisch, so würde auch kein Leben darin existieren.
Verändert sich jedoch durch negative Umwelteinflüsse diese Naturgesetzmäßigkeit, so treten folglich degenerative Prozesse im Wasser auf. Erhöht man aber über die Regulation der atomaren Molekülbewegung die Ordnung des Wassers, so stellt sich die Frage, was dann mit der Information geschieht, die mindestens ebenso fundamental für die Wirkung von Wasser auf biologische Systeme ist?

Ist also die Löschung von Informationen im Wasser möglich? - Es kommen immer mehr Anbieter auf den Markt, die Wasservitalisierungsgeräte herstellen und sie vertreiben.
Über die Erklärungen aber erkennt man schnell des Wissens Unwissenheit und haarsträubende Interpretationen, die oft mit Wasser nichts zu tun haben, sind an der Tagesordnung.
Oft ist Unwissenheit dabei und deshalb soll hier keine Kritik geübt werden. Doch wenn es sich um unser Trinkwasser dreht, das nach der heutigen Physik immer noch nicht erklärt werden kann und Wasser eigentlich fest sein müsste, sollte man doch bedachter mit dem Medium *Nass* umgehen.
Wasser hat ein gigantisches Speichervermögen und verfügt über nicht auszudenkende Speicherkapazitäten.
Oberflächenwasser, das mit der Umwelt in Berührung kommt, verfügt über Abermillionen von Informationen, die sich beim Kontakt mit der Umwelt in das Wasser einschwingen und die sich über das Wasser ebenso verteilen, wie die Lebensenergie dies tut. Nur Quellwasser aus mindestens 500 Metern ist nahezu frei von Informationen, wenn es aus der Quelle austritt. Hier könnte man Wasser noch als *Baby* bezeichnen. Wir Menschen speichern alle unsere Eindrücke, Geschehnisse, Erfahrungen, in

einer Unzahl von Bildern, - waren in der Schule und haben studiert, u.s.w. Das Speichermedium Wasser würde über solche Speichergrößen wahrscheinlich nur lachen. Betrachten wir die Millionen unterschiedlicher Giftstoffe der Welt, die von Milliarden Haushalten verwendet und ausgeschieden werden, ebenso Krankheits-, Problem- und Mangelinformationen der heutigen Menschen, - alles findet sich im Wasser wieder.
Es lag schon tausende von Jahren zurück, was das Wasser an Informationen in sich trägt und es werden noch Hunderttausend Jahre kommen, die es weiter prägen.

Nichts Leichter, als den Speicher mit einer einfachen Vitalisierung zu löschen! – „Upps". Oder anders: Wir klemmen ein solches Gerät links oder rechts an den Arm, genau an die Pulsader, wo das Blut durchkommt und ..., wir löschen unseren Speicher. Informationen im Wasser liegen noch auf einer mit unseren Mitteln unerreichbaren Ebene.
Wasser verhält sich nicht, wie immer angenommen wird, wie ein Magnet-Tonband, das man über den Tonkopf mit elektromagnetischen Felder wieder löschen kann. – *Schwups:* So leichtfertig wird es aber hingestellt. Es gibt kaum einen Anbieter auf dem Markt, der nicht von seinen Systemen behaupten wird, wir löschen die *negativen Informationen der Umweltbelastungen.* Alleine der Gedanke ist hier schon falsch.
Vor kurzem hat man im flüssigen Wasser nano große Kristallstrukturen erkannt von denen man vermuten kann, dass sie winzige Selbstwiederholungen von E. Motos Kristallstrukturbildern sind. Neben der Kristallstruktur gibt es *Nano Bubbles*, die Ionen transportieren und Cluster-Strukturen als elektronenabhängige Wasserstoffbrückenkonstrukte die auch das dielektrische Verhalten des Wassers bestimmen. Alles kommuniziert miteinander und reagiert sofort auf alle äußeren Einflüsse.
Natürliches Wasser ist lebendig und verfügt über eine hohe Anzahl von Biophotonen. Wasser ist somit als Flüssigkristallspeicher zu sehen. - Wir können deshalb nur nur die Wirkung belastender Informationen eliminieren! - Anders gesagt, verändert man die Schwingungsrate, was dazu führt, dass die negative Information keine Resonanzbrücken mehr bilden kann, was in etwa so wäre, als würde man ein schlechtes Ereignis aus

der Vergangenheit einfach vergessen haben; - es hat damit keine Wirkung mehr auf den Zustand.

Hierbei handelt es sich um eine vollkommen andere Aussage. Die Informationen sind vorhanden, jedoch verfügt das vitale Wasser über zellunterstützende Energie mit 10 Billionen Schwingungen pro Sekunde, um den Organismus zu versorgen, den Stoffwechselprozess zu fördern und die Zelle mit Energie zu versorgen.

Silizium-Solarplatten schwingen in der Resonanz des Sonnenlichts. Darauf baut die Solartechnologie auf, die mit technischen Hilfsmitteln die Kraft der Sonne optimal ausbeuten möchte.

Legt man einen Bergkristall für eine Weile in die pralle Sonne, so erhöht sich das Energieniveau, wie es durch Energiemessungen nachweisen werden kann. Man könnte die dünnen Silziumschichten der Solarplatten im weiten Sinne auch als Solarmembrane bezeichnen, die in Resonanz zur Sonnenenergie geht und diese speichert. Infolgedessen erhalten sie eine höhere Energie, die technisch genutzt wird, um Strom zu erzeugen.

Enrico Caruso hat es mit seiner Stimme geschafft, in gleicher Resonanz eines Weinglases zu treten, was zum Schwingen angeregt wurde und zerbrach. - In Verbindung der Erkenntnisse über Plasma Laser-Systeme, das Resonanzverhalten und der Bündelung des Sonnenlichts, sowie des *Orgon-Prinzips* von *Dr. Wilhelm Reich*, konnte die *In-Photonic Technologie* entwickelt werden, die auf einer kausalen Ebene pro-vitale Veränderungen auf der atomaren Molekülbewegungs- sowie auf der Informationsebene der angeschlagenen biologischen irdischen Bio-Systeme bewirkt.

Zum Wirkungsnachweis des *In-Photonic* Verfahrens steht jedem die Dissertation über die biologische Langzeitstudie von Frau *Dr. Schinagl (BOKU Wien)* - Universität Wien, Abteilung Bodenkultur und die Ergebnisse der Tests bei Prof. Popp „*International Institute of Biophysics Neuss* auf der Homepage[21] des Entwicklers zur Verfügung. Ferner belegen Forschungskooperationen mit Regierungen anderer Länder im Einsatz bei mehreren Umweltprojekten die regenerative Wirkung von kohärenten Licht.

Es gibt kein vergleichbares System, was der Zuverlässigkeit in

---

[21] http://www.in-photonic.de/

der Wirkung von *In-Photonic* gleichkommt. Kennt man also die physikalischen Hintergründe des Wasserverhaltens, so versteht man, dass es in der erfolgreichen Wassersanierung, um eine Wiederbelebung des biologischen Ordnungssystems geht.
Atomare Spektralenergie sowie die Umsetzung quantenphysikalischer Gesetze, initiieren den Prozess zur natürlichen Norm.

Bei der Seesanierung werden deshalb sinnlos Millionen für Entschlammung und Pseudoreinigungen verschwendet.
Eine Algenpest kann nur durch energetische Gegenmaßnahmen verhindert werden. Im Vorfeld sollten auch das Trinkwasser für die Tierhaltung, die Gülleanlagen *(Amonium- und Nitratreduzierung)* und die Felder umher behandelt werden, damit das biologische Gleichgewicht weitgehend gewahrt und den degenerativen Auswirkungen schon im Vorfeld begegnet wird.
Im biologischen Ansatz muss einem darniederliegenden See eine dauerhafte und spezifische Generatorleistung als Regenerierungsreserve dauerhaft zur Verfügung stehen.
Der Einsatz von *In-Photonic* bietet in seiner technischen Wirkung den existenziellen Ionenaustausch und damit verbunden, Heilung an der Basis.

Es ist schwieriger, eine vorgefasste Meinung zu zertrümmern als ein Atom. - **Albert Einstein.**

In der *In-Photonic* Umwelttechnologie liegt eine große Hoffnung für eine nachhaltige Wassersanierung an der Basis.
Die Anpassung der Atomelemente der Wasserenergie steckt voller Überraschungen: Auch das Wasser verfügt über ein Immunsystem! Kurzzeitig verunreinigtes Wasser bedeutet nicht gleich automatisch das AUS für das Wasser durch Wassersterben. So kann man immer wieder erleben, dass vorübergehend umgekippte Gewässer plötzlich wieder sauber werden.
Was nicht gedacht wurde ist, dass nach der Ölkatastrophe des Golfkrieges in den Jahren 1990 – 1991, die gesamte im Wasser aufkommende *Ölverseuchung* binnen einem Jahr weg war! - Was kann die Ursache für dieses Phänomen sein?
Zunächst ist anzumerken, dass Gewässer bei drohendem Umkippen einen erhöhten Sauerstoffgehalt aufweisen. Aus H_2O wird in

Verdünnung mit H_2O_2 aus einer biochemischen Reaktion des Wassers, hervorgehend aus der Anpassung der Atomelemente, zunehmend vermehrt Wasserstoffperoxid produziert, - ein Resonanz-Phänomen, das kein Meeresbiologe oder Biochemiker erklären kann. Dieser Immunmechanismus ist nur folgerichtig in einer dauerhaft bewegten Natur, in der es immer wieder einmal zu temoprären Verunreinigungen kommen kann, z.b. nach einem Waldbrand oder einer CO_2 Blase, die sich aus den Sedimentschichten löst oder durch Tierkadaver, u.s.w. - Jedoch bietet dieser Immunmechanismus keinen Schutz vor einer Dauerbelastung und das was für das Wasser gilt, das gilt gleichsam für den Menschen sowie alle belebten Systeme.

Bei einer dauerhaften Belastung bleibt diese Selbstregulierung daher nicht lange stabil und der Sauerstoffgehalt fällt infolge dessen dramatisch ab. Es bildet sich Stickstoff, der *anaeroben*[22] Bakterien *(z.B. Blaualgen)* als Wachstumsgrundlage dient. Das Wassersterben nimmt seinen Lauf.
So steht es heute um die Weltmeere. Das Wassersterben hat bereits begonnen und mit ihm auch der Fischbestand.
Die Vegetation und die Korallenriffe bilden sich zurück.
Wasser produziert im ordnungsgemäßen atomaren, energetischen Zustand seinen eigenen Sauerstoff. Es fehlte bislang an Versuchsmodellen und Technologien. Bei Verunreinigung passen sich die Atomelemente in intelligenter Weise solchen Verhältnissen bis zu einer gewissen Grenze an. Mit dem Einbruch der Immunität, die den Urzustand wahren will, erfolgt ein Phasenübergang, was bedeutet, dass das System nun aufhört das zu sein, was es ursprünglich einmal war und es wird etwas Neues, - ein lebender Bestandteil seiner neuen Umweltbedingungen. Diese ist im Grunde weder schlecht noch gut sondern zwangsläufig und nur der Mensch hat es in der Hand, alles wieder in seine natürliche Norm zurückzuführen.

Ein weiteres Resonanzphänomen der Natur:
Die Entwickler der *In-Photonic* Forschungsgruppe weisen eine erhöhte und nachhaltige Sauerstoffanreicherung durch einen ein

---

[22] **Anaerober:** (Pathogene) Bakterien, die unter Ausschluss von Sauerstoff wachsen.

Kilogramm schweren, *in-photonisierten* Bergkristall in einem Kubikmeter Aquarium nach. Das Wasser bleibt ohne weitere Maßnahmen unbegrenzt stabil!

Zur Regenerierung eines umgekippten Gewässers, wie es beim *Ypacarai Lake (Paraguay)* der Fall war, würde man einen 60 Kg Bergkristall je Kubikmeter Wasser benötigen, was über den gesamten Seeverlauf nicht möglich ist. Hierzu benötigt man wesentlich höhere atomare Potenziale und Überschussenergien, wie sie ein speziell entwickelter *In-Photonic* Wassergenerator erzeugt, der für große Voluminas gebaut wurde und den man sogar in offenen Gewässern effizient installieren kann.

Die gesamte Materie besteht aus verdichteter Energie. So besteht auch Wasser aus atomaren Elementen, aus denen sich Wassermoleküle bilden. Diese sind eben mit der Atomenergie des Bergkristalls identisch. Weiter ist interessant, dass der Bergkristall den Sauerstoffgehalt im Wasser nachhaltig konstant hält. Der Bergkristall besteht aus Siliciumdioxid *(SiO_2)*, das wegen seiner Schwingungshöhe und Wellenlänge von 750 nm, Sauerstoff im Wasser erzeugt.

Dr. K.-H. Fuchs wies nach, dass derartige Energiegrößen der Wassermolekül-Bewegung im Bereich von 100.000 Hz/ Sekunde liegen. Sie befinden sich im Lichtspektralbereich der solaren Lichtenergien auf der bipolar positiven Ebene zur Radioaktivität. Nur dadurch ist die Wirkung dauerhaft nutzbar. Ohne diese Wirkungsgröße im Einsatz einer Gewässersanierung ist eine Wasserwiederbelebung unmöglich. Hier können keine chemischen Stoffe oder die Entfernung der Verunreinigung helfen.

Über die Entdeckung und Wirkung der Lichtspektralenergie als Regenerierungskräfte der Natur, gibt es inzwischen zahlreiche wissenschaftliche Erkenntnisse, die aus unzähligen Testreihen in wissenschaftlicher Kooperation mit Universitäten und Regierungen entstanden sind.

Nicht nur der Sauerstoffmangel, wie irrtümlich gedacht wird, ist für das Absterben der Mikroben und der Bildung von Algen kausal verantwortlich. Die Anpassung der Atomelemente bricht in sich zusammen und löst als Folge daraus den Sauerstoffmangel aus. Als Folge daraus wiederum entstehen nun degenerative

Prozesse im Wasser. Es kommt zu chaotischen Ionenverhältnissen, die dem Leben im Wasser die existenzielle atomare Basis, die Schwingungsebene und die Energie zur Molekülbewegung der daraus initiierten biophysikalischen Regeneration nehmen.
Es ist nicht nachvollziehbar, dass der Wissensstand der Wasserforscher und Wissenschaftler seit Jahrzehnten in der Starre ruht.

Mit der *In-Photonic* Umwelttechnologie könnte man derzeit auf die Gesamtheit aller Probleme mit einer naturgesetzmäßigen Wirkung, eine nachhaltige Korrektur in der primären Anhebung der atomaren Stabilität erreichen. Die Erkenntnisse aus der Wassersanierung sind sogar durch wissenschaftliche Forschungen an Universitäten belegt. - Sie stammen aus Erfahrungswerten von inzwischen über 24 erfolgreichen, dauerhaften Seesanierungen in Verbindung mit Gemeinden in Österreich, der Landesregierung Tirol sowie in Deutschland, Paraguay und Ungarn.
Es gibt weltweit nicht annähernd ein vergleichbares Verfahren, das quantenphysikalisch im Ionenaustausch atomarer Energien solche reproduzierbare Dauerhochleistungen und Wassersanierungserfolge erbringt. Um die Ausführungen zu untermauern, stellt der Entwickler einige seiner bisherigen Projekte, zur Einsicht.
Auch wenn ich hier nur einige seiner erfolgreichen Projekte vorstelle, so möchte ich doch hervorheben, dass es bisher bei allen Projekten zu einem 100%igen Erfolg gekommen ist.
Wer also über die in diesem Buch beschriebenen Projekte noch mehr wissen möchte, der kann sich auf der Entwickler-Web-Site die entsprechenden Dokumentationen runterladen.
Auch wenn die folgenden Ergebnisse an eine Art *Wunderheilung* erinnern, so möge man sich vor Augen führen, dass es Wunder nur dort gibt, wo noch ein Defizit an Wissen zu den Naturgesetzen vorherrscht. - Echte Wissenschaft akzeptiert auch Ergebnisse, die wirken aber noch nicht verstanden sind und sie bemüht sich, die unverstandenen Ursachen zu entschlüsseln.
Da diese Technologie an der Basis des Lebens ansetzt, wäre ein solches Vorgehen sinnvoll, denn das was für das Wasser gilt, das gilt auch für das Leben allgemein, denn .... ***Wasser ist Leben!***

Erfolgreiche Wassersanierungsobjekte

In den Ausführungen konnte man deutlich erkennen, dass es viele dogmatische Hindernisse gibt die geniale Entwicklungen, die einen echten Fortschritt für Mensch und Natur bringen würden, im Wege stehen. Es muss frustrierend sein wenn man mehr als 15 Jahre zusehen muss, wie eine funktionierende Technologie in den Esoterik Bereich verbannt wird und anstatt dass man bereits bewährte neue Maßnahmen ergreift, wird viel Geld verschwendet in alte Misserfolge.

Dennoch geht es voran und ganz vorne stehen wieder einmal die Österreicher. Ist es ein Zufall dass das Thema Wassersanierung in dem Land seine Initialzündung findet, aus dem auch der *Wasser Prophet* Viktor Schauberger stammt? – Kein europäisches Land achtet so auf seine Natur wie die Österreicher und sie sind offen für alles, was der Natur hilft.

Diese Welt gehört uns allen, denn sie schenkt uns die *Daseinsgüter*, die der Mensch braucht, um das Geschenk des Lebens erblühen zu lassen. Wasser ist dabei die Matrix des Lebens, - der Nährboden, auf dem die Saat des Lebens sich entfalten kann. Anhand der Qualität unserer Lebensmatrix können wir daher erkennen, wie stark geschunden diese schon ist. Das soll kein Angriff oder Tadel sein, sondern ein geistiger Impuls der dazu auffordern soll, diesen Missstand zu beheben. Sich nachhaltigen Technologien zu verweigern gleicht daher einer Verweigerung gegen das Leben selbst!

So erfolgt auch mein Aufruf, nun endlich das vorhandene Potenzial zu nutzen, um die Qualität des Lebens nachhaltig zu fördern; - immerhin haben wir die natürliche Ordnung ins Chaos gestürzt; - die, die es gemacht haben und die, die dabei tatenlos zugesehen haben und auch die, die von nichts etwas wissen wollen! ALLE atmen dieselbe Luft, versorgen sich aus derselben Wasserquelle und ernähren sich aus denselben Böden!
Natürlich, - jeder weiß das, doch wo bleibt eine Reaktion auf dieses Wissen?
Mit *In-Photonic* steht nun eine Technologie zur Verfügung, die höchsten Fortschritt bedeutet, ohne dass die Natur dabei miss-

braucht wird; - im Gegenteil, - *In-Photonic* stellt die Balance von Geben und Nehmen wieder her.
Geben wir unseren Gewässern die Lebensenergie, die wir achtlos geraubt haben wieder zurück, dann revangiert sich die Natur und beschenkt uns reichhaltig mit hochwertiger Nahrung und vitalem Wasser, was gleichsam die Lebensenergie ist, die uns antreibt. Alles ist miteinander verbunden, weswegen nichts ohne Folgen bleibt.

Wasser ist dabei nur eine Ebene, auf der man die Wirkung dieser Technologie in ihrer Wirkung zeigen kann.
Will heißen, dass es darüber hinaus noch unendlich viele Anwendungsbereiche gibt, die sich aber erst einem wachen Geist eröffnen, der die Technologie verstanden hat.
Das Verständnis ist die Basis, differenzierter spezifischer Applikationsentwicklungen. Aus diesem Grund habe ich die Initiative ergriffen und ein kognitives Lehrkonzept entwikckelt, was auf spielerische Art und Weise das Wissen aus einer erlebten Erfahrung vermitteln kann.

So muss man kein Physiker sein um *In-Photonic* zu verstehen, - das hat doch schon Dr. Fuchs übernommen.
Was er aber nicht übernehmen kann, das ist der alltägliche Umgang damit. Hierzu benötigt es kreative und lebensfrohe Menschen, die den gereichten Faden aufnehmen, um ihn in die Matrix des Lebens einzuweben. Der Einsatz von kohärentem Licht bewirkt neues Leben, bzw. die Rückführung des Lebens zur Norm der Natur. Der Mensch, insbesondere durch seine bisher unverkannte Quanteneigenschaft als kreierender Beobachter, hat die freie Wahl, ob er seine Beobachtungen der Degeneration *(Mangel)* oder der Regeneration und Erhaltung *(Fülle)* schenkt.
Da der Beobachter und das Objekt der Beobachtung EINS ist, wird der Mensch die Qualität seiner Beobachtung erleben!

Lassen wir nun die nachfolgenden Dokumentationen für sich sprechen, bevor ich das angefangene Thema weiter vertiefe.

Amt der Tiroler Landesregierung

Telefax

Landesforstdirektion
Waldschutz - Landschaftsdienst
Hubert Bischofer
Telefon: 05223 / 56341 / 75
Telefax: 05223 / 56341 / 85
e-mail: waldschutz@tirol
DVR 0059463

K.H.Fuchs
Lindwurmstr. 64
München

Anzahl der Seiten: 1

Fortsetzung der Versuche

8 Jahre Forschung mit der Landesregierung Tirol

Später wurden auch die Stauden stark zurückgeschnitten, um den Laubeinfall zu vermindern. Dadurch wurde aber die verwilderte Umgebung verloren.
Aufgrund der nicht in den Griff zu bekommenden Algenpest wurde der Teich 19.. vollständig ausgelassen. Auch diese Aktion brachte nur eine kurzfristige Verbesserung.
Um das Wasser vor einer weiteren Algenpest zu schützen wurde im Frühjahr 2000 von der Firma VIT – Theragon aus München ein Behälter mit Quarzsand versenkt. Sogenannte Biophotonen sollen positive Auswirkungen auf die Wasserreinheit haben. Erstaunlicherweise verbesserte sich daraufhin tatsächlich die Wasserqualität

4.6.3. Benützung des Teiches

Um das Wasser vor einer weiteren Algenpest zu schützen wurde im Frühjahr 2000 von der Firma Vit-Therago (In-Photonic) ein Generator versenkt. Sogenannte Biophotonen (heute Ionenaustausch) sollen positive Auswirkungen auf die Wasserreinheit haben.
Erstaunlicherweise verbesserte sich daraufhin tatsächlich die Wasserqualität.

Anmerkung: In früheren Zeiten hieß *In-Photonic* noch *Vit-Theragon*.

	Amt der Tiroler Landesregierung
	Telefax Landesforstdirektion
	Waldschutz - Landschaftsdienst
K.H.Fuchs	Hubert Bischofer
Lindwurmstr. 64	Telefon: 05223 / 56341 / 73
München	Telefax: 05223 / 56341 / 85
	e-mail: waldschutz@tirol.gv.at
	DVR 0039463

Hier ein kleineres Sanierungsobjekt in *Leutasch Weidach* aus dem Jahr 2003. Links, der von Algenpest befallene Biotop. Es wurde eine Edelstahl-Kapsel mit *In-Photonic* aufgeladenen Silizium-Kügelchen befüllt eingelegt und nach nur 16 Tagen klärte sich der Biotop auf *(siehe Bild rechts)*. Die Sanierung erfolgte in den ersten Maiwochen, wobei das Wasser nicht in seinem optimalen Verdichtungszustand war. Dennoch hat das Verfahren auch hier in nur kurzer Zeit zur totalen Heilung des Wassers geführt. *In-Photonic* versorgt das Gewässer mit dem Quantum an Lebensenergie, was es zur Aufrechterhaltung seiner Gesundheit zwar braucht, dieses aber nicht mehr aus sich selbst erzeugen kann.

Problem Maßnahmen	Problem Maßnahmen
Gde Örtlichkeit Betreuung	Oberflächliche **Algen**, Kanadische Wasserpest
Volder Bustr/Karlskirche Gde/LD/ PORG Wasseranlage	Einsatz, Mai 2000: Quarzmehl ca. 12 kg in Metallhülle in den See eingebracht
Auswirkung	- Anfangs nur mehr leichte Algenansätze - Herbst 2000 keine Algen - Absinken der Wasserpest, sehr guter Erfolg - Wasser klar März 2001 - Starke Laichtätigkeit. Erhöhter Fischbestand Fischreduktion durch freies Fischen für alle Juli 01 Wasserpest kommt wieder leicht
	Auch 2002 guter und gleichbleibender Zustand, Frühjahr und Herbst glasklar. Unzählige Kaulquappen

...keine Algen mehr Klarwasserqualität

100% Erfolg

In diesem Beispiel handelte es sich um einen kleinen See aus dem Jahr 2000, der von der *Kanadischen Wasserpest* befallen war. Die Fläche, bzw. das Volumen reichte aus um eine Edelstahl-Kapseln mit aufgeladenem Granulat zu einzusetzen. Ein *In-Photonic Wassergenerator* wurde eingesetzt und obwohl der See in einem sehr schlechten Zustand war und die Maßnahmen nicht zum besten Zeitpunkt begonnen werden konnten, so hat es doch nur von Mai bis Herbst 2000 gedauert, bis sich ein Erfolg einstellte.

Problem Maßnahmen	Problem Maßnahmen
Baumkirchen Wald ober Dorf Martinstal Gde/LD Kl. Badesee	**Algen**, Trübung, Ölfilm, aufsteigende Faulgase Einsatz 4.Juli.2000: Kieselsteine In-Photonisiert, ca. 100 kg im See verstreut. Zusätzlich am 28.Sep.2000 In-Photonic Siliziummehl in Sonde ca. 14 kg gegeben und in den See Eingebracht.

Auswirkung	- 5.Dez. 2000 keine oberflächlichen **keine Algen mehr** - Wirkung: stabil. Die Seeanlage war über Jahre des Beobachtungszeitraums **keine Algen**

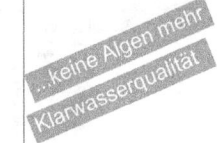

Ein weiteres See-Objekt im Jahr 2000 war in *Baumkirchen*, - ein kleiner Wald-Badesee bei der Gemeinde Martinstal in einem sehr schlechten Zustand. Der massive Sauerstoffverlust aus der Degeneration führt dazu, dass das Wasser in die Starre verfiel, wobei Gärprozesse und Nebenprodukte daraus nicht nur zu einem fauligen Gestank führten, sondern auch das Wasser sehr stark eingetrübt war. In den Anfängen der See-Sanierung verwendete Dr. Fuchs noch Kieselsteine. Heute werden nur noch Siliziumkügelchen in Größen von 50 Mikron – 400 Mikron oder Zeolithe in einer entsprechend feinen Vermalung verwendet. Insofern entsprechen die Angaben auf den Projektblättern nicht immer der heutigen Vorgehensweise, jedoch waren auch diese schon hoch aktiv und haben in allen Fällen zu einen 100%igen Erfolg geführt! Eine Zugabe von *in-photonisierten* Materialien wird u.a. auch zu Zeiten eingebracht, in denen das Wasser nicht die optimalen Voraussetzung für eine Sanierung aufweist, wie z.B. auch bei diesem Objekt, das im Juli 2000 begonnen wurde.

Problem Maßnahmen	Problem Maßnahmen
Schlittes Badesee	Wucherung von Unterwasser- pflanzen 21.2.01 Wasserm abn.Mo Kin- der-bereich 0,5 kg infosanopl. 20.3.01 Wasserm abn.Mo Kiber.1,0 kg infosanopl 4.5.01 Jungfr.zun.Mo 3 Quarz- mehlsonden mit je 50 kg in See- mittelachse 1.6.01 1Sack 25 kg Qum.mit Jute-sack 2.Steg n.Sppl 11.10.01 MA Larch Wa 20! Früh.02 wurde der Seeboden
Auswirkung	durchkämmt und die Säcke mit Qum. Entfernt – starker Gestank

Plan 03/04 Zulauf info Quarz-
...eine
...dionikplatte, Pyramide
...fo Strom, Pumpen
Zirbenholz , Flussholz,
Mähen der Unterwasserpflanzen

28.2.01 Wasser klarer und weniger Algen Kinderbereich dünnes Eis mit vielen sternförmigen Struk-turen
20.3.01 Wasser sehr klar, Kinderbereich viel weniger Algen als im Winter
Wasser im Herbst glasklar 5.4.01 Algenwachstum nimmt zu
7.6.01 Wasser sehr klar, starke Algenvermehrung
9.7.01 weniger Algen

Auch bei diesem Badesee in Schlittes gab es erhebliche Umsatzeinbußen durch Veralgung. Im Februar 2001 wurde mit der Photonen-Behandlung begonnen. Obwohl das Wasser näher an seinem Optimum war, mussten hier neben den *aufgeladenen* Quarzmehlsonden *(3 Sonden zu je 50 Kg Quarzmehl!)* zusätzlich noch zwei Säcke *In-Photonic* Quarzmehlpulver ausgebracht werden, weil die Problematik aus verschlammten Seebodenablagerungen hervorging. Optimale Erfolge bei der Seesanierung lassen sich nur erzielen, wenn man nach dem Kausalprinzip vorgeht.

Es gibt aber kein genormtes Vorgehen bei der See- und Gewässer-Sanierung, weil die Ursachen der Verunreinigung variabel sind. Natürlich ist eine Sanierung auch ohne diese zusätzlichen Maßnahmen möglich, jedoch wird der Erfolg dann entsprechend länger auf sich warten lassen.

Diese Zusatzmaßnahmen sind Katalysatoren, die gezielt zum Einsatz gebracht werden wollen.

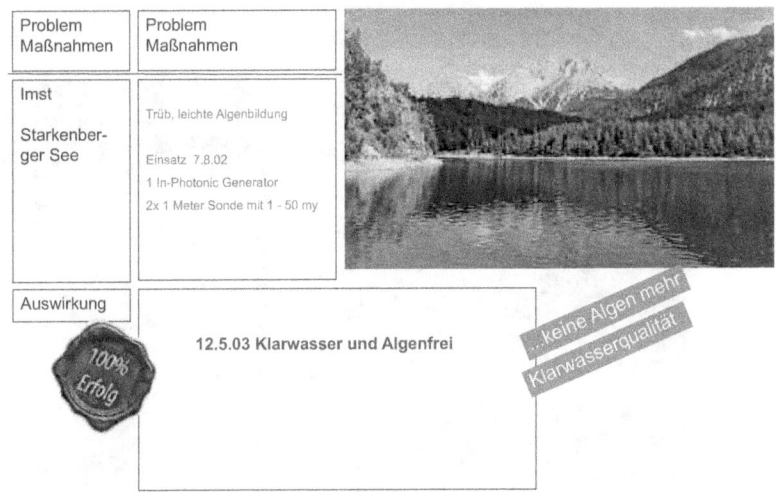

Problem Maßnahmen	Problem Maßnahmen
Imst Starkenberger See	Trüb, leichte Algenbildung Einsatz 7.8.02 1 In-Photonic Generator 2x 1 Meter Sonde mit 1 - 50 my

Auswirkung	
100% Erfolg	12.5.03 Klarwasser und Algenfrei ...keine Algen mehr Klarwasserqualität

Ein größeres Objekt war der *Starkenberger See (Imst)*, der eingetrübt war und bereits eine aufquellende Algenbildung zeigte. Die war zwar keine Notfallsanierung, doch warum soll man erst an Wassersanierung denken, wenn das Kind schon in den Brunnen gefallen ist, zumal der See mit der angesiedelten Gastronomie ein Touristen Magnet ist? – Hier wurde präventiv und kurativ im Juli 2002 begonnen, einen *In-Photonic Generator* zu installieren, sowie zwei weitere Sonden mit *in-photonisierten* Quarzmehl gefüllt, an exponierten Stellen zu versenken.

Die Sonden könnten als Akupunktur-Nadeln betrachtet werden und der richtige Stadort wäre dann der Akupunkturpunkt, an dem man den energetischen Fluss wieder herstellt.

Bei der Größe des Sees war für eine abschließende Totalheilung die Rekonfiguration der Molekülbewegung im Wasser nötig, die bei einer optimalen Wasserverdichtung *(bei ca. 4 – 5° Grad Celsius)* eine kausale Initialisierung des Wassers bewirkt, weswegen der 100 %ige Erfolg sich daher erst im Mai 2003 einstellte.

Das Biotopwasser durchläuft lediglich ein kleines Gerät gefüllt mit In-Photonic Kristalle

Am Ende der Demonstration zur Effizienz von *In-Photonic* ein kleiner Biotop *(vor/nach)*, der mit nur einer *In-Photonic Edelstahlkapsel (siehe Abb.)* saniert wurde.

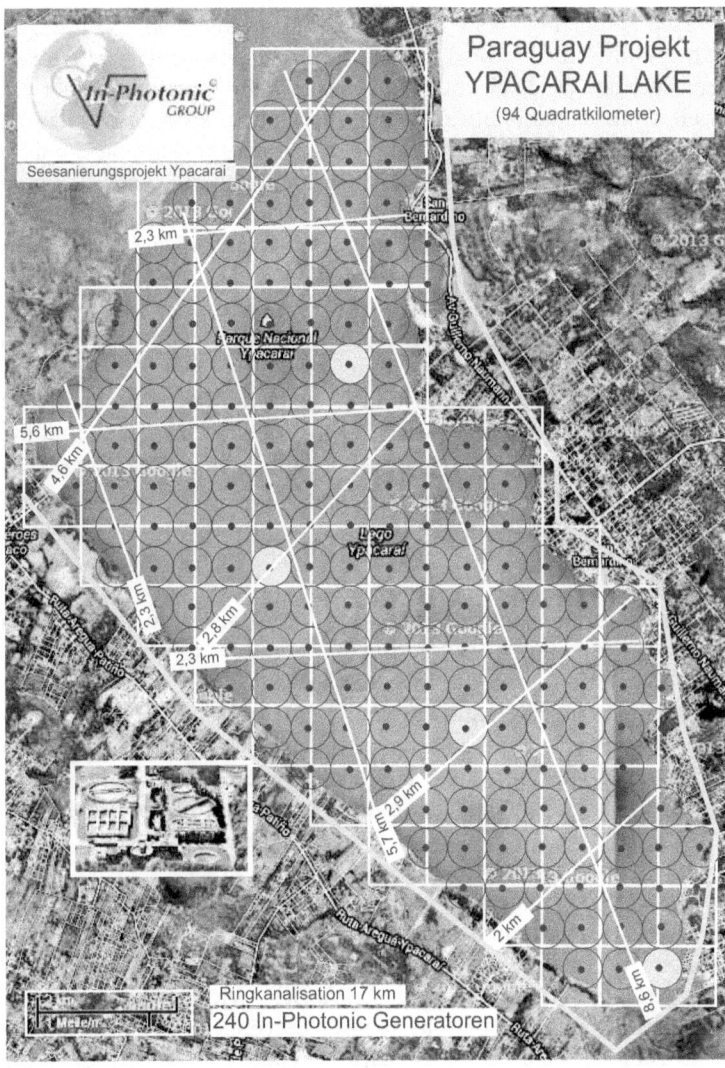

Das größte erfolgreiche Objekt das *In-Photonic* vorzuweisen hat, war der *YPACARAI* See in Paraguay mit einer Gesamtfläche von 94 Km². Dazu wurde eine 17 Km lang verlaufende Ringstruktur mit 240 *In-Photonic Generatoren* gelegt. Die Planskizze zeigt den Verlauf dieser Maßnahme, die ebenfalls ein 100 % Erfolg war.

Wassersanierung kann nun in allen Dimensionen, angefangen vom Goldfisch-Glas, bis hin zum offenen Meer erfolgreich betrieben werden. Dr. Fuchs und sein Entwickler-Team haben über die vielen Jahre einen Blick für die richtige Quantitätenverteilung bekommen, jedoch wurde ihr Know-How noch nicht in dem Umfang gefordert, wie es nötig wäre, um eine grundlegende Verbesserung im Bezug auf unsere Gewässer zu bekommen. Dabei geht es nicht nur um Seen und freie Gewässer, sondern auch um die kommunalen Wasseraufbereitungen.

Weil die behördlichen Entscheidungsträger aus der Starre ihres Nichtwissens sinnlos mehr Steuergelder verschleudern als sie einnehmen, gehen sie dazu über, gleich den nächsten Fehler zu machen; - sie geben die Wasserrechte an Privatfirmen ab und die sind mehr daran interessiert im Sinne ihrer Aktionäre das *Daseinsgut* Wasser so teuer wie möglich zu verkaufen, als dass sie es im Sinne hätten, es für Mensch und Natur so zu reinigen, dass daraus wieder ein pro-vitaler Qualitätsstoff wird.

Ein Beispiel dieser inkompetenten Behördenwillkür spielte sich vor ein paar Jahren *(zwischen 2010 – 2011)* direkt vor meiner Hautüre in Ebersberg bei München ab.
Dem Umstand schuldend, dass man dort bei jeder sich bietenden Gelegenheit die Gülle aufs Feld schüttet, was nicht legal, jedoch stillschweigend von den *eingeodelten* Bewohnern akzeptiert wird, verdankt der Bezirk seine überdurchschnittlich hohen *E-Coli Epidemien*.

Die Menschen müssen sich dann vom zugekauften Wasser ernähren und sogar damit waschen. Es dauert Wochen bis die Wasserreinigungsmaßnehmen der Gemeinden *(fast ausschließlich durch Chlorierung!)* das Wasser wieder unbedenklich nutzbar machen, wobei das Wasser extrem nach Chlor stinkt! - Natürlich hat dieser *beschissene* Umgang mit der Natur seine Auswirkungen und so sind viele Seen von Algen befallen, welche ein Toxin ausbilden, - *Microcystin, ein Neurotoxin*.
So trat man an Dr. Fuchs heran, damit dieser mit seiner neuen *In-Photonic* Technologie den *Klostersee* sanieren möge, der bis dahin 5 Jahre mit einem Badeverbot versehen war.

Eine Verlaufstabelle dieser Maßnahme kann auf der folgenden Seite eingesehen werden. Lange Rede kurzer Sinn: Die extrem hohe Kontamination an *Microcystin* und pathogenen Väkalbakterien ging gravierend zurück!

Vor der Behandlung war der *Microcystin* Wert noch bei 138 *(!)*, bis er durch die *In-Photonic* Sanierung in nur kurzer Zeit auf einen unbedenklichen Wert von 3,8 gelangte. Das ganze spielte sich in den Jahren September 2010 bis zum August 2011 ab.
Die Ergebnisse waren einmalig und behördlich dokumentiert, - keine andere Maßnahme zuvor, für die man schon viel *(Steuer-)* Geld ausgegeben hatte, war auch nur annähernd so erfolgreich!

Jetzt kommt's: Man möchte doch meinen, dass der gesunde Menschenverstand nach einer so erfolgreichen Testierung kompromisslos diese Technologie in den Dauerseinsatz schickt, zumal es eine Einmalinvestition ist, die davon abgesehen auch noch um ein vielfaches billiger ist, als die eingesetzten konventionellen Maßnahmen; - denn tun muss man was!
Auch das Geld sollte hier kein Hinderungsgrund sein, zumal die Gemeinde Ebersberg eine der reichsten Bauergemeinden Deutschlands ist! – Dennoch sah man von einem Kauf ab, mit den Worten: *„Wir wollen jetzt erst einmal abwarten was ohne den Generator passiert."*
Das wäre in etwa so, als wenn man ein schwer verletztes Unfallopfer mit einer Notbehandlung am Leben erhält und danach sagt, *jetzt warten wir wie es weiter geht und lassen erst einmal alles so wie es ist.* – Beim Menschen gibt es dafür ein Gesetz was dies verbietet, nämlich die Pflicht zur Hilfeleistung! – Es ist schon bezeichnend wenn man dafür sogar ein Gesetz braucht, doch man sieht an der unterlassenen Hilfeleistung am Klostersee, dass es ohne Zwang nicht geht. Ich weiß aber nicht was schlimmer ist; - die Behörden, die sich dem Leben verweigern oder die Menschen, die dabei tatenlos zusehen.
Aber immerhin war man in Ebersberg bereit, einen solchen Test durchzuführen, was bei den meisten Gemeinden gar nicht erst erwogen wurde oder in endlosen Debatten auf die lange Bank geschoben wird.

Sanierung Klostersee Ebersberg
5 Jahre Badeverbot vor Behandlung: Wert der Microcystine von **138** auf **3,8** verbessert

Ein idyllisches Haus für viel Geld an der See-Kloake!

Quelle: Dr. Fuchs Veröffentlichung unter: www.in-photonic.de

Vor Behandlung Ebersberg Klos- / Prüfstelle: Bayeri- L-Wert Nr. 18.06.-21.09.2010			In-Photonic behandelt Ebersberg L-Wert Nr. 11.06.-01.09.2010			Ebersberg Klos- L-Wert Nr. 19.22/06 - 31.08.2011		
4/1-2	Eschericha coli Enterokokken	3466 738 beanstandet	1/1-4	Eschericha coli Enterokokken	10 10 keine Beanstandung	1/1-3	Eschericha coli Enterokokken	10 10 keine Beanstandung
5/1-2	Eschericha coli Enterokokken	366 beanstandet	2/1-2	Eschericha coli Enterokokken	10 10 keine Beanstandung	2/1-1	Eschericha coli Enterokokken	32 10 keine Beanstandung
6/1-2	Eschericha coli Enterokokken	360 10 beanstandet	4/1-2	Eschericha coli Enterokokken	10 10 keine Beanstandung	3/1	Eschericha coli Enterokokken	10 10 keine Beanstandung
7/1-2	Eschericha coli Enterokokken	98 10 beanstandet	5/1	Eschericha coli Enterokokken	10 10 keine Beanstandung	4/1-3	Eschericha coli Enterokokken	54 10 keine Beanstandung
7a/1-2	Eschericha coli Enterokokken	380 10 beanstandet	7/1	Eschericha coli Enterokokken	64 10 keine Beanstandung	5/1-3	Eschericha coli Enterokokken	22 10 keine Beanstandung
8/1-2	Eschericha coli Enterokokken	406 194 beanstandet	10/1	Eschericha coli Enterokokken	22 10 keine Beanstandung	8/1-2	Eschericha coli Enterokokken	22 10 keine Beanstandung
9/1	Eschericha coli Enterokokken	110 42 beanstandet	11/1	Eschericha coli Enterokokken	10 10 keine Beanstandung	11/1	Eschericha coli Enterokokken	10 10 keine Beanstandung
10/1-2	Eschericha coli Enterokokken	4564 614 beanstandet	12/1-2	Eschericha coli Enterokokken	10 10 keine Beanstandung	9/1-2	Eschericha coli Enterokokken	10 10 keine Beanstandung
11/1-2	Eschericha coli Enterokokken	234 54 beanstandet	13/1	Eschericha coli Enterokokken	10 10 keine Beanstandung			
12/1-2	Eschericha coli Enterokokken	1098 208 beanstandet	14/1	Eschericha coli Enterokokken	10 10 keine Beanstandung			

Die Wirkung = reproduzierbar
100% Erfolg

Ich glaube, diese Ergebnisse nicht weiter kommentieren zu müssen. Im krassen Gegenzug hierzu eine Lobeshymne voller Anerkennung und echter Dankbarkeit, auch wenn die Technologie noch nicht zur Gänze verstanden ist; - man handelt nach dem was sich bewährt hat, auch wenn man es nicht versteht, womit sich das Denken des Einzelnen dem Wohle vieler unterordnet!

Marktgemeindeamt Riegersburg

pol. Bezirk Südoststeiermark – 8333 Riegersburg – Steiermark
Tel. 03153-8204-0 – Fax: DW-22
E-mail: gemeindeamt@riegersburg.com – UID – ATU28556504

Datum: 1. August 2013
GZ.: 831

Bericht über die Seebadanlage der Marktgemeinde Riegersburg:

Vorgeschichte:
Die Anlage des Seebades besteht aus zwei Naturteichen, wobei einst der jetzt bestehende Fischteich als Badeteich genutzt wurde. Vor ca. 40 Jahren wurde der vordere Teich zum Badeteich umgewandelt.
Im Jahr 1998 wurde die jetzt bestehende Seebadanlage umgebaut und ein Restaurant errichtet.
Der gesamte Badeteich wurde mit Vlies abgedeckt und ca. 20 cm Rollschotter wurden aufgebracht.
Der oben genannte Fischteich wurde während der Umbauarbeiten geteilt, ca. 0,60 ha wurden als Regenerationsteich ausgebaut.
Das Wasser wird in den Regenerationsteich gepumpt, nach einer Verweildauer von ca. 3 Tagen fließt das Wasser wieder in das Seebad zurück.
Somit entstand eine wunderbare Seebadanlage, die aber auch ihre Probleme mit sich brachte.
Nach dem Umbau hatten wir zuerst herrliches Wasser, aber es entstand bald Seegrasbewuchs.
Nach Ende der Badesaison wurde das Wasser abgelassen und mit einem Traktor und einer Egge das Seegras entfernt.
Ein Jahr später kam die nächste Überraschung, plötzlich kam im ganzen Seebadbereich ein Algenwuchs auf. Dieser Bewuchs war so stark, dass er den ganzen Boden überzog. Wir versuchten täglich, diesen Algenbewuchs zu entfernen, was uns auch gelang, aber es wuchsen immer neue Algen nach.
Vor ca. 5 Jahren haben wir erfahren, dass es die Möglichkeit gibt, die Algen mit Organismen (EM) zu bekämpfen, hiermit hatten wir aber nur teilweise Erfolg.
Im Jahr 2009 wurde das gesamte Seebadgelände überflutet, sehr viel Schlamm wurde durch die Wassermassen ins Seebad gespült.
Danach mussten wir nochmals das gesamte Wasser ablassen, mit Schlammpumpen wurde der ganze Schotterbereich vom Schmutz gereinigt und auch die Organismen wurden damit ausgeschwemmt.
Ein Neustart im heurigen Jahr stand uns bevor, mit der Ungewissheit, wie wird es mit den Algen weiter gehen.

Bericht:
Wie durch ein Wunder meldete sich im Februar dieses Jahres telefonisch ein gewisser Herr Ludwig Holzer. Er setzte die Gemeinde über die Neuentwicklung der In-Photonic Umwelttechnologie in Kenntnis und empfahl uns, wir sollten Kontakt mit Herrn Dr. Fuchs aufnehmen. Nach einer Terminvereinbarung mit Herrn Dr. Fuchs und Herrn Hölzer, kam es zu einem intensiven Gespräch mit einer äußerst aufgeschlossenen Power Point Präsentation. Hierüber erfuhren wir über eine bisher noch nie gebotene Aufklärung der Seesanierungsmöglichkeit im Einsatz von atomarer Lichtspektralenergie.
Hierbei handelt es sich um eine weltweit einzigartige Behandlungsmethode durch ein spezielles Wasserionisierungsverfahren durch den Einsatz eines In-Photonic Generators. Dieser dient der biophysikalischen Unterstützung der degenerativen Wassermolekülbewegung zur Wiederbelebung des Wassers und der daraus resultierenden Unterstützung und Stabilisierung aller im Wasser befindlichen biologischen Strukturen. So vereinbarten wir eine Testdurchführung mit Beginn Anfang April bis Ende der Badesaison im Riegersburger Seebad. Den Wassergenerator haben wir an tiefster Stelle des Sees platziert.
Nach einigen Wochen konnten wir schon feststellen, dieses Wunderwerk zeigte erste Wirkungen, die zu diesem Zeitpunkt schon gewachsenen Algen fingen an sich vom Boden zu lösen. Der faule Geruch im Wasser wurde weniger und ist nach einiger Zeit verschwunden, ebenso wurde das Wasser immer klarer.
Auch bei großer Hitze in den letzten Tagen und bei einer Temperatur von weit über 30 Grad blieb das Wasser, bis zum heutigen Tag, mit Sicht bis zum Boden glasklar.

Mit freundlichen Grüßen
Vizebürgermeister Anton Janisch

Seite 1 von 1

Parteienverkehr: Montag bis Freitag 8.00 bis 12.00 Uhr.
Mittwochnachmittag geschlossen.
Bankverbindung:
Raiffeisenbank Riegersburg-Brfld. (BLZ 38326) Konto Nr. 169
Besuchen Sie uns im Internet: www.riegersburg.gv.at

Derlei Lichtblicke sind es, die Hoffnung und die Zuversicht geben, dass isch am Ende doch die Vernunft und die Liebe zum Leben durchsetzen wird. In Österreich gibt es daher schon eine In-Photonic Niederlassung, die alle Hände voll zu tun hat. –
Schauberger würde sich freuen über diese Möglichkeiten und so kehrt ALLES immer wieder an seinen Ursprung zurück; - es war nie wirklich getrennt davon, nur auf Abwegen und so half auch hier der Zufall, im Sinne einer synchronen raum-zeit-Bewegung mit, dass sich Schaubergers Geist nun in der bio- und quantenphysikalischen Technologie von kohärentem Licht wieder findet.

Die Gesetzmäßigkeiten der Naturbeobachtungen, die Viktor Schauberger damals schon durch seine *Fühlnatur* in Synergie seines klaren Denkens erahnen konnte, können heute z.B. durch die Biophotonic verifiziert werden.
Das würde bedeuten, dass die *In-Photonic* Technologie auf der atomaren Ebene exakt die Bewegungen kreiert, die Schauberger auf der physischen Ebene schon erkannt hat.

Inzwischen werden neben See- und Gewässersanierungen nun auch weitere Bereiche der *Daseinsgüter* in Angriff genommen.
So stehen inzwischen weitere Themen wie Saatgut- oder Boden-Sanierung auf der *To-Do-Liste*, denn auch hier wurde vom Menschen bisher nur genommen und nichts gegeben, was schlussendlich zum selben schlechten Ergebnis wie beim Wasser führt; - im Tod ist alles dasselbe, - nämlich Tod!

Alles macht den Anschein, dass Österreich das *Photonen Land* werden könnte, das dem Fortschritt folgt und nicht die alten Fehler immer und immer wieder wiederholt! – Die Offenheit die dort gegenüber neuen Technologien vorherrscht, könnte aus Österreich eine Basis der innovativen Technologien machen, welche die Welt verändern werden. - Dort redet man nicht nur, sondern man handelt und so kommt es, dass Österreich bereits heute schon zu den Ländern mit der höchsten Lebensqualität gehört.
Zur Zeit nehmen die Österreicher Dr. Fuchs voll in Beschlag und wenn das so weiter geht, dann ist es in wenigen Jahren das Land mit dem saubersten Wasser auf der Welt.

Können sie sich vorstellen, dass sie sich an einem See am Ufer einfach auf den Bauch legen und aus dem See trinken? Und das Wasser schmeckt auch noch und ist so gesund, so dass sie seine vitale Wirkung in jeder Zelle merken.
Ist das nicht eine erstrebenswerte Vision von Lebensqualität und Fülle? – Es ist möglich!

Jede Verbesserung ist nur eine Frage der Entscheidung!

AGRARLÖSUNGEN MIT IN-PHOTONIC

Neben Wasser benötigen auch unsere Böden dringend Hilfe, damit sie sich wieder zu ihrer natürlichen Norm regenerieren können. Was sich jedoch so einfach schreibt ist unter Nutzung der bisher verwendeten Möglichkeiten nicht möglich. Man gibt Substrate in die Böden, jedoch nicht deswegen, dass sie sich wieder erholen, sondern, dass sie trotz reduzierter Lebensenergie Ressourcen etwas geben, was sie nicht mehr haben.
Dazu verwendet man hauptsächlich Phosphor, was ein Wachstumskatalysator für Pflanzen ist, für den humanen Organismus jedoch eine Belastung darstellen.
Mit der Verdauung der Nahrung werden *pentacylische Phosphate* freigesetzt, welche irreversibel an Eisen binden. Das schwächte die *Erythropoese*[23], das Immunsystem und die mikrobielle Regulation. Alles was man in den Boden gibt, kommt auch wieder zurück. Wir können es nur nicht erkennen, weil wir nicht mit den Augen einer Zelle sehen können.

Damit ist das ursächliche Problem also nicht gelöst, man erreicht lediglich, dass auch dort volle Felder entstehen, wo unter natürlichen Bedingungen nichts mehr wachsen würde!

---

[23] **Erythropoese** ist der Vorgang der Bildung und Entwicklung der Erythrozyten (rote Blutkörperchen). Sie erfolgt vor der Geburt in Dottersack, Leber, Milz und Knochenmark, nach der Geburt nur noch im roten Knochenmark der platten und kurzen Knochen

Die Gründe für das Sterben unserer Böden sind sehr vielschichtig. Auf ursächlicher Ebene ist wieder das Gleichgewicht von Geben und Nehmen in starker Disharmonie. Man entzieht den Böden Lebensenergie, was auf fundamentaler Ebene dazu führt, dass nur noch wenig bis keine atomare Molekülbewegung mehr stattfinden kann.
Es entsteht Starre, was man allgemeinhin als Übersäuerung bezeichnet. Das bedeutet, dass sich die ionischen Austauschprozesse reduzieren (= *hoher Redox-Wert[24]*), weil kein Treibstoff *(Elektronen)* mehr in den Böden für diese Austauschreaktionen vorhanden ist. Folglich verdichten sich die Moleküle in den Böden. Mikroorganismen arbeiten auf einer höher verdichteten Ebene und diesen fehlt nun die Fähigkeit, derart verdichtete Moleküle zu katalysieren, was man mikrobielle Synthese nennt, die für die Pflanzen eine Art Nahrungszubereitung, in die für sie verwertbare Form ist. Der Stillstand beginnt also auf der atomaren Molekülebene und expandiert von dort über seine gesamte Verlaufskaskade hinein in die Materie.

Die Folge: Dort wo die kleinen Bodenbewohner nichts mehr zu Essen finden, dort reduzieren sie sich und führen auch auf der Makro-Ebene zu Verdichtung und Starre. Für die Pflanze heißt das: *Heute bleibt die Küche kalt, und morgen auch, ebenso die nächsten Wochen und Monate.* Für wie viel Leben reicht ein bisschen Lebensenergie?

Brüchige Materie produziert viele Abfallstoffe, die den sog. *Anaerobern*, also aus unserer Sicht pathogene Mikroorganismen, als Nahrung dienen. Die Population richtet sich nach dem Nahrungsangebot und somit wächst sie zunehmend an.
Auch hier wirkt das *EVA-Prinzip*[25], was bedeutet, dass sie Abfall zu sich nehmen, ihn durch ihren Stoffwechsel verdauen um ihn

---

[24] **Redox** bedeutet **Red**uktion und **Ox**idation. Der **Redox Wert** sagt aus, wie viele Austauschprozesse in einem Medium ablaufen können, was sich danach richtet, wie viele Elektronen zur Verfügung stehen, die wechselseitig ein- (=reduziert) oder ausgebaut (=oxidiert) werden. Saure, starre Medien haben einen hohen, lebendige und agile dagegen einen niederen Redox-Wert.

[25] **EVA-Prinzip:** Eigentlich ein Begriff aus der EDV. dE bedeutet, Eingabe, Verarbeitung – Ausgabe. Nicht nur ein Computer funktioniert nach diesem fundamentalen Prinzip, auch ein jedes biologische System!

danach wieder auszugeben. Es ist nicht davon auszugehen, dass die Ausscheidungsprodukte der *Anaerober* dazu geeignet sind, den Boden wieder zu heilen, - im Gegenteil,- es entstehen weitere Arten von *Anaerobern*, Pilzen, Parasiten und Toxinen als Zeichen einer immer weiter auf die totale Stagnation zugehende atomare Molekülbewegung! – Aber keine Sorge, - mit ausreichend Dünger, Pestiziden und Phosphor wächst auch auf diesen Böden noch etwas Essbares. – Na dann Mahlzeit!

Die Aktivität der Austauschreaktionen in den Böden wird durch das *Zeta-Potenzial* auf der elektrochemischen Ebene gemessen, wobei ein Wert um die 46 angestrebt wird, der jedoch nicht mehr erreicht werden kann.
Bei einem Wert von 46 sind die Austauschreaktionen an den Oberflächen in so dynamischer Bewegung, dass ein naturrichtiges Wachstum möglich ist. Seit vielen Jahren wird geforscht, um das *Zeta-Potenzial*[26] wieder in ein regulationsfähiges Maß zu bringen, - bis heute jedoch ohne Erfolg, - mit den bekannten Mittel.

Hier habe ich in eigenen biophysikalischen Forschungen ein Substrat entwickelt, das aus einem Katolyth *(pH 12)* und Zeolith *(Calcit)* besteht, das in einem abgestimmten Verhältnis angemischt wird. Bringt man diese Lösung in die Böden, so steigt das *Zeta-Potenzial* dort auf **99**[27] an! – Damit kann man also auf der elektrochemischen Ebene eine Art *Defibrilation* der toten Böden herstellen, jedoch lässt sich kausal damit das Problem noch nicht beheben.

Auch die Zugabe von Mikroorganismen in die Böden, wie man dies z.B. mit *EM* macht, ist keine kausale Lösung. Von den bislang eingesetzten Mitteln sind EM, Zeolithe sowie Borax Substrate wie *RevitaSan*, in ihrer positiven Wirkung auf die Böden und Pflanzenwachstum am effizientesten. In Synergie mit *In-Photonic*

---

[26] Das **Zeta-Potential** ist das elektrische Potential (auch als Coulomb-Potential bezeichnet) an der Abscherschicht eines bewegten Partikels in einer Suspension. Das elektrische Potential beschreibt die Fähigkeit eines (von einer Ladung hervorgerufenen) Feldes, Kraft auf andere Ladungen auszuüben.

[27] Hierbei handelte es sich um zivile Forschungen die von den Wissenschaftlern der Firma Herba Green in Tuttlingen durchgeführt wurden.

würden sich hier wahrscheinlich sehr schnelle und vor allem noch bessere Ergebnisse auf der gesamten Verlaufskaskade erzielen lassen.

Die Wirkweise von Mikroorganismen alleine liegt auf einer höher verdichteten Ebene als die der elektrochemischen Intervention, weswegen man damit bestenfalls ein Strohfeuer entzünden kann, das nur von kurzer Wirkung ist.
Weder die Mikroorganismen, noch die elektrochemischen Interventionen alleine sind daher in der Lage, die atomare Molekülbewegung zu regulieren, - sie können nur Ergebnisse auf ihrer Vedichtungsebene schaffen, die aber nicht, oder nur unspezifisch auf die atomare Ebene wirken.
Auch skalare Felder, wie sie beispielsweise mit dem Grander Wasser in Verbindung gebracht werden oder mit den *Koltsov Platten* erzeugt werden, können hier nur einen begrenzten Erfolg bringen, da sie bestenfalls pathogene Schwingungsmuster neutralisieren können, - aber für wie lange. Auch diese Energie hat keine initiale Wirkung auf die Ebene der atomaren Molekülbewegung.

Bisher blieb den Menschen aber keine andere Möglichkeit, als mit den gegebenen Mitteln zu versuchen, die Böden wieder zur Norm der Natur zu bringen. Auch bei den Böden liegen analoge Gesetzmäßigkeiten vor wie im Wasser.
Behördliche Herstellungsvorschriften, die im Schulterschluss mit den Lobbyisten abgefasst werden, bringen hier einen jeden Fortschritt zum Stillstand und so werden auch heute noch unsinnige, toxische Chemikalien ausgebracht, die keine Lösung für Natur und Mensch darstellen und die Kassen derer füllen, die sich die Rechte am Daseinsgut Boden einverleibt haben, - die *Landwirtschafts-Kartelle*, allen voran Monsanto.

Daneben gelangen jedes Jahr etwa 1000 neue Stoffe, die nur in den seltensten Fällen eine Risikoprüfung durchlaufen haben in den natürlichen Stoffkreislauf, wo sie nun auf ewig mitwirken.
Keiner weiß in Ermangelung von Langzeittests, wie sich diese neuen Stoffe im Stoffkreislauf auswirken. Jeder Stoff ist dabei eine Verkettung von Atomen, die einerseits eine eigene

Schwingung besitzen, als Molekül jedoch eine Meta-Summe aller unterschiedlichen Schwingung darstellen. Genau dieses Meta-Feld ist es, was sich als destruktive Interferenz zur atomaren Schwingung bewegt. Anders gesagt: Bilden Stoffe eine harmonische Schwingung aus, so äußert sich dies auf der stofflichen Ebene durch die Eigenschaften des Stoffes, die es wiederum ermöglichen, dass der Stoff Synergien mit anderen Stoffen eingehen kann. Das Ergebnis ist dann eine spezifische Wirkung, die ihren natürlichen Sinn beim Aufbau von Materie hat. Im anderen, negativen Fall, entsteht eine Meta-Schwingung, die eine ähnlich spezifische Wirkung hat, jedoch begleitet ist von einer Menge unspezifischer *Nebenschwingungen*, was sich naturwidrig auf die Grundordnung der Materie auswirkt.
Wir sprechen dann von unerwünschten Nebenwirkungen!
Wenn wir von Materie sprechen, dann meinen wir das Ergebnis von Energie, die sich immer mehr verdichtet, - so lange, bis sich daraus Materie kondensiert. Materie ist das Ergebnis und so werden wir hier keine Ansatzmöglichkeiten finden, die Materie zu heilen. Um zu Heilen, müssen wir in den Bereichen feinstofflicherer Energien arbeiten, wobei wir hier grundlegend von elektroschwachen und –starken Feldern sprechen.
Je schwächer ein Feld ist, desto größer ist seine Wirkung bei der Kondensierung von Materie. Setzt man z.B. Chemikalien zur Bodenregeneration ein, so verwendet man elektronenschwache Felder und glaubt, dass diese Leben bringen in dem sie töten, was schlicht weg nicht möglich ist.

Mit *In-Photonic* reguliert man elektronenschwache Felder, durch die Erzeugung von Kohärenz deren Folge *Negentropie* ist aus der Leben entspringt.
Der Basisimpuls einer elektromagnetischen Schwingung ist das Photon, das in seiner komprimierten Verdichtung im Grunde die elektromagnetische Wirkung der elektrostarken Felder ist! – *Biophotonen* sind Photonen-Emissionen, also durch ein biologisches System transformierte Photonen, die jedoch nichts von Ihrer elektromagnetischen Dominanz verlieren, - sie entfalten sie nur auf einer für unsere Maße, subtileren Ebene des Seins.

Mit *In-Photonic* ist es möglich geworden, Photonen so zu komprimieren, dass daraus Bio-Photonen entstehen, die es uns über ihre Kohärenzwirkung nun erlauben, direkt an der atomaren Ebene anzusetzen.
Damit haben wir in der stofflichen Realität einen Ansatz an der ursächlichen Basis gefunden, - den Anfang in einer stofflichen Verdichtungskaskade. Damit ist es jetzt möglich, eine Verlaufskaskade vom atomaren Ursprung bis zum stofflichen Ergebnis zu konstruieren, mit dem Zweck, eine synchrone Schwingung durch alle Verdichtungsebenen zu erschaffen, die Heilung im Sinne von ausgewogener Balance zur Norm der Natur erschafft.
Etwas später in diesem Buch werde ich das im Kontext noch genauer erklären. Betrachten wir uns nun die Wirkung, die mit dieser *Kausal-Technologie* im Bereich unserer Böden erwirkt werden kann.

Um es vorweg zu nehmen, ich habe keine Schmiergelder von der österreichischen Regierung bekommen, um das Land in die Empore zu heben und ich bin auch kein Fanatiker, der einem sturen Zwang unterliegt. - Aber ich muss mich schon wieder auf die Österreicher beziehen, wenn es um wissenschaftlich evaluierte Untersuchungen geht, für die kein deutsches Institut zu haben ist. – Schade!

Im Tenor auf das Thema *In-Photonic,* hat die Doktorandin *Heidrun Schinagl* im Dez. 2004 zur Erlangung des akademischen Grades einer *Dr. rer. nat. tech.*, ihre Dissertation unter dem Arbeitstitel,

„Untersuchungen des Einflusses pflanzenstärkender Mittel auf Wachstum, Ertrag und Qualität gärtnerischer Nutzpflanzen" an der Universität für Bodenkultur in Wien,
verfasst. In dieser knapp 200 Seiten umfassen Doktorarbeit untersuchte sie nahezu allen erfolgversprechenden Methoden, darunter auch Effektive Mikroorganismen *(EM)* oder *Grander Wasser.*

Im Bezug auf den Ertrag vom *In-Photonic* behandelten Feld

äußerte sie sich, *das Errorbar-Diagramm[28] zeigte für die beiden Erntejahre sehr ähnliche Ergebnisse. Diese lagen für das Jahr 2002 geringfügig unter jenen des Jahres 2003.*
Die Ausnahme stellten die mit In-Photonic behandelten Pflanzen dar, deren Brixwert[29] im Jahr 2002 deutlich höher lag als 2003.
Die Summe der Ertragsparameter (Biomasse roh, verkaufsfähige Biomasse, Ausbeute, Durchmesser, Anteil der Biomasse in Klasse I) lag bei den mit In-Photonic behandelten Pflanzen am höchsten.
Vor allem die verkaufsfähige Biomasse lag um 20 % über jener der Nullparzelle.

Das bedeutet also, dass es signifikante Beweise gibt, dass mit *In-Photonic* behandelte Böden einen höheren Ertrag erbrachten, als anderen Methoden, - vom konventionellen Anbau *(Nullparzelle)* begonnen, bis hin zu Methoden des Bio-Anbaus *(dynamisch biologisch)* und unter Einbezug nahezu aller unkonventionellen Methoden *(z.B. Grander, EM, u.a.)*. Das bedeutet, dass seit 2002 eine Doktorarbeit darüber vorliegt, dass der Einsatz von *In-Photonic* zu einem Mehrertrag von bis zu 20% führte.
Dennoch wurde bisher weder das Wissen, noch die Technologie eingesetzt!

Die Studie erbrachte aber noch weitere erstaunliche Ergebnisse, die für den Landwirt, die Natur und am Ende auch für den Menschen von großem Wert sind. Richten wir unsere Blicke daher nun weg von der Quantität und betrachten stattdessen die Qualität. Diese spiegelt sich wieder in einer guten Immunität, denn wirklich gesund ist nur das, was sich aus sich selbst gesund halten kann.

---

[28] **Error bar Diagramm**, dt. *Fehlerbalken-Diagramm*, Fehlerbalken werden bei der grafischen Darstellung von numerischen Daten eingesetzt und dienen dazu, die auf systematischen oder statistischen Fehlern beruhenden möglichen Abweichungen der Messwerte vom tatsächlichen Wert der betrachteten Messgröße zu visualisieren.

[29] **Brix-Werte:** Das Maß für die lösliche Trockensubstanz in einer Flüssigkeit (und damit annähernd der Zuckergehalt) wird üblicherweise in "Grad Brix" (° Brix) angegeben. Indirekt erhält man hierdurch einen objektiven Wert des Reifegrades einer Frucht. Einige EG-Vermarktungsnormen (z.B. für Kiwis und Melonen) legen inzwischen fest, daß "hinreichend reife" Früchte im Sinne der Norm bestimmte Brix-Werte aufweisen müssen.

Pflanzen bilden zu ihrem Schutz *Sekundärpflanzenstoffe[30] (SPS)* aus, die auch für den Menschen von größtem Wert sind. Leider ist es durch jahrzehntelange Saatgutmodifikationen nun zu einer kritischen Ausdünnung dieser Stoffe gekommen, so dass die heutigen Pflanzen nur noch einen Gehalt von 30% dieser SPS aufweisen! – Stellen sie sich einmal vor wie leer es auf einmal wäre, wenn in ihrer Umgebung von 10 Menschen nur noch 3 da sind. Ein stilles Sterben in der inneren Struktur.
Die Studien jedenfalls zeigen auf, dass dies nicht so bleiben muss. Im Bezug auf Schädlingsbefall bei Salatköpfen ergab die Studie: *Bezüglich des Befallsgrades der Salatköpfe mit Krankheiten und Schädlingen schnitten die mit den biologisch - dynamischen Präparaten behandelten Pflanzen gleich gut ab wie die Nullparzelle, wohingegen sich alle anderen Präparate, insbesondere betreffend dem Befall mit Schwarzfäule, deutlich positiv von der Nullparzelle abheben konnten. Bei der Betrachtung der Inhaltstoffe schnitten die mit In-Photonic[31] behandelten Salatköpfe sowie die mit den biologisch-dynamischen Präparaten behandelten Salatköpfe sehr gut ab.*

Für eine erhöhte Ausbildung an SPS spricht auch, dass der *Redox-Wert* von den mit *In-Photonic* behandelten Salaten deutlich unter dem der Nullzelle lag. Ein niederer *Redox-Wert* bedeutet, dass sich Lebensenergie im Austausch befindet!
Ich möchte jetzt gar nicht mehr tiefer auf die Studie eingehen, jedoch möchte ich noch einige finale Bemerkungen abdrucken, die nicht unerwähnt bleiben sollten:

Die Summe der Ertragsparameter lag in beiden Erntejahren bei den mit In-Photonic behandelten Pflanzen am höchsten.

Auch hier lagen die mit Grander - Wasser behandelten Parzellen am schlechtesten, wohingegen die mit In-Photonic behandelten Pflanzen am besten abschnitten.

---

[30] **Sekundärpflanzenstoffe (SPS):** Pflanzenstoffe, die keine primär metabolische Relevanz haben und der Pflanze als Schutz- und Immunstoffe dienen. Sie entstehen aus der Wechselwirkung mit der Umgebung und bilden sich gegen die dort vorliegenden lebensfeindlichen Faktoren.
[31] In der Dissertation heißt die In-Photonic Technologie noch *Vit-Theragon Technology*. Um nicht verwirrend zu sein, habe ich den aktuellen und aller Voraussicht nach bleibenden Namen, In-Photonic, verwendet.

.... wohingegen die mit In-Photonic behandelten Pflanzen die höchste Ausbeute von beinahe 94 % bezogen auf das Fruchtgewicht erzielten.

In Summe lieferten hier In-Photonic und Grander-Wasser mit einem Klasse-Extra Anteil von 95 % beziehungsweise 92 % das beste Ergebnis, ...

In der Gesamtauswertung des Salates erwies sich in der Summe der Ertragsparameter In-Photonic als bestes Präparat.
Im Bereich der Inhaltsstoffe schnitten die mit In-Photonic behandelten Pflanzen am besten ab.

Im Jahr 2003 hingegen hatten die Pflanzen mit widrigeren Umgebungsbedingungen zu kämpfen. Besonders in dieser Periode konnte In-Photonic den Pflanzen dabei helfen, ihr Potential weiter auszuschöpfen als die Vergleichspräparate.

Bei Biophotonen (mit denen laut Herstellerbeschreibung die In-Photonic - Kapseln aufgeladen sein sollen) handelt es sich nach POPP (1979, 1983) um Lichtquanten einer Strahlung, die ursächlich aus lebenden Zellen kommt (ultraschwache Zellstrahlung), welche nach den Ergebnissen von FRÖHLICH (1981, 1986) kohärent, also ein Licht mit hoher Ordnung (ähnlich einem Laser) ist. Kohärentes Licht wird von FRÖHLICH (1986) als in Zellen ordnungsbildend beschrieben, auch wird ihm die Fähigkeit Informationen zu übertragen (10 mal mehr als ein Laser) zugeschrieben.
POPP beschreibt in seiner Biophotonentheorie (POPP 1984) den Einfluss des Biophotonenfeldes auf die Regulation innerhalb der Zelle. Weiters spielt nach SCHRÖDINGER (1987) im Rahmen der Photosynthese nicht nur Energiegehalt sondern auch Informations- und Ordnungsgehalt der Lichtquelle eine bedeutende Rolle.
Augenscheinlich ist es mit der In-Photonic Technologie gelungen diese Information an die in den Kapseln enthaltenen Borsilikat-kügelchen zu binden, wovon die Pflanzen auch im ungünstigeren Jahr 2003 profitieren konnten.

Daraus lässt sich schließen, dass die Salatköpfe welche mit In-Photonic behandelt wurden in sich kompakter sind, also ein höheres Gewicht bei gleichem Durchmesser aufweisen, welches deutliche

Vorteile in Bezug auf Lager- und Transportvolumen beziehungsweise die Transportfähigkeit bringt.

Die Früchte der Pflanzen der Nullparzelle sowie jene der mit In-Photonic behandelten Pflanzen wiesen bis zum Zeitpunkt der zweiten Ernte (18.7.2002 = zweiter Erntezeitpunkt) einen geringeren Befallsgrad auf.

Die mit In-Photonic behandelten Pflanzen konnten voll überzeugen und lieferten das beste Erntergebnis.
Die ungünstigeren Werte, welche das innere Milieu beschreiben, könnten auf das, durch das Präparat veränderte Entwicklungsstadium zurückzuführen sein.

Soweit einige finale Aussagen dieser Studie, deren gesamter Umfang sich auf 214 Seiten beläuft. Leider wurden nur 2 Jahre getestet, denn gemäß der letzten Bemerkung bliebe festzustellen, wie sich die Ertrags und Gesundheitslage der Pflanzen und Böden über mehrere Jahre hinweg entwickelt hätte. Auch ein kranker Mensch muss erst einmal gesund werden und es ist klar, dass es auf diesem Weg der Gesundwerdung vermessen wäre zu denken, dass man hier schon in seiner gesamten Lebenskraft steht. Erst wenn man wieder gesund ist, kann man sein ganzes Leistungspotenzial zeigen und das gilt auch für Pflanzen. Eine Bemerkung aus der Studie unterstreicht dies:

Jene Pflanzen, welche mit In-Photonic behandelt wurden,
erreichten einen hohen Anteil an hochqualitativen Früchten,
konnten sich jedoch in der gesamten Erntemenge nicht durchsetzen.
Dieses Ergebnis kann mittels einer Beobachtung (bzw. auch auf Fotografien zu sehen) in einen logischen Zusammenhang mit den Ergebnissen des Kopfsalates gebracht werden.
Auch die Tomatenpflanzen produzierten sehr viel (vegetative) Biomasse (siehe Pflanzenhöhe, Dichtheit), diese wurde aber von den Pflanzen nicht in das Ernteprodukt umgesetzt.
Auf jeden Fall aber zeigte diese Vitalität einen deutlichen positiven Einfluss auf die Früchte.

Betrachtet man diese Beobachtung genau, dann drängt sich einem die Vermutung auf, dass man auch das Substrat in die Betrachtung mit einbeziehen muss. Die Pflanze kann nur das überirdisch zur

Entfaltung bringen, was sie unter der Erde hervorholen kann.
Die Pflanze ist in einem dynamischen Wachstumsprozess und wächst zur Sonne hin. Mit sehr viel Phantasie könnte man hier eine höchst stofflich verdichtete *Spin-Entwicklung* erkennen; - die Pflanze richtet sich zur Sonne aus und will ihr immer näher kommen. Dazu muss sie jedoch ein stabiles Fundament während ihres Wachstums entwickeln, weil sie sonst Naturgewalten oder ihrem Eigengewicht auf ihrem Weg ins Licht unterliegen würde. Je näher sie also ans Licht kommen will umso stabiler muss ihr Fundament *(Biomasse)* sein.

Der Boden, - die Erde, hingegen ist im Vergleich zur Pflanze eine starre Masse, die sich nicht so schnell verändern kann. So entstehen differenzierte Entwicklungsphasen, die sich erst ins Gleichgewicht tarieren müssen, was aber nicht während einer Ernteperiode möglich ist. Wie auch beim Wasser, ist auch bei den Böden eine quantitative Bewertung vorzunehmen, wodurch sich eine Balance sehr viel schneller einstellen kann.

Bei den Versuchen, auf denen die Studie aufbaut, wurden Siliciumkügelchen *in-photobisch* aufgeladen und ausgebracht, die zu den bereits dargelegten Ergebnissen führen.
Heute arbeiten wir aber im Bereich der Bodennutzung und Regeneration auch mit anderen Stoffen, wie z.B. mit Zeolith oder Borax-Mischungen und greifen damit zur Verbesserun der Funktonen in höher verdichtete Ebenen der Verlaufskaskade ein.
Als Alleinmaßnahme aber nur von kurzem Wert und geringer Effizient. - Als synergetisches Zusammenwirken mit *In-Photonic* hingegen, wirken sich diese Zugaben als Katalysator aus, was den langen Weg zur Balance deutlich abkürzt.
Hier gibt es einen immens großen Bereich an Möglichkeiten, die nur darauf warten, ins Leben gerufen zu werden.

Auf dem Stuppacher Hof in Hornbach *(BRD!)* beginnt man gerade, das Saatgut mit *In-Photonic* aufzuladen! – Hierzu gibt es zwar noch keine Erfahrungen, doch verspricht man sich viel davon und man darf schon sehr gespannt auf die Ergebnisse sein.
Ich zumindest glaube an eine positive Veränderung des Saatgutes zur Norm der Natur, was bedeutet, dass man die kriminellen Saatgutmodifikationen von Firmen wie Monsanto & Co., mit behördlichem Gewaltschutz am Protest des Volkes vorbei durchgepresst, wieder

neutralisieren kann.
Sollte es mit *In-Photonic* alleine nicht gehen, so gibt es noch weitere Möglichkeiten, wie z.B. statische elektrische Felder, die man mit *In-Photonic* kombinieren könnte.
Eines kann man aber jetzt schon sagen, nämlich dass die Lebenskraft die mit *In-Photonic* induziert wird, sich sowohl auf die Qualität, wie auch auf die Quantität der entstehenden Pflanzen auswirken wird.

Wenn die in der Studie periphere *In-Photonic* Behandlung des Bodens einen Mindestmehrertrag von 12% *(max. 20%)* erbrachte, dann könnte man mit synergetischen Assoziazionen mit Ertragszuwächsen rechnen, die noch deutlich höher liegen, wobei ein Zuwachs von 10% schon ein Traumergebnis für den heutigen Landwirt wäre.

Das Einsparungspotenzial ist groß, denn gesunde Pflanzen brauchen keine Agrargifte und gesunde Böden bringen keine Schadinsekten hervor. Leben kann nur dort entstehen, wo es eine Grundlage findet!

Es gibt mehrere Möglichkeiten mit *In-Photonic* auf Pfanzen und Böden einzuwirken. Für den Heimbereich empfehle ich die *GrowUp* Kügelchen. Diese kleinen Kügelchen mit einem Durchmesser von ca. 3 mm steckt man direkt am Wurzelansatz in die Erde und belässt sie dort. Insbesondere bei Obst- und Gemüsepflanzen kann man einen deutlichen Unterschied im Geschmack, den Blüten- und Fruchtständen sowie in der Biomasse erkennen.

Machen sie den Test und stellen sie auch eine Pflanze ohne *In-Photonic* auf. Achten sie aber darauf, dass die Pflanze ohne *In-Photonic* mindestens 3 – 5 m von der Pflanze mit *In-Photonic* entfernt steht, - am besten räumlich getrennt, da es sonst zu einer Kohärenzwirkung auch bei der unbehandelten Pflanze kommt und dann kann man keinen Unterschied feststellen.

Die *GrowUp* Kügelchen kann man auch für angeschlagene, kranke Bäume und Sträucher verwenden, die in der Regel nach einem Jahr erste Ergebnisse zeigen.

Eine andere Möglichkeit wäre, mit einem *P-Home-Booster* Samen oder Pflanzen-Substrate, z.B. Dünger oder Zeolithe aufzuladen, bevor man diese ausbringt. Zu diesem Verfahren liegen jedoch noch keine Erfahrungen vor, weil man damit erst im Jahr 2014 angefangen hat. Was jedoch mit Sicherheit passieren wird, das ist eine Korrektur der DNA zur Norm. Es gibt aber viele Parameter, die auf die Wirkung dieser Korrektur einen Einfluß haben. Gibt man z.B. eine hochwertige Saat in einen minderwertigen Boden, dann wird man vergebens auf ein positives Ergebnis warten. Ein wirklich optimales Ergebnis erreicht man aus meiner Sicht aber nur dann, wenn man die DNA korrigiert und gleichzeitig den Boden mit aufgeldadenen Substraten *(EM, Borax, Zeolith, usw.)* behandelt, ein *GrowUp* Kügelchen dazu gibt und am besten mit *in-photonisierten* Wasser *(Lichtwasser)* gießt.

Hier gibt es noch viel zu forschen und zu probieren und es werden neue Möglichkeiten entstehen, an die man jetzt noch gar nicht denkt!

Das Handeln ist nur die notwendige Instrumentation, um die Einheit mit dem Herrn allen Handelns zu erreichen, es ist nur der Übergang vom Willen und der Kraft der Unwissenheit zu Wille und Kraft des Lichts.
Sri Aurobindo

INITIATIVE LICHTENERGIE

Auf dem Vortrag am Kongress *Chemie-Umwelt-Mensch – Krankheiten durch Chemikalien,* wurden neue Alternativen aus dem gesundheitlichen Dilemma gesucht, weil man erkannt hat, dass man mit den bestehenden Mitteln nicht weiter kommt. Der internationale Kongress des *Zentrums zur Dokumentation für Naturheilverfahren e.V. (ZDN - Essen), des Bundes für Umwelt- und Naturschutz Deutschland e.V. (BUND - Bonn),* und des *Ökologischen Ärztebundes,* tagten diesbezüglich am 25.Mai 1991 in Lindau am Bodensee und wollten dem Rechnung tragen.

Mit Prof. Popp's Biophotonik hat man heute eine anwendbare Methode, mit der man Umweltbelastungen, mit einer bisher unerreichten Empfindlichkeit nachweisen kann, mit der sich aber auch Belastungen bestimmen lassen, die bisher mit keiner anderen Methode erfasst werden können, wie z.B. die radioaktive Bestrahlung von Lebensmitteln oder Gewürzen, wie sie heute zur Konservierung angewendet wird. Mit dieser Methode lassen sich zudem synergene Wirkungen mehrerer Belastungen messen, die sich ja durchaus nicht immer nur summieren *(z.B. verschiedene Chemikalien, chemische Stoffe plus elektromagnetische Felder im "Elektrosmog", etc.).*

Möglich wird dies durch die Messung von *ultraschwacher Zellstrahlung* oder kurz Biophotonen-Messung.
Dieses Messverfahren bietet einen tiefen Einblick in die Schadstoff-Analytik, wodurch Wege in eine ganz neue Dimension des Umweltproblems geöffnet werden, die mit der *In-Photonic* Technologie gelöst werden können. Die Entdeckung der Zellstrahlung geht auf den russischen Histologen und Embryologen *Alexander Gurwitsch* zurück, der 1922 bei Versuchen zur *Morphogenese*[32] zum Schluss kam, dass Zwiebelwurzeln eine Art von Strahlung aussenden, welche die Zellen einer zweiten Zwiebelwurzel zur verstärkten Zellteilung *(Mitose)* anregen. Er nannte sie aus diesem Grund *mitogenetische Strahlung.* Gurwitsch vermutete,

---

[32] **Morphogenese:** griech. „Entstehung der Form". Sie beschreibt die Entwicklung-, bzw. Entstehungskaskade von Organismen, Organen und Organellen und folgt einem strukturierten Muster.

dass es sich dabei um UV-Strahlung handeln müsse, war aber nicht in der Lage, mit den damals zur Verfügung stehenden Mitteln die Existenz dieser Kohärenzstrahlung zu beweisen. Durch weitere Forschungen kam er zu dem Schluss, dass diese Strahlung Ausdruck eines *biologischen Feldes* im Organismus sei, welches Formbildung und viele andere Lebensvorgänge steuere, aber auch bei der Krebsentstehung eine Rolle spiele. – Auch die *biophysikalische Homöopathie nach Erich Körbler* arbeitet auf Basis der *mitogenetischen Strahlung*, alledings auf der Meridian-Ebene *(Ätherkörper)*, wo sie den Fluß im Gesamtgefüge reguliert.

Gurwitschs Forschungen wurden von vielen Wissenschaftlern aufgenommen, jedoch entschied zu Beginn der vierziger Jahre die wissenschaftliche Gilde des Westens, dass diese Strahlung aus Mangel an Nachweisbarkeit nicht existieren darf.
Während Gurwitschs Arbeit in der Sowjetunion weitergeführt wurde, musste die Zellstrahlung im Westen nach dem 2. Weltkrieg wieder neu entdeckt werden. Diese Arbeit wurde nun durch die zur Verfügung stehenden modernen technischen Mittel *(Photomultiplier)* und theoretischen Grundlagen *(Quantenoptik, Nicht-Gleichgewichts-Thermodynamik)* möglich und wurde vor allem vom deutschen Professor für Biophysik, *Dr. Fritz-Albert Popp* geleistet, der 1974 unabhängig von den sowjetischen Arbeiten, das *Licht aus den Zellen* neu entdeckte.
In diesem Zusammenhang darf auch der deutsche Grundlagenforscher und Biophysiker *Werner Kropp* nicht unerwähnt bleiben, da er über seine einzigartigen Forschungen im Bezug auf die Bildung kohärenter, stabiler Wasserstrukturen, spezifische Frequenzen durch statische Magnetfelder verwendete.
So war er als erster Mensch auf der Welt in der Lage, über die atomare Molekülbewegung, radioaktiv kontaminierte Gegenstände und Personen, in kürzester Zeit durch das Auftragen seines strukturierten Wassers zu dekontaminieren! – Kropp und Popp arbeiteten eine Zeit lang zusammen, bis Popp sich nur noch der Biophotonic widmete, während Kropp in der Breite seiner Applikationsentwicklungen aufging.

Wie sich nun herausstellte, handelte es sich bei dem extrem schwachen Licht *(vgl. das Licht einer Kerze, die man auf 20 km*

Distanz sieht) nicht nur um UV- Strahlung, sondern um Photonen im gesamten optischen Bereich, vom UV, über das sichtbare Licht, bis hin zur Infrarotstrahlung.
Diese Strahlung ist bei allen Lebewesen vorhanden, tritt jedoch verstärkt bei der Zellteilung und beim Zelltod auf und reagiert sehr sensibel auf alle Arten von Einflüsse, denen die Zellen ausgesetzt ist. Prof. Popp konnte beweisen, dass es sich bei der Zellstrahlung um kohärentes Licht *(Laserlicht)* handelt, was eine zwingende Voraussetzung dafür ist, dass das Biophotonenfeld im Organismus eine regulative Funktion haben kann, wie Popp und andere Forscher dies annahmen.

Es konnten auch bereits eine Reihe von Anwendungen entwickelt werden. Neben der Umweltbelastungs-Analytik sind dies vor allem die Tumorforschung und die Qualitätsbestimmung von Nahrungsmitteln.
Licht, oder besser gesagt, Sonnenlicht, bildet die Grundlage aller Lebensformen auf der Erde. Es ist die ursprüngliche Energiequelle. Die Lebewesen nutzen sie, um aus ihr hochwertige Nahrung, Beweglichkeit usw. zu gewinnen[33].
Licht spielt auch eine wesentliche Rolle bei zahlreichen nicht sichtbaren molekularen Prozessen, indem es Moleküle in stimulierte, d.h. energiereiche Zustände überführt, die ihnen viele wichtige Reaktionen ermöglichen *(Prof. Dr. Walter Nagel)*.
Forschungen, die sich auf mehr als 1700 Experimente stützen, haben belegt, dass die DNS der lebenden Zelle mit der DNS der Nachbarzellen kommunizieren kann, indem sie in Form von Licht Energie übermittelt *(Leonard Laskow, Healing with Love)*.
Dieses Licht resultiert aus der Bewegung von Photonen.
Fragen wir uns also zunächst einmal, was ein Photon eigentlich ist.

Die Atom- und Quantenphysik sind die Physik unseres Jahrhunderts. Auf deren Grundlagen beruht das gesamte Verständnis zu den Gesetzmäßigkeiten des Universums und der Teilchen, aus denen es besteht. Die Kenntnisse der Atom- und Quantenphysik sind heute nicht nur für Physiker, sondern auch für alle anderen

---

[33] *Die Biologie des Lichts* - Prof. Dr. Fritz A. POPP - Verlag Marco Pietteur

wissenschaftlichen Disziplinen, darunter auch die Medizin, unverzichtbar, da die Wirkung des Großen auch im Kleinen besteht. Mit den Begriffen der Quantenphysik versteht man heute ohne Mühe das Verhalten der Teilchen, die Eigenschaften der Atomkerne, sowie die Struktur von Molekülen und der Materie. Immer tiefer dringt man in das Kleinste ein womit das Bild des Großen immer komplexere Zusammenhänge offenbart.

Zu Beginn des 20. Jahrhunderts, nachdem die von den Atomen emittierte Strahlung erkannt wurde, setzte sich der entscheidende Begriff *Energie* durch. Die Existenz wurde anerkannt und es erfolgte eine Darstellung der *Energie* in Form von *Quanten*.
Doch, - obwohl man dieses Wort ausgibig verwendet, gibt es noch keine Definition dafür! – Man ist dabei seine Wirkung zu begreifen, doch ist man weit davon entfernt auch sein Wesen zu begreifen!
Eines der ersten Experimente, mit dem das Gebäude der klassischen Physik erschüttert wurde, war der *lichtelektrische* Effekt, der zu der überraschenden Erkenntnis führte, dass die von den Elektronen ausgesandte Energie, nicht durch die Intensität des Lichtes, sondern durch Frequenz und Wellenlänge charakterisiert ist. Die Zahl der Elektronen, die pro Sekunde emittiert werden, nimmt mit der Intensität des Lichtes zu, doch die Energiemenge, die für das einzelne Elektron erzielt wird, bleibt konstant. Diese Ergebnisse ließen in der Folge *Albert Einstein* und andere Wissenschaftlicher zu dem Schluss kommen, dass die Energie eines Lichtbündels durch Gruppen von Teilchen übertragen wird. Diese Teilchen heißen *Quanten*[34].

Träger der *induktiven Rückkopplung* sind die *Photonen*, die von jedem geladenen Teilchen entweder angezogen oder abgestoßen werden können. Ein freies Photon ist ein mit einer elektromagnetischen Strahlung verknüpftes Teilchen der Masse Null, das sich konstant mit Lichtgeschwindigkeit[35] fortbewegt.

---

[34] *In der Physik bezeichnet der Begriff **Quant** (von lateinisch quantum ‚wie groß', ‚wie viel') ein Objekt, das durch einen Zustandswechsel in einem System mit diskreten Werten einer physikalischen Größe, meist Energie, erzeugt wird .Quanten können immer nur in bestimmten Portionen dieser physikalischen Größe auftreten, sie sind mithin die Quantelung dieser Größen.*

[35] Lichtgeschwindigkeit, Formelzeichen: c, = 299.753.458 m/s

Das Photon stellt eine Funktion dar, die eng mit den *(durch hohe Frequenzen und schwache Wellenlängen charakterisierten)* elektromagnetischen Wellen verknüpft ist. Ihre *Vektoren*[36] sind nicht an jedem Punkt und nicht zu jedem Augenblick autonom, sondern befinden sich in einer Wechselbeziehung.

Die mit den *vektoriellen Merkmalen* der Wellen verknüpften spezifischen Eigenschaften des Photons, reproduzieren die elektromagnetischen Eigenschaften, die Träger einer Schwingungsinformation sind. Photonen entarten durch *Elektronenbremsung*[37] die insbesondere in einer elektronenarmen Umgebung entsteht, da Elektronen für die Übergänge von Zuständen an der Entstehung des Photons beteiligt sind.
Die Intensität der Quelle zu erhöhen bedeutet, die Quanten- bzw. Photonenmenge zu steigern. Wenn man eine elektromagnetische Strahlenenergie mit einer geeigneten Frequenz benutzt, stellt sich der lichtelektrische Effekt in dem Augenblick ein, in dem die Photonen emittiert werden. Die Energie wird dann zu einem *Paket* gebündelt das als ganzes emittiert. Photonen sind damit nicht der Sprachinhalt der Zelle, jedoch sind sie die Stimme der Zelle. So gesehen sind Photonen die Stimme, die das wieder gibt, was dem Inhalt des Geistes *(Information)* entspringt.
Die *Elektronenbremsung* bewirkt daher eine Art Stimmversagen, was die Kommunikation stark beeinträchtigt.

Die drei sowjetischen Wissenschaftler *S. Stschurin, V.P. Kasnaschejew* und *L. Michailowa* haben nach über 5000 Experimenten bestätigt, dass lebende Zellen durch Photonen Informationen übertragen. Die Strahlung der Zelle wurde mit Hilfe eines Verstärkers *(Photomultiplikatorröhre)* gemessen.
Lebende Zellen senden im Normalfall einen beständigen Photo-

---

[36] Allgemeinen versteht man unter einem **Vektor** ein Element eines Vektorraums, das heißt ein Objekt, das zu anderen Vektoren addiert und mit Zahlen, die als Skalare bezeichnet werden, multipliziert werden kann.
[37] Die Bremsung erfolgt durch Zusammenstöße mit Gitterschwingungen. Im idealen ruhenden Kristallgitter können sich Elektronen völlig ungestört bewegen; dies hängt mit ihrer Wellennatur zusammen. Infolge von Gitterschwingungen dagegen unterliegen die Elektronen unregelmäßigen Kraftwirkungen, welche sich nicht in die Struktur des Kristallgitters fügen. Die Elektronen werden dadurch abgelenkt und gebremst.

nenfluss aus. Wenn ein Virus in die Zelle eindringt, verändert sich dieser Fluss auf dramatische Weise, wobei die Veränderung folgenden Zyklus annimmt:

Zunahme der Strahlung - Stille - Zunahme der Strahlung und Verlöschen, bis der Tod der Zelle (Apoptose) eintritt.

Simon Stschturin weist auf die Möglichkeiten hin, die sich der Medizin durch diese Entdeckung bieten:

Zellen, die von unterschiedlichen Krankheiten oder Aggressoren attackiert werden, weisen unterschiedliche Strahlungseigenschaften auf.

Photonen eignen sich daher, Informationen zu liefern noch ehe es zu *perniziösen*[38] Degenerationen kommt, um die Präsenz eines Virus zu enthüllen. Heute, zehn Jahre später, studieren Wissenschaftler aus aller Welt dieses Phänomen und gelangen zu den gleichen Ergebnissen.

Der Körper hat etwa 100 Organe, 206 Knochen, 650 Muskeln und 68 Gelenke. In jeder Minute sterben und entstehen 100 Millionen Zellen. Die Kommunikation kennt keine Unterbrechung.
Jede Zelle empfängt mehrere 1000 Botschaften in der Sekunde. Die Information verbreitet sich auf neurochemischen Weg mit 320 km/h. Nur zwei hundertstel Sekunden sind nötig, damit eine am Fuß empfangene Information bis ins Gehirn gelangt!
Eine *angeborene* Intelligenz steuert dabei drei zentrale Kontrollsysteme, nämlich:

1. **Das Nervensystem:**
Es besteht aus 100 Milliarden Zellen, von denen jede mit 10000 anderen verbunden sein kann. Nur um alle diese Verbindungen zu zählen, würde man bei einem Zählrhythmus von einer Verbindung pro Sekunde, 32 Millionen Jahre brauchen!

---

[38] **Perniziös:** Schädlich, verderbend

2. Das endokrine System:

Es hat 12 Hauptdrüsen, mit denen es Hormone produziert, von denen uns heute 48 bekannt sind. Hormone bewegen sich mit einer Geschwindigkeit von 100 Metern in der Stunde.
Die Steuerzentrale des gesamten endokrinen Systems, des vegetativen Nervensystems, der Schlafrhythmik sowie der Regulation der Körpertemperatur und des Sexualverhaltens, ist der *Hypothalamus*[39].

3. Das Immunsystem:

Es macht mit seinen 100 Milliarden weißen Blutkörperchen Jagd auf Eindringlinge. Alle diese Systeme regulieren sich selbst. Sie regulieren sich aber auch untereinander und benötigen hierzu in erster Linie einen guten wechselseitigen Informationsfluss.

Es ist heute unstrittig, dass diese Information in Form von Licht transportiert wird und in den Zellen von einer *Antenne* empfangen und ausgesandt wird, die sich durch die DNS definiert. Ihre Doppelhelixstruktur macht sie zu einer Allrichtungsantenne, was bedeutet, dass Photonen in jeder Position einfallen können.
Aus vielen Gründen ist man aber beständig elektromagnetischen Attacken ausgesetzt oder unterliegt den destruktiven Effekten der *Elektronenbremsung*. <u>Die Folge:</u> Es entstehen lichtschwache oder lichtextreme Segmente in der DNA was zu kompensatorischen *(Yin-Überschuß)* oder zu dekompensatorischen *(Yang-Überschuß)* Effekten führt. Das wirkt sich auf die Proteinbiosynthese aus und damit auf die gesamte Homöostase!

In diesem Abschnitt wollte ich Sie etwas tiefer in die Natur der Bedeutung von Licht einführen. Natürlich, wir reden von etwas so einfachem wie Licht, doch spätestens nach diesem Kapitel sollte man zu der Erkenntnis kommen, dass Licht nicht nur einfach hell oder farbig ist! – Jede Form von Materie ist erst möglich durch Licht und Licht ist sowohl die Ursache wie auch die Wirkung von Elektromagnetismus.

---

[39] Der **Hypothalamus** ist ein Abschnitt des Zwischenhirns (*Diencephalon*) im Bereich der Sehnervenkreuzung (*Chiasma opticum*). Medial wird der Hypothalamus vom dritten Ventrikel, kranial vom Thalamus begrenzt. Das Infundibulum, der sogenannte Hypophysenstiel, verbindet den Hypothalamus mit der Hypophyse, deren Hinterlappen noch als Teil des Hypothalamus bezeichnet wird.

Die Definition des Photons[40]:

Das Photon ist die elementare Anregung (Quant) des elektromagnetischen Feldes. Anschaulich gesprochen sind Photonen das, woraus Elektromagnetismus besteht, daher wird gelegentlich auch die Bezeichnung Lichtquant oder Lichtteilchen verwendet. In der Quantenelektrodynamik gehört das Photon als Vermittler der elektromagnetischen Wechselwirkung zu den Eichbosonen.

Die Quantenphysik beschreibt die Entstehung, Funktionen und Wechselwirkungen innerhalb der kosmischen Bewegung. Hier muss man nun die Sichtweise erweitern, denn ein biologisches System ist ein nach thermodynamischen Gesichtspunkten *offenes System*, das von inneren, äußeren und wechselseitgen Wirkungen beeinflusst wird. Das Innere eines biologischen Systems ist gleichsam die Selbstwiederholung des äußeren Systems, in dem es eingebettet ist. Der Mensch z.B. ist das innere System des nächst größeren Systems, der Erde. Mensch und Erde stehen in einer dauerhaften Wechselwirkung. Die Erde wiederum ist das innere System des nächst größeren Systems, der Sonne. Beide Systeme stehen ebenfalls wieder in reger Wechselwirkung und die Ergebnisse dieser Wirkungen übertragen sich auf den Menschen. Jedes System wird von einer Grenzfläche ummantelt. Bei der Erde sind es verschiedene Plasmaschichten, die man schlichtweg Atmosphäre nennt und beim Menschen ist dies die u.a. die Haut. In diesen Grenzflächen wird Licht in eine für die umgebenen Systeme kompatible Energie transformiert. In der Atmosphäre macht dies z.B. die Ionossphäre sowie die Ozonschicht, wohingegen beim Menschen Mikroorganismen in der Haut *photochemische* Prozesse katalysieren, wodurch die Lichtenergie für die Zelle verfügbar wird. Hier kommt dem Menschen eine besondere Rolle zu, denn im Gegensatz zur Sonne oder zur Erde kann er sich entscheiden, mit oder gegen die Natur zu schwingen! – Entscheidet er sich gegen die Natur, dann kommt es u.a. zu einer *Elektronenbremsung*, - das *Licht* degeneriert und es entsteht *kranke Materie*. Innerhalb des Systems übernimmt

---

[40] Quelle: Wikipedia

das Gewebe[41] den Transport von Energie und Information, weswegen die Reinigung des Körpers überaus wichtig ist!

Ich glaube, daß wir einen Funken jenes ewigen Lichts in uns tragen, das im Grunde des Seins leuchten muß und welches unsere schwachen Sinne nur von Ferne ahnen können. Diesen Funken in uns zur Flamme werden zu lassen und das Göttliche in uns zu verwirklichen, ist unsere höchste Pflicht. **– Johann Wolfgang von Goethe**

ANGEWANDTE ENERGETIK

Die Quantenphysik bringt heute das wissenschaftliche Verständnis zu den geltenden und jederzeit wirksamen Naturgesetzen. Wir brauchen keine Götter oder andere Archetypen mehr als Lückenfüller eines mangelnden Wissens, was einen nicht zu unterschätzenden Aspekt für den anstehenden Paradigmenwechsel darstellt. Nicht in Abrede gestellt werden soll natürlich die Existenz einer Intelligenz, einer initialen Grundordnung, aus der ALLES hervorgeht und die als GOTT bezeichnet wird.

Es gibt keine Materie an sich! Alle Materie entsteht nur durch eine Kraft, welche die Atomteilchen in Schwingung bringt. Da es im ganzen Weltall aber weder eine intelligente noch eine ewige Kraft gibt müssen wir hinter dieser Kraft einen bewussten intelligenten Geist annehmen. Dieser Geist ist der Urgrund der Materie. Nicht die sichtbare, vergängliche Materie ist die reale, wahre und wirkliche, sondern der unsichtbare Geist ist das Wahre. Da es Geist an sich ebenfalls nicht geben kann, sondern jeder Geist einem Wesen zugehört, so müssen wir zwingend Geistwesen annehmen. Da aber Geistwesen nicht aus sich selbst sein können, sondern geschaffen sein müssen, so scheue ich mich nicht, diesen geheimnisvollen Schöpfer ebenso zu benennen wie ihn alle Kulturvölker der Erde früherer Jahrhunderte genannt haben: GOTT. **– Max Planck**

---

[41] Der Mensch besteht zu etwa 84% aus Gewebezellen und zu 16% aus Organzellen.

Die Quantenphysik lehrt uns, die Naturgesetzmäßigkeiten in allen Objekten unserer Betrachtung wahrzunehmen, wodurch wir nun in die Rolle kommen, unsere schöpferischen Interventionen an der Ursache einer Wirkung anzusetzen. Aus diesem Grund sagt man auch, dass die Wirkung der Ursache vorangeht. Man muss also erst die Wirkung, die als fertiges Ergebnis in der Materie wahrgenommen werden kann durchleuchten, bis man an die Ursache gelangt. Erst jetzt ist es möglich, die Wirkung in der Materie durch die Korrektur der Ursache so zu verändern, dass Ursache und Wirkung den Kreis zur Einheit schließen. Dies ist die Mechanik kohärenter Felder und Schwingungen!

Doch vorsichtig. Das ganze hat einen großen Nachteil, weil das Ergebnis viele Möglichkeiten zulässt. Wenn das Ergebnis z.B. 10 ist, dann kann die Ursache 2 x 5, oder 12 – 2 oder aber 5+5 sowie 20:2 sein. Alle Ergebnisse führen zum gleichen Ergebnis. Die Wissenschaft beansprucht nun aber das Recht für sich allgemeinverbindlich aufzustellen, das 10 nur 5+5 ist. Wenn man also das Ergebnis kennt, jedoch nicht die Ursache, so befindet man sich in einem nicht-linearen Raum, der viele Möglichkeiten zulässt.
Kennt man jedoch die Ursache und die Wirkung, dann entsteht Linearität mit nur einem Ergebnis. Im Falle unserer Gleichung würde das dann so aussehen: 10 = 10!
Die Wirkung ist gleichzeitig die Ursache und umgekehrt, - der Kreis schließt sich, oder, das Huhn war gleichzeitig mit dem Ei da. – Das geht übrigens:
Wenn das Huhn nämlich *autogam*[42] wäre! – Es gibt heute noch in der Tier- und Pflanzenwelt sogenannte *Selbstbefruchter*, womit der Beweis der bloßen Existenz erbracht ist. Und auch bei der Entstehung des Lebens beginnt ebenfalls alles nur aus **einer** Zelle *(Prokaryoten*[43]*)*.
Soweit ein einfaches Denkmodell, das bei den weiterführenden Erklärungen von großem Nutzen sein kann.
Natürlich ist es nicht ganz so einfach, da wir ein fraktales

---

[42] **Autogamie** (gr. αὐτό autó „selbst", γάμος gamos „Ehe"), auch Selbstbefruchtung genannt, ist eine Form der sexuellen Fortpflanzung, bei der nur ein Elternteil vorhanden ist oder genetisch zur Fortpflanzung beiträgt.

[43] Zellen, ohne einen Zellkern, die zu den ältesten Lebensformen mit einem Alter von 3,5 Mrd. Jahren haben. Zu Ihnen gehören z.B. die Cyanobalterien (Blaualgen).

Universum haben und selbst multidimensionale Wesen sind. So möchte ich ein Denkmodell zur Energetik vorstellen, was eher der Quantenphilosophie zuzuordnen ist.
Es ist einfach und zeigt eine verständliche Struktur die sehr gut als *roter Faden* durch die Unendlichkeit der Möglichkeiten führt. Mein Energetik-Modell beruht auf den Lehren des Begründers der *Okkulten Chemie* sowie der Theosophischen Bewegung, *Charles W. Leadbeater (1847 – 1934) und Dr. Annie Besant (1847– 1933).* Die Zieheltern des Weltenlehrers *Jiddu Krishnamurti (1895–1986)* wurden in ein Yoga eingeweiht, das es ihnen ermöglichte, die *Heisenberg'sche Unschärferelation*[44] in ihrer Wirkung auszusetzen, was sie befähigte, Energie in den unterschiedlichen Verdichtungsgraden zu *sehen.*
So entstand Leadbeaters Chakren-Lehre, die auf exakten Beobachtungen und naturwissenschaftlichen Fundamenten beruht. In den Chakren finden wir unsere multidimensionale Existenz und einen Ansatzpunkt der Kaskaden der Energieverdichtungen. Über dies hinaus hat Leadbeater gesehen, dass die Chakren in Schwingungsfelder unterteilt sind. So hat das Wurzel-Chakra z.B. vier Rotationsfelder wohingegen das Kronen-Chakra 972 Wirbelfelder besitzt! Man könnte deswegen vermuten, dass diese Wirbelfelder die Funktion einer Art Zentrifuge haben, welche das eintreffende Licht in spezifische Teile daraus *aufqauntelt*[45].
Dafür spricht auch die althergebrachte Farbeinteilung der Chakren, die in ihrem Verlauf wiederum den Regenbogenfarben entsprechen und die entstehen aus der Norm der Natur.
Unsere sieben Chakren zeigen gleichzeitig auch das Spektrum der Energieverdichtungen an, mit denen das biologische System Mensch korrespondiert.

1. Chakra – Das Wurzel-Chakra

Wirbelfelder: 4
Farbspektrum: Rot   790 – 630 nm

---

[44] Die **Heisenbergsche Unschärferelation** oder **Unbestimmtheitsrelation** ist die Aussage der Quantenphysik, dass zwei komplementäre Eigenschaften eines Teilchens nicht gleichzeitig beliebig genau bestimmbar sind. Sie kann als Ausdruck des Wellencharakters der Materie betrachtet werden.

[45] Unter **Quantelung** versteht man eine Zerteilung einer Gesamtheit in kleine Teile.

Location:	Steißbein
Funktion:	Ende der Wirbelsäule als Austauschpunkt der Terrestrischen 4-Elemente-Energien
Stoffform:	feste Materie, Makromoleküle
Energieform:	Elektromagnetismus, *(Fohat-Energie)*

2. Chakra – Das Milz-Chakra

Wirbelfelder:	6
Farbspektrum:	Orange 630 – 580 nm
Location:	Handbreite unter dem Nabel
Funktion:	In Verbindung mit der Niere steuert es die Polarität männlicher u. weiblicher Hormone
Stoffform:	Wasser
Energieform:	elektrische und magnetische Gleich- u. Wechselfelder

3. Chakra – Das Nabel-Chakra

Wirbelfelder:	10
Farbspektrum:	Gelb 580 - 560 nm
Location:	Solar-Plexus
Funktion:	Steuert das vegetative Nervensystem und die Funktion der Milz.
Stoffform:	Gas *(Sauerstoff/Stickstoff/Ozon)*
Energieform:	kohärente Gleich- und Wechselfelder *(Prana-Energie)*

4. Chakra – Das Herz-Chakra *(Ätherischer Körper)*

Wirbelfelder:	12
Farbspektrum:	Grün 560 - 480 nm
Location:	Thymus-Drüse
Funktion:	Synchronisierung der 4-Elemente-Energien *(4 Herzkammern)* woraus Harmonie entsteht = Liebe als wahrnehmbarer Seinszustand.
Stoffform:	Äther
Energieform:	kohärente statische und skalare Felder.

Das Herz-Chakra hat als Zentrum der 7 Chakren eine Sonderfunktion. Die virtuelle 5. Herzkammer[46] ist mit dem Kronen-Chakra verbunden und erzeugt ein kohärentes, statisches Feld, initiiert von den Eichbosonen elektroschwacher Felder. So steht es gleichsam für die bewusst erzeugte Harmonie von Geist und Stoff. Darüber besitzt das Herz eine Intelligenz *(Herzdenken)* die aus der Anbindung an das morphogenetische Felde resultiert. Die Herz-Energie ist ein Schlüsselelement des Beobachters aus der sich seine individuelle materielle Realität kondensiert!

5. Chakra – Das Hals-Chakra *(Superätherischer Körper)*

Wirbelfelder: 16
Farbspektrum: hellblau   480 – 450 nm
Location: Kehlkopf, Zentrum der Schilddrüse
Funktion: Selbstregulation durch akustische Frequenz-Modulation *(z.B. Mantras, „OM" – 432 Hz)* sowie akustischer Ausdruck der Eigenschwingung.
Stoffform: Schall[47], Schwebung[48] *(innere u. äußere Frequenzsynchronisierung= Einklang)*
Energieform: Skalarfelder, Felder aus Ionenaustausch

6. Chakra – Das Stirn-Chakra

Wirbelfelder: 96
Farbspektrum: dunkelblau   450 - 420 nm
Location: 3. Auge, präfrontaler Kortex
Funktion: Erschaffung von Bewusstheit durch intuitives Verstehen, Aktivierung der weißen Substanz, energetisch-emotionale Wahrnehmung, inneres

---

[46] Dr. Otoman Zar Adusht Hanish gab 1920 eine sehr wichtige Entdeckung bekannt. Es gibt nicht nur 4 Herzkammern, sondern auch eine geheime 5. Herzkammer, in der das göttliche Atom, das Ur-Atom (ANU) sitzt.

[47] Schall kann reflektiert, gebrochen und gebeugt werden. Diese Tatsachen deuten darauf hin, dass sich Schall in Form einer Welle ausbreitet. Ein untrügliches Zeichen für den Wellencharakter des Schalls ist das Auftreten von Interferenzerscheinungen (z.B. stehende Schallwellen

[48] Erzeugt man zwei Töne deren Schwingungen gleiche Amplitude haben mit leicht verschiedenen Frequenzen f_1 und f_2 ($f_1 \approx f_2$), so nimmt unser Ohr nicht die beiden Töne getrennt wahr. Vielmehr hören wir ein An- und Abschwellen eines Tones, dessen Höhe ungefähr mit der Höhe der Ausgangstöne übereinstimmt. Man bezeichnet diese Erscheinung als Schwebung.

Sehen, Steuerung des Vegetativums und der
cerebralen Hormonsteuerung.
Stoffform: Sub-Atomar
Energieform: Elektroschwache Wechsel- u. Gleichfelder,
Leptone, Quarks, ...

7. Chakra – Das Kronen-Chakra

Wirbelfelder: 972
Farbspektrum: violett 420 - 390 nm
Location: Scheitelpunkt am Kopf
Funktion: Kollektives Bewusstsein, Ankerpunkt des
Seelen-Bandes, das immer verbunden ist mit
dem *Nullpunktfeld*, - dem *absoluten Nichts*.
Daraus ensteht die hohe kristalline Struktur
des Gehrinwassers, was sich auf die gesamt
Neuroplastizität[49] auswirkt. Hier empfangen wir
das kohärente violette Licht *(380 nm)*, das die
Struktur und Funktion aller Zellen initiiert.
Stoffform: Atomar
Energieform: Gravitone, Higgs Boson, Photonen, Bosone sowie
alle weiteren Eichbosone.

In dieser auf den Chakren basierenden Energiekaskade, kann man schön erkennen, welche Energieformen auf welcher Ebene vordergründig wirken. Diese Einteilung ist übrigens nach meinem Gefühl für Stimmigkeit vorgenommen worden und sollte als Anregung dienen, nicht aber eine Wahrheit für alle.
In dieser Kaskade gibt es natürlich einen fiktiven Anfang, der gleichsam als die Ursache erkannt werden kann. Diese liegt auf der *(sub-)* atomaren Ebene und bezieht sich auf die Teilchen, aus denen die Materie nach dem quantenmechanischen Modell entspringt. Machen wir deshalb einmal einen Exkurs und betrachten uns die Ur-Teilchen der Materie, die Elementarteilchen.

---

[49] Unter der **Neuroplastizität** subsummiert man funktionelle und strukturelle, adaptive Veränderungen im Bereich des zentralen Nervensystems, die aus veränderten physiologischen Anforderungen oder Schädigungen des ZNS mit Einschränkung der Funktion bestimmter Hirnareale resultieren. Neuroplastizität ermöglicht Lernvorgänge.

Diese sind die kleinsten bekannten Bausteine der Materie oder die geringsten Anregungsstufen von Feldern, denen sich die Teilchenphysik verschrieben hat. Insgesamt gibt es *61* Arten von Elementarteilchen, die sich aus *4* Gruppen zusammensetzen:

1) QUARKS (6 Arten)
2) LEPTONEN[50] (6 Arten)
3) AUSTAUSCHTEILCHEN (12 Arten)
4) HIGGS-BOSON (1 Art)

Materie, Kraftfelder und Strahlungsfelder bestehen aus diesen Teilchen in verschiedenen Zusammensetzungen und Zuständen, wobei Gravitationsfelder und -wellen oder *Dunkle Materie*[51] davon ausgeschlossen sind. Die *Abb.* zeigt eine Übersicht der Elementarteilchen der Materie. Wer jetzt akribisch nachrechnet, der erhält als Ergebnis aber nur 25, anstatt 61 Elementarteilchen. Jede Art von *Quark*[52] ist mit einer grünen, roten oder blauen *Farbladung*[53] geladen, weswegen es *3 x 6*, also *18 Quarks* gibt. Da nun noch jedem *Quark* und jedem *Lepton* auch ein *Anti-*

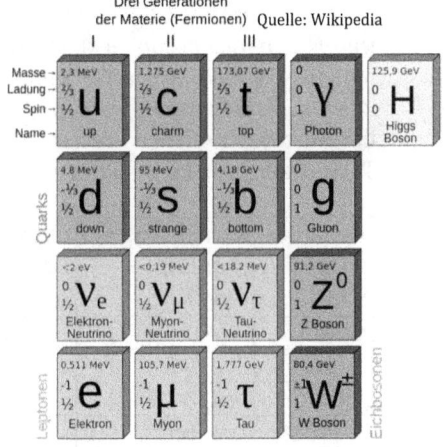

Drei Generationen der Materie (Fermionen) Quelle: Wikipedia

---

[50] **Lepton:** Elementare Materieteilchen mit Spin, die nicht der starken Wechselwirkung unterliegen. Sie sind *Fermionen* und nehmen an der schwachen Wechselwirkung teil sowie, falls elektrisch geladen, an der elektromagnetischen.

[51] **Dunkle Materie:** Nicht direkt sichtbare Materie, die aber durch Gravitationswechselwirkungen beobachtet werden kann.

[52] **Quarks** sind die elementaren Materieteilchen mit Spin, die zusätzlich zur schwachen und elektromagnetischen Wechselwirkung auch der starken Wechselwirkung unterliegen. Sie sind Fermionen und tragen neben schwacher und elektrischer Ladung auch eine Farbladung.

[53] In der Teilchenphysik ist die **Farbladung** eine Bezeichnung für jene physikalische Eigenschaft der Elementarteilchen Quarks und Gluonen, die charakteristisch für die Starke Wechselwirkung ist. Zu dieser starken Kraft *(Farbkraft)* gibt es drei verschiedene Ladungen, die sich zusammen zur Ladung Null addieren. In Analogie zur additiven Farbmischung nennt man sie rot, grün und blau, die Farbladungen der zugehörigen Antiteilchen antirot, antigrün und antiblau.

Teilchen zugeordnet ist, gibt es somit *18 x 2 (36) Quarks* und *6 x 2 (12) Leptonen*, womit wir bereits bei *48* Teilchen angekommen sind. Dazu kommen noch die 12 *Austauschteilchen* und das *Higgs-Boson*, womit wir bei 61 Elementarteilchen angekommen sind, was *zufälligerweise* auch noch eine Primzahl ist. Schlagen wir nun wieder die Brücke zu *In-Photonic*, dann werden wir schnell erkennen können, über welche Art der Elementarteilchen sich die atomare Molekülbewegung erwirken lässt; - richtig, über die Austauschteilchen, die man deswegen auch *Eichbosonen* nennt. Austauschteilchen vermitteln die Wechselwirkungen zwischen *Quarks* und *Leptonen* und erzeugen Kraftfelder, mittels derer je zwei der vorstehend genannten Teilchen aufeinander einwirken. Der Name *Eichboson* erklärt sich daraus, dass das Standardmodell als *Eichtheorie* formuliert ist, wo die Forderung nach lokaler *Eichinvarianz*[54] zur Folge hat, dass Wechselwirkungen mit Austauschteilchen vorhergesagt werden, deren *Spin 1* ist. Die Tabelle zeigt die Eichbosonen mit ihren energetischen Daten.

Teilchen	*Ruheenergie in GeV*[55]	*Spin*	*Elektrische Ladung*	*Vermittelte Wechselwirkung*
Photon	0	1	0	*Elektromagnetische Kraft*
Z⁰-Boson	ca. 91	1	0	*(Elektro-)Schwache Kraft*
Z⁺-Boson	ca. 80	1	1	*(Elektro-)Schwache Kraft*
Z⁻-Boson	ca. 80	1	-1	*(Elektro-)Schwache Kraft*
Gluonen[56]	0	1	0	*Elektro- u. Photostarke Kraft*
Graviton*	0	2	0	*Gravitation*

* Das Graviton gehört offiziell nicht zu den Elementarteilchen weil es noch nicht experimentell bewiesen ist.

---

[54] **Eichinvarianz:** Die von der Theorie vorhergesagten Wechselwirkungen ändern sich nicht, wenn eine bestimmte Größe lokal frei gewählt wird. Diese Möglichkeit, eine Größe an jedem Ort unabhängig festzulegen – zu eichen wie einen Maßstab – veranlasste den deutschen Mathematiker Hermann Weyl in den 1920er Jahren zur Wahl des Namens **Eichinvarianz** bzw. **Eichsymmetrie**.

[55] **GeV** steht hier für Giga elektronen Volt. Die Elektronenladung eV ist ein Standardmaß, - eine Konstante für quantenphysikalische Berechnungen.

[56] **Gluone** bilden die Austauschteilchen der starken Wechselwirkung. Es gibt 8 verschiedene Gluonen, die zwischen Quarks, den Bausteinen der Hadronen (Baryonen, z. B. Protonen und Neutronen, und Mesonen), ausgetauscht werden. Gluonen können aber auch direkt mit anderen Gluonen wechselwirken, so dass Teilchen, die sogenannten Glueballs, existieren könnten, die nur aus Gluonen bestehen.

Das Photon ist als *Feldquant* des elektromagnetischen Feldes das am längsten bekannte Eichboson. Es kann von jedem Teilchen mit elektrischer Ladung erzeugt oder vernichtet werden und es vermittelt die gesamte elektromagnetische Wechselwirkung und ist damit die Ursache des Elektromagnetismus. Das Photon ist ohne Masse und hat keine Ladung, weswegen die elektromagnetische Wechselwirkung eine unendliche Reichweite hat und auch in stark verdichteten Graden noch wirksam ist.
So ist das Photon der ideale Regulator im Bereich der atomaren Molekülsteuerung, wo es doch eigentlich *nur* der *Lichtversorger* und als Elementarteilchen ohne eine spezifische biologische Funktion ist.
Außerdem kann das Atom nur über die Konfiguration seiner Elementarteilchen, also dem Proton und dem Neutron, in seine von der Natur genormte Ordnung gelangen.
Der Elektromagnetismus ist eine im Außen aktive Energieform, die nur mit ihren elektroschwachen Wechselfeldern ins Innere des Atoms wirken kann.

Doch kann sie als Lichtversorger biologischen Systemen das liefern, was sie brauchen, um aus sich heraus kohärentes Licht in Form von Bio-Photonen zu erzeugen? - Hier gelangen wir an den streitbarsten Punkt der Biophotonik:
Ist das kohärente Licht Ursache und zugleich die Wirkung einer stehenden Welle innerhalb der Zelle, die dort das Stoffwechselgeschehen über Wechselwirkungen mit den *Zellorganellen*[57] organisiert. Nach dem Zelltod *(Apoptose)* zerfällt die stehende Welle. Aus dem Zerfall gehen dann *Bio-Photonen* hervor. Da die Zellen jedoch sehr spezifische Eigenschaften haben *(eine Hautzelle unterscheidet sich von einer Knochen- oder Organzelle)*,
benötigen sie dafür eine spezifische Energie aus dem Lichtspektral-Frequenzspektrum. Dies würde wiederum bedeuten, dass auch noch andere Elementarteilchen an der Ordnung der inneren Abläufe mitwirken und dass diese auch eine *Farbkraft* haben müssen, wie die *Gluonen*, die eine starke Kraft darstellen. -

---

[57] **Zellorganellen:** Das sind die „Organe" der Zelle, die wie beim Menschen, im Verbund den gesamten Zellmechanismus (Stoffwechsel) steuern. Dazu gehören z.B. der Gogli-Apparat, Zellkern, Mitochondrien, Mikrotubuli, Peroxisomen, Ribosomen, etc.

Zu stark jedoch um die inneren Abläufe zu regulieren und so haben wir als elektroschwache Regulatoren die drei Formen der Bosonen, - das W^+-, W^-- und das Z^0-Boson.

Diese sind sehr wichtig, insbesondere in der quantitativen Verteilung, wobei das Z^0-Boson nach neuesten Erkenntnissen, als Ursache und Wirkung von Harmonie anzusehen ist, da es als Folge von Harmonie entsteht, und als Harmonie wirksam ist.
Hier sind keine Naturgesetze am Wirken denen man hilflos ausgesetzt wäre, vielmehr liegt es an der Nutzung des freien Willens, aus Selbstbestimmung heraus in Harmonie zu kommen. Als Folge dieser Mühen entstehen Z^0-Bosone, die heilsam wirken, weil sie Gleichgewicht und Harmonie erzeugen und sie haben elektroschwache neutrale Wechselfelder, die jedoch erst seit der Entdeckung des *Higgs-Bosons* im Jahr 2012 als Feldquant dieser elektroschwachen Felder[58], als neuartiges Feld nun eine wirklich anerkannte Rolle spielen.
Zur Klarheit: Elementarteilchen haben keine *biogene* Wirkung! – Wenn ich also von *Wirkungen* schreibe, so meine ich damit immer Zustände *(= Ursache der Wirkung)*.
Diese neue Unterteilung spielt eine Rolle, da ein *Hadron*[59], wie es das Proton oder das Neutron ist, nur auf starke Wechselwirkungen mit *Gluonen* reagieren.
Anders das Elektron, das zu den *Leptonen* zählt und das nur auf elektromagnetisch schwache Wechselwirkungen reagiert, wie z.B. auf die Felder der im Inneren der Kernteilchen verbundenen *Quarks*, die vermutlich für die Entstehung der Orbitale, auf denen sich das Elektron bewegen kann, verantwortlich sind.
Die fundamentalen Elementarteilchen der Elemente wären dann die *Quarks*. Aus ihrer *Kernschwingung* resultiert die Elektronenverteilung und die ist wiederum entscheidend für die Bildung von Moleküle. Im Neutron und im Proton gibt es zwei unterschiedliche *Quarks (siehe Tabelle)* mit unterschiedlichen Ladungsenergien, was im Rechenmodell zum *binären Code* der Materie führt.

---

[58] **Elektronenschwache Wechselfelder** wurden erst im Jahr 2012 mit der Entdeckung des Higgs-Boson als Feldquant am Teilchenbeschleuniger *(LHC)* in Genf postuliert.
[59] **Hadrone:** Teilchen, die der starken Wechselwirkung unterworfen sind. Mit einem ganzzahligen Spin sind sie Bosonen, die sich aus einem Quark und einem Antiquark zusammensetzen.

Elektr. Ladung	Generation		
	1	2	3
+2/3 e	*up* (u)	*charm* (c)	*top* (t)
−1/3 e	*down* (d)	*strange* (s)	*bottom* (b)

Zwei Quarks, der *up*- und der *down-Quark*, bilden in einer trinären Anordnung die innere Konfiguration des Atoms. Dabei gibt es zwei mögliche Beziehungsvarianten:

$u + u + d = 2/3$ e^{60} $+ 2/3$ e $- 1/3$ e $= 3/3$ e $= $ **1** *(Proton)*
$u + d + d = 2/3$ e $- 1/3$ e $- 1/3$ e $= $ **0** *(Neutron)*

So leitet sich der binäre Code des Universums ab, über den sich sämtliche Materie kondensiert, deren Grundbausteine im Periodensystem benannt sind.

Genau hier setzt die *In-Photonic* Technologie effizient an, denn nur sie liefert über das Verfahren der Photonenkomprimierung eine zwar nicht selektive, jedoch alles umfassende Ordnungsenergie, die aus dem inneren des Atoms die atomare Molekülbewegung organisiert. Lassen wir einmal die Entstehung eines Bio-Photons außer Acht, dann definiert es sich durch seine Wellenlänge die bei 380 nm liegt, woraus seine Wirkung als kohärentes Licht auf Form und Funktion aller Zellen hervorgeht. Da der denkende Mensch aus der Umsetzung seiner Entscheidungen jedoch Barrieren errichtet, welche zu einer *Elektronenbremsung* führen, gehen die Photonen in chaotische Zustände über, was am Ende dazu führt, dass sie nicht zu kohärenten Licht transmutiert werden können. Als Folge davon, treten in den Zellen instabile Zustände auf, was zu degenerativen Prozessen führt, die wir inzwischen in und um uns herum deutlich erkennen können.

Wie bei der Aufzählung der unterschiedlichen Austauschteilchen *(Eichbosonen)* klar geworden sein müsste, sind hier nicht nur Photonen am Wirken. Vielmehr sind diese initiale Funken eines hoch komplexen *Ursache-Wirkungs-Systems*, das man gerade dabei ist, in seiner Wirkung zu erkennen. Hier gibt es noch viel

---

[60] **e** - ist eine Konstante, die für die Ladungsenergie eines Elektrons steht.

Forschungs- und Grundlagenarbeit zu leisten, jedoch ist dies der Schritt in die richtige Richtung, da man die Probleme der heutigen Zeit nur noch aus dem Inneren lösen kann, - die Zeiten der starren oberflächlichen *Symptomveredelung* sind vorbei.

Mit *In-Photonic* wurde eine Technologie entwickelt, die empirische Forschung zulässt, weil man auch dank der Bio-Photonik von Prof. F.-A. Popp, evaluierte Versuchsreihen aufbauen kann. Das einzige was jetzt noch fehlt, sind kollegiale Impulse aus den Bereichen der Naturwissenschaften, die der konsequenten Wieterentwicklung dienen, um insbesondere Initiatoren zu finden, mit denen man die Eichbosonen gezielt einsetzen kann, aber auch um Wege zu finden, wie man energetische Barrieren auflösen kann.

Ich schreibe oft bei *In-Photonic* über Photonen, was jedoch nur ein Teil der Wahrheit ist, denn es geht vielmehr um die *Bio-Photonen*. Bio-Photonen entstehen jedoch nur dann, wenn die Photonen von einem System aufgenommen werden, das sie weiter verarbeitet *(dissoziiert)*. Metaphorisch bedeutet das, dass ein System nach der Aufnahme eines Photons, dieses immer weiter in seine kleinsten Teile zerkleinert. Das gleiche Prinzip finden wir auch beim Essen. Auch hierbei wird die Nahrung erst durch kauen, dann durch die Magensäfte und danach durch Ionentausch bis in seine kleinsten Ur-Einheiten zerkleinert,
wobei während dieses Abbauprozesses Energie emittiert wird, die das System belebt. Im menschlichen Organismus nennt man diese Systeme übrigens *Redox-Systeme*, deren Leistung von der Elektronendichte abhängen.
Da das Produkt aus diesem Zerkleinerungsprozess üblicherweise durch lebendige biologische Systeme entsteht, nennt man die Emissionen des einstigen Photons, *Bio-Photonen*. Mit *In-Photonic* werden die Photonen aus dem Raum wie mit einem Staubsauger angezogen, gebündelt und am Ende komprimiert.
Dabei entstehen gewaltige Druckverhältnisse aus denen die *Dissoziation*[61] des Photons resultiert, bis am Ende kohärentes

---

[61] Unter **Dissoziation** (von lat. dissociare "trennen") versteht man in der Chemie den angeregten oder selbsttätig ablaufenden Vorgang der Teilung einer chemischen Verbindung in zwei oder mehrere Moleküle, Atome oder Ionen.

Licht, also Bio-Photonen, abgestrahlt werden. Die *Bio-Photonen* sind, wie die neu entdeckten Bosone, aller Wahrscheinlichkeit nach auch Eichbosone elektroschwacher Felder, die in einer bisher noch unerforschten Wechselwirkung mit den Photonen stehen. Bei den bisher beobachteten Wirkungen steht es für mich außer Zweifel, dass die *In-Photonic* Technologie ein *2-Komponenten-Wirksystem* darstellt, das aller Wahrscheinlichkeit kohärent miteinander verbunden[62] ist.

Auch beim Menschen existiert eine solche Verbindung auf zellulärer *(DNA)* Ebene, nämlich über die genetische Verschränkung mit den elterlichen Genen, die dann natürlich auch auf atomarer Ebene bestehen muss.

Dies hat immens große Vorteile, weil das Innere sich über diese Verbindung synchron mit dem Äußeren bewegt. Es gibt keine Streuverluste und keine Disharmonien, woraus eine Sphäre des Friedens, der Harmonie und der Kraft entsteht, in der sich alles zu seiner Ur-Ordnung ausrichtet.

Die Kohärenzwirkung zwischen *Bio-Photonen* und *Photonen*, erklärt z. B. auch den E-Smogschutz des kohärenten Lichtes. Von außen ließe er sich nur abschirmen. Aus dem Inneren heraus kann man aber das Resonanzverhalten *korrigieren*, so dass das Innere nicht mehr, oder nur noch bedingt, auf das Äußere anspricht, - ausgenommen hiervon ist natürlich die Information.

Dies macht diese Technologie so einzigartig und effizient, weswegen man zu Recht von einem Quantensprung in der Energetik sprechen kann.

Die Menschheit ist ein Fluss des Lichts,
der aus der Endlichkeit zur Unendlichkeit fließt.
Khalil Gibran

---

[62] Damit ist eine Kohärenzbeziehung von Photon und Bio-Photon gemeint.

PHOTONIC AN DER BASIS DER GESUNDHEIT

Wie effizient Energiemedizin ist, belegen die vielen Medizingeräte, die inzwischen als Medizingerät zugelassen sind und damit den Beweis einer Wirkung bezeugen. Es gibt Bioresonanzgeräte, welche über das weiße Rauschen eine Frequenzrückkopplung zwischen Mensch und Gerät bewirken. Zum Einsatz kommen elektromagnetische Felderin Form von Transversalwellen, welche jedoch nur Energie vermitteln können, wohingegen Skalarwellen biogene Funktionen haben, Auch Magnetfelder werden für therapeutische Maßnahmen verwendet, wobei die Feldstärke meist viel zu hoch für eine spezifische Wirkung. Jedoch gibt es magnetische Poleffekte, die auch bei einer hohen Feldstärke eine sedierende *(Nord-Pol)* oder tonisierende *(Süd-Pol)* Wirkung haben. Wie bei der Magnetfeldstärke sind es auch beim Elektromagnetismus die sehr schwachen, kaum mehr messbaren Energiegrößen, welche das System regulieren. Mikroströme, die gerade einmal 1 Millionstel Amper stark sind, vermögen es z.B. bestimmte Funktionen des Zellstoffwechsels zu aktivieren. Hierzu muss man nur die richtige Frequenz finden, wobei dies einer Nadel im Heuhaufen gleichkommt, das die Frequenzen bis in der dritten Nachkommabereich bestimmt werden müssen. Auch hier wirkt wieder das *EVA-Prinzip*, - die eingehenden Ströme werden über das Gehrin *(Neurophysiologie)* verarbeitet, woraus Neurotransmitter oder Hormone entstehen, welche dann an das Zielsystem ausgegeben werden, was im Eingangsimpuls als Schwingungsinformation hinterlegt ist.

Der Organismus von lebenden biologischen Sytemen hat einen inneren Regel- bzw. Ordnungskreis, der sich jedoch nicht alleine mit Energie versorgen kann. Diese muss von außen kommen, weswegen alle biologischen Systeme aus thermodynamischer Sicht *offene Systeme* sind, - d.h. sie wechselwirken mit dem Außen und verändern sich dabei dauerhaft. Jeder Ordnungszustand ist nur ein temporärer Zustand, der sich jederzeit ändern kann. Damit das innere des Systems jedoch den hohen Organisationszustand aufrecht erhalten kann, benötigt es Kohärenzfaktoren aus dem Außen. Jedes System hat deshalb sehr feinfühlige Rezeptoren, welche eine Resonanz-Wechselbeziehung mit äußeren Kohärenzfaktoren suchen. Beim Tier nennt man diese Rezeptoren Instinkt. Dieser bringt das Tier zwanghaft, ohne eigene Willensausbildung dahin, wo es sich mit Kohärenz aufladen kann. Auch beim Menschen ist dieser Instinkt noch im vegetativen Nervensystem *(Bauchgefühl)* angelegt, jedoch wird er überlagert vom eigenen Willen, der ihn aus einer zwanghaften Kohärenz-Wechselwirkung ausklinkt. So wäre der Mensch eigentlich in der Lage, sich aus dem Zwang der äußeren Energie und Stoffzufuhr loszulösen, um ein geschlossenes System zu werden, das sich aus sich selbst mit Kohärenzfaktoren anfüllen kann. Dies ist nur deshalb möglich, weil der Mensch durch sein selbstbestimmtes Denken und Fühlen in der Lage ist, sich selbst mit Kohärenz anzureichern. Ab einer kritischen Masse des Köhärenzpotenzials eines biologischen Systems findet eine Ankoppelung an ein multidimensionales Kohärenznetzwerk statt aus dem man fortan autark mit Stoff und Energie versorgt wird. Denken sie dabei an Menschen, die von Licht leben. Sie brauchen nichts mehr zu essen oder zu trinken, da sie im Fluss von Kohärenz keine Energie mehr aufwenden müssen.

Im Grunde geht es wenn wir essen, trinken, denken und fühlen darum, Kohärenzfaktoren damit aufzunehmen, da Kohärenz *Negentropie* ist, die es aber in der Wissenschaft nicht geben darf, weil sie die Grundvoraussetzung für ein *Perpetuum Mobile* ist.

Wir leben aber auf einer bi-polaren Ebene, weshalb dort, wo es Verschleiß *(Entropie)* gibt, auch den Gegenpol dazu geben muss und das ist Negentropie. Der Unterschied liegt darin, dass man bei der *Entropie* Energie aus dem Potenzial des Systems entzieht, um den Abbau zu verhindern. Die Energiebilanz ist dabei immer negativ, weil die aufgewendete Energie verloren ist und dem System nicht mehr zur Verfügung steht. Im Gegenzug dazu weist die *Negentropie* immer eine positive Energiebilanz auf, denn auch wenn sie erst einmal Energie zum Aufbau benötigt, so geht die Energie doch nicht verloren sondern findet sich wieder in Aufbaukaskaden, in denen sie erhalten bleibt.

Kommen wir nun zum Kern nachdem die Kohärenzfaktoren in ihrer kausalen Wirkung benannt sind und wenn wir von In-Photonic reden, dann reden wir von kohärentem Licht, - ein Kohärenzfaktor der eine fundadmentale Rolle im Bereich der

Gesundheit innehat, wobei Gesundheit das Bedürfnis eines biologischen Systems nach Kohärenz und damit verbundener Ganzheit ist! – Mit den Methoden einer veralteten und starren Schulmedizin wird man die Ganzheit jedoch nicht erreichen können. Die klassische Schulmedizin war zu Beginn des 16. Jahrhunderts mit ihren Quecksilber und anderen toxischen *Arzneien* sogar sehr umstritten und man wusste nicht, ob man sie überhaupt zulassen sollte. Auch damals starben an den Mitteln ihrer Medizinkunst mehr Menschen, als damit geheilt werden konnten! – Dies ist ein Weg, der nach Gomorra führt.
Am ehesten finden wir Ansätze zur ganzheitlichen Heilung z.B. in der *Traditionellen Chinesischen Medizin (TCM),* die bereits über energetische und makromolekulare *(Kräuter)* Interventionen das ganze System behandelt.
Oder denken sie an den *Ötzi,* der etwa 3000 v. Chr. lebte und der biophysikalische Archetypen zur Regulation seines Meridiansystems[63] nutze. Waren die Menschen der Jungsteinzeit in ihrem Gesundheitsverständnis schon weiter entwickelt als die heutige *moderne* Medizin, die, wie die Wissenschaft auf dem Stand von *Galileo Galilei (1564 – 1642)* und auf der *Virchow'schen*[64] Notfallmedizin stehen geblieben ist? - Die Medizin dient dem Leben nicht mehr, - sie will es kontrollieren und beherrschen!

Heute werden im Regenwald, in dem sich etwa 80% der gesamten terrestrischen Fauna und Flora vereint, von Biologen Pflanzen auf ihre eventuelle Heilwirkungen hin getestet; - wirkaktive Pflanzenstoffe werden von der Pharmaindustrie künstlich, also synthetisch, hergestellt und durch eine *Monographie*[65] vor einer *freien* Verwendung geschützt.
Heute herrscht die klassische Schulmedizin und ihre chemische, Therapie vor, die sich daher weit von der Naturgesetzmäßigkeit entfernt hat und in Folge dessen nicht mit Kohärenz sondern mit

---

[63] **Neue Homöopathie n. Erich Körbler:** Durch das setzen von „Antennen" kann man damit den gesamten Meridian-Verlauf steuern und somit auf sehr effiziente Art und Weise die Selbstheilungskräfte wieder aktivieren.

[64] **Rudolf Virchow** (1821 – 1902): Er gilt unter anderem als Gründer der modernen Pathologie. Er war Vertreter einer streng naturwissenschaftlich und sozial orientierten Medizin.

[65] Eine amtliche Bescheinigung für die arzneiliche Wirksamkeit eines zugelassenen Arzneimittels. Der monogaphierte Stoff wird in seiner pharmakologisch aktiven Menge zum Eigentum vom Inhaber der Monographie und Lebensmittel, deren Gehalt eines monogaphierten Stoff übersteigen, gelten als Arzneimittel!

Entropie arbeitet. So effizient sind ihre Medikamente: *79% aller schweren und mittelschweren Vergiftungen wurden 2002 durch Medikmente verursacht.*[66] Ein Akt der vorsätzlichen schweren Körperverletzung, abgesegnet durch staatliche Genehmigung, weswegen Schadensersatzforderungen leer ausgehen. Wenn wir von staatlicher Genehmigung reden, dann sind wohl die Amtsinhaber der Arzneimittel- und Lebensmittelbehörden gemeint, die über Jahrzehnte menschenfeindliche, dafür umso lobbyfreundlichere Amts-Imperien aus Steuergeldern finanziert, errichtet haben. So ist das verpönte *Codex-Alimentarius* Kremium fest in deutscher Behördenhand, - ja die Bundesregierung musste sogar führende Amtsinhaber dieses Kremiums aus den Ämtern klagen, weil z.B. ein *Prof. Dr. Großklaus*, früherer Leiter des Bundesgesundheitsamtes *(BGA)* und heute amtierender Leiter des Bundesamtes für Risikobewertung *(BFR)*, eine illegale Amtsanhäufung auf seine Person vereinte.

Ihr Ziel: Anstatt die Stoffvielfalt der Natur wirken zu lassen, bedient man sich nur einzelner hochaktiver Wirkstoffe, die man aus dem natürlichen Wirkstoff-Verbund reißt, sie dann chemisch nachbaut und damit schützenswert macht. Dieser Schutz ist im *Neomerkantilismus*[67] durch das *Privileg* gewährt, was gleichsam durch behördliche Genehmigung ausgestellt wird. So dürfen die Privilegierten toxische Einzelsubstanzen verkaufen, wohingegen dem gemeinen Menschen der Zugriff auf die Naturdroge durch *protektionistische Zollpolitik*, die ebenfalls ein Merkmal des Merkantilismus ist, unter Strafandrohung untersagt wird!

Was sie noch unbedingt in diesem Zusammenhang wissen sollten: Die Pharma-Industrie wurde von den Herrschern der Gesellschaftssysteme zur obersten Gesundheitsinstanz privilegiert, - Ihr Marketing ist Gesetz. Obwohl das Pharma-Kartell die gesamte Grundlagenforschung zu Vitaminen finanzierte, gibt es heute KEIN einziges Arzneimittel, was die Vitamin-Synthese **nicht** inhibiert!

---

[66] **TZ vom 8.5.2003**: *Der Körper kennt keine Chemie.*

[67] **Neomerkantilismus:** Eine totalitäre Wirtschaftsform die von Lehnsherren betrieben worden ist und welche die Menschen (Leibeigenen) zu Wirtschaftgütern machte. Die einzige Gewalt über die Wirtschaft lag in Händen der Lehnsherren. Es gab nur einen Zweck, nämlich das kontinuierliche Wachstum des Lehnsherren; - Privilege wurden denen gegeben, welche den Lehnsherren dabei dienlich waren! Heute wird dieser Begriff oft harmlos bagatellisiert.

Das bedeutet, dass die Vitamine zwar im Serum nachgewiesen werden können, jedoch können sie nicht verstoffwechselt werden, was zu Vitaminmangelerscheinungen *(Avitaminosen)* führt, woraus sich nahezu alle Krankheiten ableiten. Dies ist jedoch schwer zu durchdringen, weil man die gesamteAufmerksamkeit nur auf die symptomatischen Erscheinungen hin lenkt. Dennoch ist damit offensichtlich, dass menschenfeindliche Wirtschaftsunternehmen mit Hilfe staatlicher Gewaltenmacht den Menschen wissentlich an seiner guten Gesundheit schädigen!
Dies sollte uns als Warnung dienen, mit Medikamenten bewusst umzugehen! - Wir Menschen sind im Vertrauen auf den Fortschritt der Zivilisation und trotz der Umweltbelastungen weit über die Grenzen unseres natürlichen Energie- und Regenerationsvermögens hinaus geraten und müssen nun zu stärkeren Mitteln greifen, die über den stofflichen Wirkungsgrad der Natur hinausgehen, also naturwidrig und *entropisch* sind.
Die schulmedizinische Behandlung als Notfallmaßnahme ist durchaus sinnvoll. Auch in anderen Bereichen sind wir dem Fortschritt der Medizintechnik dankbar, sofern er dem Wohlergehen des Menschen und der Natur dient.
Jedoch sind wir uns der alltäglichen, notgedrungenen Einnahme und deren Konsequenzen kaum bewusst oder wir machen uns darüber keine Gedanken mehr, da uns die *schnelle Tablette* vertrauter ist, als sich mühevoll zu verändern, um sich der Kohärenz zu öffnen. Die Ausbildung unserer technisierten Lebensform ist gekennzeichnet durch eine Fülle denaturierter Begleitumstände, die sich auf alle Daseinsgüter erstrecken, die man täglich zu sich nimmt. Wir zerstören unser Lebensumfeld mit dem wir in einer dauerhaften Resonanz-Wechselbeziehung stehen. All das was wir der Natur an Kohärenzfaktoren rauben, das rauben wir dadurch auch uns. Unser vernünftiges Ziel sollte es aber sein, unser Lebensumfeld mit möglichst vielen Kohärenzfaktoren anzureichern, damit wir daraus schöpfen können.
Doch wird die Natur heute von Giften geradezu überschwemmt, die stofflichen oder elektromagnetischen Ursprung haben und von Gasen oder Metallen herrühren *(z.B. Computer, künstliches Licht, GSM, Ozon, CO_2, Quecksilber...)* und *last but not least* der wachsende Atommüllkummer, sowie das radioaktive Erbe des Kosovo- und Iran-Krieges:

Mehr als 2000 Tonnen *Uran 535 Munition*, deren hoch toxische *U 535-Aerosole* schon lange ein homöopathischer Anteil unserer Atemluft und des Trinkwassers sind.
Hinzu kommen Leiden psychischen Ursprungs die z.B. durch Stress verursacht werden. Die gesellschaftliche Rolle in die man den Menschen heute zwängt erzeugt Stress, ebenso die daran gekoppelte naturwidrige Bewegung sowie das pseudo-geschlossene Gesellschaftssystem, in dem es nur noch sehr bescheidene Kohärenz-Potenziale gibt. All dies führt zu einer Entartung von Leben, was sich z.B. im Zerfall der familiären Zelle zeigt, - Könnte sich der Mensch und seine Lebensweise auf zellulärer Ebene beobachten, so würde dies der Energie eines Tumors gleichkommen, - ein entarteter Zellverband, der sich aus dem Kollektiv *(Natur)* ausgeklingt hat und nun ein entropiereiches, parasitäres Eigenleben führt. *Außen ist innen*:
Die Statistiken der weltweiten Krebsraten aus US Studien belegen einen alarmierenden Verlauf.
1970 war noch jeder **Zwanzigste** an Krebs erkrankt. Heute ist schon jeder **vierte** an Krebs erkrankt und 2020, so wird vermutet, wird es *wegen* oder trotz des Fortschrittes der Zivilisation, schon **jeden** treffen. Diese Form der Zivilisation ist eine Ausgeburt des Grauens, die sich gegen die Natur stellt und damit auch gegen den Menschen. – Fortschritt bedeutet, mit den Gesetzen der Natur zu leben und nicht dagegen!

Die Belastung nutzloser Behandlungskosten *(z.B. Chemotherapien)*, zwingt die Kassen in Milliardendefizite.
Wenn trotz dieser Behandlungsmethode die Zahl der Krebstoten in der Statistik steigt und nicht rückläufig ist, wo bleiben dann die Heilungserfolge der Statistiken der angeblich erfolgreichen Krebstherapie? - Gibt es sie überhaupt? Die Chemotherapie erfüllt nicht die in sie gesetzten Erwartungen und sie zerstört darüber hinaus irreversibel die Möglichkeit, dass der Organismus sich auf eine natürliche Art regenerieren kann!
Mal ganz was anderes: Massenvernichtungswaffen als therapeutische Maßnahme! – Angst, Unwissenheit und geistige Trägheit in Form von Veränderungsunwilligkeit, öffnen ihr die Tore, woraus eine Pandemie wird, weil die Chemosubstanzen durch den Menschen in den Wasser- und Stoffkreislauf Einzug nehmen, so

dass jeder immer mehr und mehr damit zwangstherapiert wird. Selbst wenn man das Wasser stofflich davon befreit, so verbleibt doch die Information. Zu was gibt es die ganze aufwendige Quantenphysik und Naturwissenschaft, wenn man sich ihr an der Basis ihrer Existenz durch Leugnung verweigert.
Sind unsere Möglichkeiten der Therapien erschöpft und ist durch fehlende und nicht anerkannte komplementärmedizinische Behandlungsmethoden die Gesamtsituation des Krankheitsverlaufs aus den Fugen geraten? - Sind wir durch den machtlosen Verlauf der biologischen degenerativen Prozesse blind geworden oder fehlt uns mangels des Wissens und der Nichtakzeptanz der naturgesetzmäßigen Nutzung die Lösung? – Letzteres kann man negieren! - Fakt ist, wir müssen ganz schnell umdenken und handeln, nach neuen Wegen suchen, um die Situation in den Griff zu bekommen, ehe es zu spät ist.

Die beste und einfachste Medizin die wir uns täglich in rauen Mengen zuführen sollten, sind Kohärenzfaktoren! Damit gelangen wir zur *Emergenz-Medizin*, wo der Patient sein eigener Therapeut wird, in dem er sich bewusst allen Kohärenzfaktoren öffnet, die sich in seinem Umfeld auftun, wozu natürlich auch die Meidung von Entropie-Faktoren gehört. *Emergenz-Medizin* heißt, dass man sich bewusst darauf konzentriert, sein System auf allen Ebenen mit Kohärenz anzureichern. Das Bio-System ist intelligent und verfügt es über ausreichend Energie, so kann es sich von ganz alleine wieder in den Zustand zur Norm der Natur bringen. Die ganze aufwendige Medizinwissenschaft wird dann obsolet. *Emergenz* heißt in diesem Zusammenhang, dass man nur Kohärenz-Faktoren sammeln muss, die dann zu einer Regeneration zur Norm der Natur führen, wobei aber nicht vorhersehbar ist, wie sich das vollziehen wird.

Dazu bedarf es natürlich einer gesunden und pro-vitalen geistig-mentalen Grundeinstellung, denn die Kraft der Gedanken und Emotionen sind eine wichtige Grundvoraussetzung auf der Suche nach Kohärenz. Mit anderen Worten bedingen kohärente Felder und Schwingungen ebenfalls einer Resonanz-Wechselbeziehung zum Suchenden. Dafür aber gibt es kein Medikament, denn jeder Mensch kann nur für sich Denken und Fühlen. Daher muss man sich fragen, ober man vom Denken und Fühlen gesteuert wird, oder aber, ob man willentlich das Denken und Fühlen selbst kontrolliert! – Dies ist von grundlegender Bedeutung, denn die Hauptwirkung der Photonen Technologie liegt darin, in sich Kohärenzfaktoren anzureichern. Wie schon oft wiederholt, haben Photonen keine biologische Funktion. Jedoch sind sie Kohärenzfaktoren, die einerseits Energie-Prozesse initiieren und andererseits *Heilungsinformationen* in das neuronale Netzwerk einspielen. Von dort müssen sie an das Bewusstsein des Beobachters gelangen. Sind sie dort angekommen liegt es immer noch am Beobachter was er aus ihnen macht. Entscheidet er sich den Impulsen zu folgen, um sich mit den inneren Prozessen zu synchonisieren, oder entscheidet er, dass diese Information unwichtig ist oder aber zweifelt er und nimmt das *Für* und *Wider* mit ins Hamsterrad der wirkungslosen rationalen Gedankenspielerei, die ohne Wirkung bleibt und viel Energie kostet? – Für was würden sie sich entscheiden?

Die *In-Photonic* Technologie erhielt zwar im Jahr 1999 auf der Fachmesse für die Wirkung der *Ionen-Technologie* in Baden Baden den Innovationspreis und auch im Forschungsprojekt der IHK Bayern, *Neue Medizintechnik für Südliches Afrika,* ist die Anwendungsakzeptanz unzweifelhaft. Doch wäre es falsch von einem medizinischen Gerät zu sprechen, weil dies ja heißen würde, dass es sich der medizinischen Doktrin der Symptombehandlung unterwerfen würde.

Es gibt in der *Emergenz-Medizin* die kausale Einstellung, nämlich dass jede Krankheit die Folge mangelnder Energie ist, oder eines fehlgeleiteten Energiemanagements. Das setzt voraus, dass man der Zelle zugesteht eine Intelligenz zu haben, die es ihr ermöglicht, sich wieder ins Gleichgewicht zu bringen. Damit sie jedoch ins Gleichgewicht kommen kann, muss sowohl die atomare Molekülebene im Einklang sein, ebenso müssen aber auf der stofflichen Ebene alle Stoffe zugeführt sein, aus deren Energie alle Abläufe, bis in die atomare Molekülebene genährt werden. Unter Lebensmittel sollte man daher Mittel mit großen Kohärenz Potenzialen verstehen, wozu z.B. Sekundärpflanzenstoffe, hochwertige Fettsäuren sowie Kohlenhydrate *(Polysaccharide)*, Ballaststoffe und ganz vorne dran, Proteine und Wasser gehören.

In-Photonic bietet hervorragende Möglichkeiten sich, sowie alles was man in sich aufnimmt, mit kohärentem Licht aufzuladen. Natürlich habe ich schon viele Fälle erlebt, wo der Patient in nur sehr kurzer Zeit eine erhebliche Zustandsverbesserung erlebte, die sich auch aufrechterhalten ließ. Ein gutes Beispiel hierzu ist ein französischer Geschäftspartner aus der Umwelttechnik, den ich im November 2013 traf. Er litt unter Bluthochdruck und seine Werte waren so hoch, dass er regelmäßig Tabletten nehmen musste, um keinen Herz- oder Hirnschlag zu erleiden. Bei dem Gespräch klage er Eingangs über leichte Kopfschmerzen und Schwindel. Ich stellte ihm dann einige von mir entwickelte Photonen Applikation für die Agrar-Technik vor und es entstand ein enthusiastisches Gespräch, - vor uns photonisch aufgeladene Edelstahl-Kapseln und Boden-Kügelchen aus Bor-Silikat.
Während des Meetings schon machte er einen zunehmends vitaleren Eindruck, die Farbe kehrte in sein zuvor fahles Gesicht und auch sein Gemüt blieb davon nicht unberührt. Am Ende unserer Sitzung fiel es ihm dann selbst auf, was ihn sofort zu der Frage brachte, ob ich nicht etwas hätte für ihn, das diesen Zustand aufrecht erhalten konnte. Leider hatte ich nichts bei mir, ausser meinen eigenen Anhänger, der auf der Thymus Drüse bei mir an einer ebenfalls aufgeladenen Kette hängt. Ich schenkte ihn meinen Anhänger und freute mich mich über diese unverhoffte Wirkung. Später, als wir uns wieder trafen erfuhr ich, dass er seitdem Tag an dem er den Anhänger trug, keine Blutdrucksenker mehr brauchte! - Sein ganzes Energieniveau ist gestiegen und damit auch sein Wohlbefinden auf allen Ebenen. Doch an einem Tag, er musste früh raus und war unter Zeitdruck, vergaß er den Anhänger zu Hause, was dazu führte, dass er ganz schnell wieder einen hohen Blutdruck bekam dessen Nebenwirkungen nicht lange auf sich warten ließen.
Er hatte nichts an seinem Status Quo verändert und lebte im Grunde nur von der Kohärenzwirkung, die er über den Anhänger erhielt. Um sich wirklich an der Basis zu gesunden, müsste er selbst zur Quelle von Kohärenzfaktoren werden, was einem leichter fällt, wenn man nicht an den Folgen von Energiedefiziten zu leiden hat.

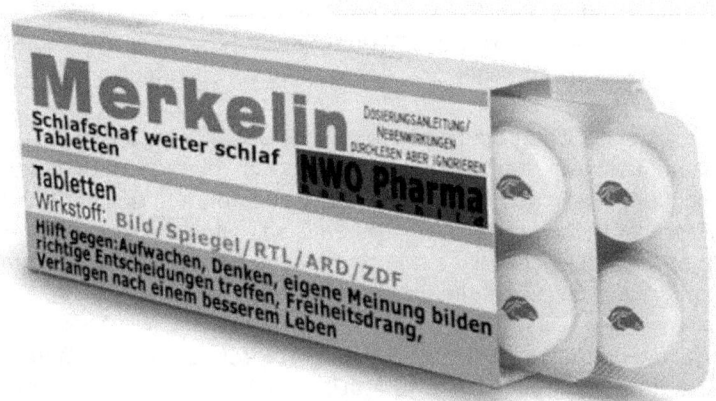

Quelle: Aus dem Internet, keine direkte Quelle gefunden; - Danke an den Urheber!

Aus der Alltagspraxis des Entwicklers von *In-Photonic* liegen aber auch Erfahrungsberichte von Heilungserfolgen vor, die es nach schulmdizinischer Lehrmeinung gar nicht geben dürfte. Ein großes *Melanom (tödlicher Hautkrebs)* am Rücken wurde nach Behandlungen mit kohärentem Licht durch eine gesunde heranwachsende Haut abgestoßen. –
Jahrelang etablierte Neurodermitis und andere Hauterkrankungen waren in nur kurzer Zeit ausgeheilt. Der Heilungsverlauf einer Hautverbrennung 3. Grades war in nur sieben Tagen abgeschlossen; -
Metastasen und Tumore wurden im Wachstum gestoppt.
Ein Mensch, der von zwei Personen in die Praxis getragen werden musste, war in nur kurzer Zeit wieder fähig selbst zu gehen.

Von der Schulmedizin austherapierte und abgeschriebene Menschen, denen man eine Lebenserwartung von nur wenigen Wochen prognostizierte *(mit Knochenmetastasen)*, lebten noch viele Jahre lang bei guter Lebensqualität.
In-photonische Anwendungen bei Leberzirrhose waren in fast allen Fällen erfolgreich und Knochenbrüche wuchsen in nur 10 Tagen wieder zusammen!
Bei einer punktuellen Anwendung der Leber eines Hepatitis A

infizierten Menschen, erfolgte eine bisher unerreicht schnelle Heilung: Mit einem *SGPT[68]-Wert* von 1410 *(der Norm-wert liegt bei ca. 20)* reduzierte sich der Wert in nur 4 Tagen auf 395 und in nur knapp drei Wochen war der Normalwert erreicht.

Chronische Schmerzen und organische Beschwerden verschwanden. Arthrose- und Arthritisbeschwerden blieben nach kurzer Zeit aus. Menschen, die nur schwer gehen konnten *(darunter eine Person, die sogar im Rollstuhl saß und eine Person, die vom zweiten Stockwerk über zwei Jahre nicht mehr auf die Straße kam)* sind wieder mit Gehhilfe unterwegs!

Die Ausleitung von Schadstoffen durch vitales mit *In-Photonic* geladenes Wasser ist eine natürliche Lösung, bei der negative Side-Kicks ausbleiben. Durchlichtetes Wasser bringt jeden Tag mehr und mehr Kohärenz-Potenziale in den Organismus, die sich pro-vital entfalten. Die Erfolgsreihe anderer Expositionen reißt nicht ab, so dass der Entwickler an den Erfolgen seines Tuns wachsen kann, auch wenn er immer noch Gegenwind aus den etablierten Gilden erntet, die um ihr leicht verdientes Geld fürchten.

medical in Praxen[69] sind teilweise überfüllt, weil sich in der Zwischenzeit auch in der Medizin-Dienstleistung durch mündige Menschen eine leistungsbasierende Nachfrage entwickelt, die einen ganzheitlichen und nachhaltigen Erfolg wünscht!
Alles Leben besteht aus Zellen. Sie bestehen wiederum aus Molekülketten und sind zurückzuführen auf Atome, die das Leben in Energie halten.

Eine physikalische Gesetzmäßigkeit, die dem kosmischen Ordnungsprinzip entspringt. Gehen wir in den Ursprung der Materie zurück, so stellen Max Planck und Albert Einstein fest:
"Materie an sich gibt es nicht".
Jegliche Art von Materie besteht aus verdichteter Energie, die aus

---

[68] **SGPT:** Enzym ist in Zellen von Herz, Nieren, Muskeln und Bauchspeicheldrüse in kleinen Mengen gefunden, aber es ist in viel größerer Konzentration in der Leber.
[69] **medical-in Praxen:** Damit sind In-Photonic Partner aus den therapeutischen Berufen gemeint, die mit dieser Wellness-Technologie selektive Einsätze zu ihrem Therapieprogramm durchführen.

der Bewegung atomarer Gesetzmäßigkeit hervorgeht, woraus sich dann unzählige Molekülketten zur biologischen Existenz bilden können.

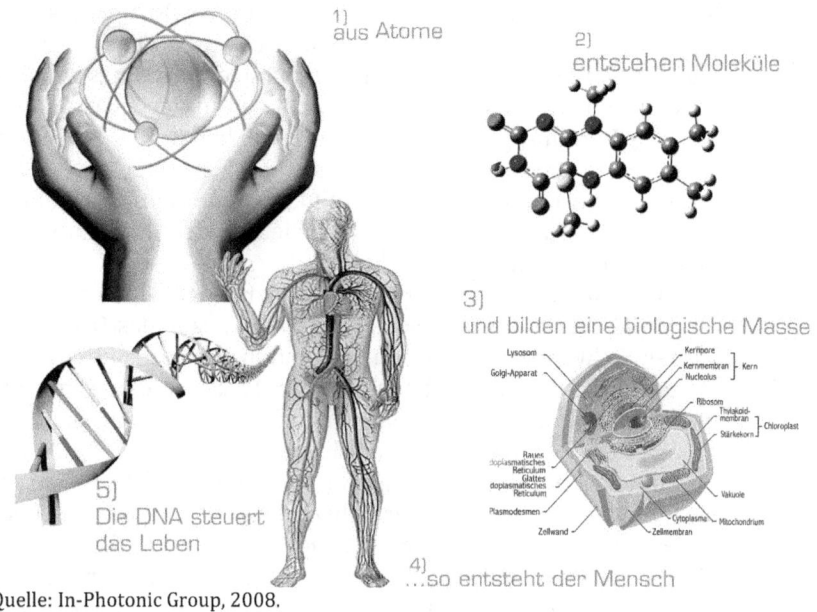

Quelle: In-Photonic Group, 2008.

Biochemische Prozesse, welche die Abläufe des Lebens regeln, werden über die Informationsgesetzmäßigkeit der DNA-Aufgaben gesteuert. So entstand über die Evolution während Milliarden von Jahren unser biologisch sehr komplexer Organismus.

Auf der Zeitdimension basierend, lassen sich heute dank der technologischen Entwicklung der Medizin, Veränderungen durch Krankheiten oder Beschwerden erkennen. Ebenso erhalten wir über biochemische Analysen im Labor ein weitgehend neutrales Bild von *(der stofflichen Wirkung von)* Krankheiten.

Jedoch den wichtigen Einblick in die bioenergetische, atomare Steuerung und molekulare Funktion erhalten wir damit leider nicht. Dazu sind andere Gesetzmäßigkeiten zu berücksichtigen, die heute über das spezielle und neu entwickelte Verfahren der *bioenergetischen DNA-Analyse[70]* dargestellt werden können.

Wir müssen grundsätzlich umdenken und verstehen, dass nach der modernen Biophysik, die Funktionen des Organismus ausschließlich im energetischen Bereich des Ursprungs, also aus dem Zusammenspiel des naturgesetzmäßigen Ordnungsprinzips, besteht. Auch aus bioenergetischer und atomarer Sicht müssen wir die Herkunft und Existenz von Krankheiten neu bewerten. Wie bereits erwähnt, besteht unser Körper grundlegend aus harmonischen Schwingungen im Einklang mit den Bewegungen von Atomen und Molekülen, was bedeutet, dass die Materie in der Feinstofflichkeit nicht dicht ist.
Auch Krankheiten bestehen ebenfalls nur aus Energien, die durch ihr destruktives Resonanzverhalten gegen das Ordnungssystem schwingen. Sie stören also durch ihr destruktives Verhalten die atomaren und biologischen Prozesse und somit die gesamte daraus resultierende natürliche Funktion, die sich *Homöostase* nennt. In der materiellen Funktion des greifbaren Organismus besteht unser Körper aus einem Spektrum unzähliger bioelektromagnetischer Schwingungsfelder, die sich über ihr Resonanzverhalten in der Materie Ausdruck verleihen.
Eine stabile und gesunde Psyche[71] ermöglicht eine harmonische Kräftewirkung und steht damit im Einklang mit den Feldern, welche die physiologische Selbstregulation anregen.
Gesundheit ist damit eine Frage der Harmonie, denn nur in Harmonie ist man konstruktiv mit den Feldern der Selbstregulation verbunden. Jede Form von Stress und Disharmonie erzeugt destruktive bioelektrische Felder, die den Fluss des Lebens hindern.

Fazit: Krankheit und Mangel muss man unmissverständlich dem Umstand zuordnen, dass destruktive Belastungen jeglicher Art, entsprechend den negativen Einflüssen, besonders aber Informationen durch energetisch degenerative Prozesse, lokale Störungen auslösen und es dadurch sogar zu systemübergreifenden Entgleisungen des biologischen Systems kommen kann.

---

[70] In nahezu allen medical-in Partnerpraxen wird eine BEDA-Analyse durchgeführt

[71] Definition: Mit sich, seinen Potenzialen und seiner Umwelt in harmonischem Austausch stehen.

Beschwerden entstehen durch Fremdeinflüsse jeglicher Art und werden meistens durch unsere Gedanken gesteuert. Es sind Informationen, die in der Wirkung auf die DNA Steuerfunktion nicht in das biologische Konzept passen.
So sensibel reagieren unsere Zellen dabei auf Störungen, dass sich dadurch die bioenergetische und biologische Struktur aus dem Gleichgewicht bringen lässt. Auf dieselbe Weise, jedoch viel einfacher und schneller, lassen sich die Zellen aber auch mit konstruktiver Energie wieder in die Balance bringen!
Beim Ausbleiben derart positiver Energiefelder und mit permanent zunehmender destruktiver Belastung, kann sogar das lokale oder globale biologische Ordnungssystem entgleisen, so dass Degeneration entsteht. - Unser Organismus verfügt über Energiefelder, die solche psychischen Belastungen *(bei psychosomatischen Erkrankungen)* oder andere Einflüsse wie Elektrosmog usw. auszugleichen vermögen, jedoch nur bis zu einer bestimmten Belastungsgrenze. Das Regenerierungspotential hält Reserven für ca. zwei Jahre bereit. - Bei einer Dauerbelastung von mehr als zwei Jahren fängt das Organ an, in der Funktion zunehmend schwächer zu werden. Erst nach ca. vier Jahren treten dann Beschwerden auf. Krankheiten bestehen aus anfänglichen Störungen über Dauerbelastungen. In jedem Fall ist jede Krankheit nichts anderes, als die Folge disharmonischer Schwingungsmuster, die mit der Zeit den natürlichen atomaren, sowie biochemischen und biologischen Ablauf des Organismus lokal oder global stören.

Medikamente können im Sinne der Biophysik solche degenerativen Veränderungen wie das Auseinanderbrechen der Atomstruktur, nicht korrigieren, - im Gegenteil. Sie tragen zur Erhöhung der negativen Schwingungspotenziale bei, da alle Medikamente beim biochemischen Abbau toxische Nebenprodukte hinterlassen, die stofflich, wie auch als Schwingungsfelder beim elektrochemischen Abbau die regenerativen Funktionen destruktiv interferieren.

Sie wirken in ihrer Substanz teils biochemisch toxisch und nehmen aber keinen physikalischen Einfluss. Bleibt diese physikalische Fehlsteuerung als disharmonische Resonanzstruktur bestehen, so werden Beschwerden durch Medikamente nur unterdrückt. Die Folge der Symptombehandlung führt im schlechtesten Falle dann zur Dauereinnahme der Medikamente bis ans Lebensende und die Nebenwirkungen sind programmiert. Somit bleiben viele Krankheiten trotzdem bestehen, auch wenn man sie nicht mehr offenkundig bemerkt.

Das Zeitalter der *Wellnessbioenergietechnik* hat begonnen!
Mit *In-Photonic* ist es möglich, allumfassende Energiekonzepte technisch zu vereinen:
In der Entwicklung auf der Interventionsebene hat man die Aufgabe gelöst, die physikalische Gesetzmäßigkeit der Natur anzuwenden:
Hierbei werden technisch die Lichtquanten der Sonnenenergie *(zellidentische Energie)* aus der Umgebung der Lichtverhältnisse über *In-Photonic* nutzbar gemacht und mit anderen quantenphysikalischen Moduleinheiten integriert.
Durch dieses weltweit einzigartige Verfahren erreicht man mit eine weitgehende natürliche Stabilisierung und Korrektur, sowie die Wiederherstellung des biologischen Ordnungssystems durch Ursachenbehebung.
Diese harmonische Resonanzmethode passt ins System der Naturgesetzmäßigkeit und so verschwinden Beschwerden auf sanfte Weise, - nachhaltig und ohne negative Nebenwirkungen.

So kann man Gesundheitserfolge bei Menschen verzeichnen, die von der Schulmedizin bereits aufgegeben wurden. Das Grundprinzip von *In-Photonic* wird mit folgenden Moduleinheiten gekoppelt[72]:

Ionen-Wellnesseinheiten, Skalar-, Biophotonen-Module zur Stabilisierung der Zellkommunikation, Klangtherapie, Informationsmodule n. dem Orgon-Akkumulationsverfahren (Wilhelm Reich).

Befassen wir uns mit der Ganzheitsanwendung im Wellnessbereich oder unterstützender, kurativer Gesundheitsmaßnahmen, so sprechen wir von Energiearbeit und Vitalität, die jedem zugute kommt.

---

[72] Angaben des Herstellers, Dr. Fuchs

Es soll aber nicht der Eindruck entstehen, dass man mit *In-Photonic* ausschließlich heilen kann. Eine Photonen Dusche ist vor allem diejenigen ein Segen, die ihre Lebenskraft in geistiger und körperlicher Ertüchtigung umsetzen wollen.
Eine Anreicherung an Kohärenz-Faktoren stabilisiert das Energieniveau und das physikalische System nachhaltig, was zu mehr Leistung und Aktivität führt. Die Vitalität erhöht sich signifikant, der Stoffwechsel wird angeregt und erhöht, was weitgehend biochemisch zum Säuren-Basenausgleich führt und auch die Blutwerte verbessern sich. Zur Ausleitung von Ablagerungen in den Zellen zeigte sich das Resonanzverhalten energetisch stark und ist dafür außergewöhnlich effizient.
Krankheiten lassen sich durch den stetigen Energieausgleich, der zu einer Verbesserung des Immunsystems führt verhindern, weil die Selbtregulation eine Wirkung von Kohärenz ist.
Diese ganzen pro-vitalen Abläufe unter den Begriff *Wellness* zu verpacken scheint mir nur angemessen, denn das Wort *Therapie* bedeutet ja, dass man einen klaren Weg zur Heilung verfolgt, was wiederum voraussetzt, dass man weiß was man tut und wie sich die angesetzte Intervention im gesamten Gefüge des biologischen Systems auswirkt. - Das jedoch kann kein Mensch auf der Welt wissen! - Mit dem bisschen Wissen was der Mensch hat, kann er bestenfalls zwischen „Ja" und „Nein" entscheiden und das macht er auch nicht mit dem Kopf, sondern mit seinem Herz, - dem Gefühl für Stimmigkeit! In diesem Kontext können wir durch bioenergetische Messungen beurteilen, ob der Mensch von einer Energie, - egal in welcher Verdichtung, - positiv oder negativ interferiert wird. Es gibt eine Unmenge an energetischen Faktoren, die unser hochkomplexes biologisches System steuern. Mit der Art wie wir zu denken gelernt haben, sind diese Steuermechanismen jedoch nicht zu durchdringen und noch viel weniger zu beherrschen. Gehen wir nun also dazu über und betrachten uns die einzelnen energetischen Steuermechanismen an der Oberfläche, um ein Verständnis für sie zu entwickeln.

Wenn die Menschheit überleben möchte, muss sie die Art des Denkens verändern! **Albert Einstein**

MENTAL ENGINEERING MIT IN-PHOTONIC

In den vorhergehenden Kapiteln habe ich immer wieder Publikationen von Dr. Fuchs herangezogen, die er mir für mein Buch zur Verfügung stellte um am Kern des Entwicklers zu bleiben. Aus der fundamentalen Kohärenz-Wirkung dieser bisher einzigartigen Licht-Technologie ist es nun möglich, ganze neue Wege zu gehen und dezentrale Kooperationen in die verschiedensten Bereiche aufzubauen.
So haben wir einen thailändischen Textilhersteller, der *In-Photonic* Kleidung herstellen will, oder einen französischen Partner, der den Agrar-Markt mit Dienstleistungen *(z.B. Aufladen von Saatgut, Dünger, Substraten, ...)* beglückt, oder einen Wasserfilterhersteller, der die Technologie in seine Systeme integriert hat und sogar einen Solarzellen-Hersteller, der die Möglichkeiten erkannt und für sich umgesetzt hat. Daneben gibt es bereits eine beachtliche Anzahl an Therapeuten und wie zuvor beschrieben, große Bewegungen in der Wasserwirtschaft sowie in der Lebensmitteltechnologie.

Zusammen mit dem *ehlers Verlag*[73] in Wolfratshausen entsteht in diesem Zusammenhang eine völlig neue Ausbildung zum *Mental Engineerer*, wobei eine mentale Grundschulung am Anfang steht. Man möchte ja sehen, spüren und testen können, was man in den nicht sichtbaren Dimensionen des Seins erschaffen hat.
Der zweite Schritt sieht vor, dass man die unterschiedlichen Technologien kennen lernt und damit beginnt, sie selbstbestimmt zu bauen, - fertige Applikationen zu entwickeln für alle Bereiche des Lebens, in denen sie Verbesserungen bringen, - das ist das Ziel, was damit angestrebt wird.

Ich möchte daher den Begriff *Mental-Engineering* einmal genauer beschreiben, damit ein tieferes Verständnis entstehen kann.
Bisher hat man monotone *EnergyTools*[74] gebaut, die lediglich auf einer Verdichtungsebene wirksam waren, was natürlich nicht heißt, dass sie nicht auf die anderen Ebenen einwirken würden.

---

[73] **raum&zeit Magazin**, www.raum-und-zeit.com
[74] Applikationen zur Modulation und Transformation negativer energetischer Einflüsse.

Das tun sie, aber leider nur sehr unspezifisch und daher nicht vorhersehbar. Auch wenn sich die wissenschaftlichen Koryphäen nicht einig sind wie viele Ebenen oder energetische Verdichtungsgrade *(Domänen)* es gibt, so sind sie sich doch darüber eins, dass es mehrere Dimensionen gibt, die miteinander wechselwirken. Obwohl man das weiß, leugnet man es, was man z.B. an der Ablehnung zu den Grundlagenarbeiten der *kalten Fusion* erkennen kann. Diese dürfte laut wissenschaftlicher Lehrmeinung gar nicht existieren, weil sie aus der Verschmelzung positiv geladener Protonen resultiert. Man nennt dieses Problem die *Elektromagnetische Barriere*, da sich auf der Ebene des Elektromagnetismus + und + abstößt, wobei man die kinetischen Kräfte, die zwischen den Teilchen wirken, als absolut ansieht, was sie aber bekanntermaßen nicht sind. Im Jahr 1989 hat das *Fleischmann-Pons-Experiment* an der Universität in Utah *(USA), Nukleartransmutationen* bei sehr niederer Energie *(LENT)*[75] nachgewiesen und auch die *Sonnen-Schleifen* resultieren laut Publikationen aus einer polgleichen Überlagerung. Nichts Neues also.

Diese extrem niederenergetischen Felder weisen dabei eine *Kernkohärenz* auf, was aus dem Inneren eine höhere kinetische Kraft erzeugt, als die äußeren Abstoßkräfte gleicher Pole. Die Kraft aus dem Inneren ist immer die *Ursache*, wohingegen die Kraft im Äußeren die *Wirkung* davon ist. Dem Umstand zugrunde, liegen die experimentellen Nachweise der Initiatoren der schwachen Wechselwirkung, den drei vektoriellen *Bosonen, W-, W+* und *Z*.[76]

Damit komme ich zum mentalen Teil des *Engineerings*, denn der Mensch hat einen immens großen Einfluss auf die Qualität der Energiefelder und der ist auch wissenschaftlich erklärbar!
Es geht um die Art unseres Denkens, - unserer Wahrnehmung, in der sich Wissen, Fühlen und Ahnen vereinen.

---

[75] LENT: Low Energy Nuclear Transmutations.
[76] **Carlo Rubbia,** 1984 mit Simon van der Meer erhielte er den Physik Nobelpreis für die Entdeckung der Bosonen W-, W+ und Z und Ihre Funktion als Vermittler schwacher Wechselwirkung.

In der *Kopenhagener Deutung*[77] ist es der *Beobachter*, der die Existenz steuert, indem er sie beobachtet. Keine Rolle spielte bislang, dass der Beobachter ja nicht nur einfach beobachtet, - er interpretiert, fühlt, glaubt und denkt bei seinen Beobachtungen. Kohärenz und hohe Ordnung entstehen aber nur, wenn das Denken, Glauben Fühlen und Wissen mit dem im Einklang steht was man beobachtet.

Wie wir ja inzwischen wissen, wird das Atom aus seinem Inneren durch die trinäre Konfiguration von *up-* und *down Quarks* beseelt. Die *Quarks* folgen wiederum den *Bosonen* und diese entstehen u.a. aus den Gedanken des Beobachters.
Nur wenn die *Spins* vom beobachteten Objekt mit den *Spins* des Denkens, Wissens, Fühlens und Glaubens des Beobachters im Einklang stehen, kann Harmonie entstehen, aus welcher die neutralen schwachen Wechselwirkungen entstehen, die enorm hohe Ordnung ins Außen bringen, wodurch sie auch als Stabilisatoren der elementaren Grundordnung dienen. Das Denken, Wissen, Fühlen und Glauben des Beobachters stellt dabei das in ihm vereinigte energetische Potenzial der unterschiedlichen Verdichtungsgrade dar.
So steht an erster Stelle bei der Erstellung von *EnergyTools* immer das eigene Denken, das leider nur in sehr wenigen Fällen wirklich selbstbestimmt ist.

Der größte Teil der Menschheit hat zwar ein Gehirn, doch wird es nicht, oder nur zu einem minimalen Teil benutzt, weil es nur noch mit der Selbstinterpretation, - *wie sieht man sich im Leben und was braucht man, damit man sich fühlen kann,* - beschäftigt ist/wird. Man sollte sich viel mehr darauf fixieren, dass man sich in jedem Moment bewusst spüren und fühlen kann.
Das Sehen richtet sich nach innen und folgt den Bildern des Herzens, - das Ohr richtet sich nach innen und folgt der Weisheit des Herzens, - das Gefühl ist immun gegen äußere Impulse und zum Herzen hin geöffnet, damit es die vielen Formen der Liebe in jedem Moment, neu erfahren kann. Physik und Metaphysik

---

[77] **Kopenhagener Deutung:** *Was beobachtet worden ist, existiert gewiss; bezüglich dessen, was nicht beobachtet worden ist, haben wir jedoch die Freiheit, Annahmen über dessen Existenz oder Nichtexistenz einzuführen.*

werden Eins, jedoch nur, wenn der Mensch dies mit seinem freien Willen erstrebt.
Alles was der Mensch tun muss ist, sich beim Beobachten bewusst in die innere Harmonie zu bringen, immer und immer wieder, solange, bis Harmonie zu einem Dauerzustand wird.

Das Schöpfungswerkzeug, das jeder Mensch in sich trägt, das sind seine Gedanken. Mit ihnen erschafft er seine Wahrheit und eine Welt, die er sich so anpasst, wie es seiner Vorstellung von Behaglichkeit und Stimmigkeit entspricht.
Und auch beim Menschen verhält es sich nicht anderes als beim Atom, - das Außen wird von Innen bewegt, weswegen das Außen ein Spiegel des Inneren ist.

Das bedeutet, dass sich im Außen nichts bewirken lässt. Denn Harmonie kann man nur aus seinem Inneren erzeugen.
Die wissenschaftlich evaluierte Mental-Methode *CYCLING*[78], ist hierfür ein optimales *MentalTool*, um durch ein selbstbestimmtes Denken, starke Kohärenzfelder zu erzeugen, die nicht nur zu einer höheren Wahrnehmung führen, sondern auch zu echter, bedingungsloser Glückseligkeit. Der bioenergetische Resonanz-Rückkopplungseffekt trägt dazu bei, dass die Kohärenz-Felder wieder zurück kommen, wodurch die Ursache ihre Wirkung erfährt. Aus diesem Grund kostet echte Heilung keine Energie sondern bringt Energie und Harmonie.
Die Wirksamkeit der energetischen Felder, die man aus seiner Beobachtung macht, hängt daher entscheidend davon ab, inwieweit der *Mental Engineerer* in der Lage ist, sein Denken bewusst so zu steuern, so dass möglichst viele *Z-Bosonen* daraus hervorgehen. Sie erst verleihen dem *EnergyTool* Kraft, Stabilität und Wirkung.

Hier kommen wir an den Schnittpunkt, an dem sich aus kohärenter Energie, Materie kondensiert. *In-Photonic* ist hierbei ein unschätzbares Tool. Das, was die *Bosonen* auf Ebene der schwachen Wechselwirkungen sind, das sind die Photonen auf der Ebene der elektrostarken Felder.

---

[78] Prof. Dr. Wiliam Bengston: *Heilen aus dem Nichts*

Obwohl es sich hierbei um Ausgleichsteilchen unterschiedlicher Verdichtungsgrade handelt, entsteht Harmonie jedoch nur dann, wenn die Potenziale zur Norm der Natur aufgeteilt sind, wie dies im Yin und Yang Symbol deutlich wird:

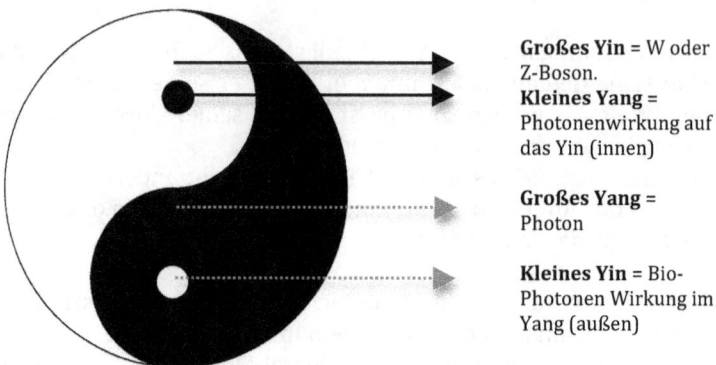

Großes Yin = W oder Z-Boson.

Kleines Yang = Photonenwirkung auf das Yin (innen)

Großes Yang = Photon

Kleines Yin = Bio-Photonen Wirkung im Yang (außen)

Bei dieser holistischen Betrachtung wird sehr schnell erkennbar, dass man mit einem seperativen Denken nicht weiter kommt und so benötigt man eine Brücke zur Ganzheit, welche die *In-Photonic* Technologie auf der funktionalen Ebene bietet.

Die Ganzheit entsteht aus der Harmonie des Betrachters, der man aber noch etwas unter die Arme greifen muss, wenn man in der Materie wirksame *EnergyTools* kreieren will.

So einzigartig, wie die *In-Photonic* Technologie ist, sind auch die anderen *Energy-Components,* als ein multidimensionales Konzept um *plurikohärente EnergyTools* zu bauen. Das bedeutet, dass nicht ausschließlich *In-Photonic* bei der Erstellung der Tools verwendet wird. - Das Ziel ist es, eine durchgehende *Kohärenz-Kaskade* zu erschaffen, die eine Sphäre höchster Ordnung und Vitalität erschafft, - auf allen Ebenen der Energieverdichtung!

Leider habe ich die Erfahrung machen müssen, dass geniale Forscher meist nicht offen waren für sinnvolle Synergien, weswegen viele *EnergyTools* nach der Markteinführungen sang-

und klanglos verschwunden sind, oder sich nur eine begrenzte Zeit lang auf dem Markt halten konnten, bis man ihrer überdrüssig war. - Jammerschade, denn genau hier wartet der Quantensprung auf uns ALLE. Die Summe aller Faktoren führen zu dem Ergebnis, das wir in der Gegenwart beobachten können. Leider ist es die Degeneration unserer Natur, um und in uns, der wir still schweigend beiwohnen und den Glauben daran hegen, dass *„...ich kleines Würstchen ja eh nichts ausrichten kann!"* – **Falsch!!!**

Die Degeneration ist die Summe aller Unordnung und wendet man seinen Blick von der Unordnung ab und konzentriert sich darauf, in seinem eigenen Leben so viele Ordnungsfaktoren wie möglich zu errichten, so tut man das nicht nur für sich, sondern für ALLE, weil die von ihnen geschaffene Ordnung fest steht oder mit Ihnen wandelt.
Jeder kleinste weiße Punkt auf einer tief schwarzen Leinwand trägt dazu bei, dass sich das tiefe Schwarz immer mehr aufhellt. Dank der vielen Wissenschaftler, die sich mit der Tiefe des Mysteriums verwoben haben, kann man heute mit deren Quintessenz, die komplementären und fraktalen Zusammenhänge des Lebens erkennen, was es ermöglicht, darauf auch spezifisch Einfluss zu nehmen.

Bioelektromagnetismus gehört z.B. zum Ätherkörper und verläuft über die Meridiane, - lässt sich über die Akupunkturpunkte stimulieren, doch lässt er sich nicht auf dieser Ebene erzeugen! Um ihn zu erzeugen benötigt man Photonen, die über das Stirn-Chakra *(Drittes Auge)*, dem sub-atomaren Körper, hauptsächlich über die Augen in das, nach thermodynamischen Maßstäben, offene System *Mensch*, gelangen. Alles folgt dem *EVA-Prinzip*:

Eingabe – Verarbeitung – Ausgabe.

Als Beispiel für diesen Mechanismus nehmen wir etwas über das Auge wahr und halten uns die Hand vors Gesicht. So läuft das nun nach dem EVA-Prinzip ab: Das Auge ist ein Teil vom Gehirn wodurch die Photonen zunächst z.B. mit den ultraschwachen

Gliazellen[79] interagieren, deren stimulierte Felder dann die Neuronen aktivieren, die das Gesehene interpretieren.
Im Bereich des Gehirns finden wir Magnetismus und Gleichstrom *(Skalarwellen)*, also gerichtete Energien, die eine hohe Kohärenzwirkung aufweisen.
Am Ende wird der Impuls aus diesem Prozess, der *efferent*[80] als schwaches Wechsel- oder Gleichfeld ein Erfolgsorgan erreicht, in seiner stofflichen Verdichtung wahrnehmbar *(man hält die Hand vor das Gesicht)*.
So sieht eine stark vereinfachte Verlaufskaskade aus und sie werden mir Recht geben müssen, dass man da schon nach einem Schema vorgehen muss, weil man sich sonst in der Unendlichkeit an Möglichkeiten verliert. Allerdings muss das Schema einfach sein, weil es sich sonst selbst in der Unendlichkeit verliert.
So möchte ich nun die Gelegenheit nutzen, um die Energieformen, die beim *Mental Engineering* verwendet werden, vorzustellen. Ich stelle nicht den Anspruch eines perfekten Systems, vielmehr sollte es als Impuls verstanden werden, auf dem man aufzubauen kann oder, es vielleicht ganz anders macht. Wer mit Energie arbeitet, der muss von dem überzeugt sein, was er tut! – Sonst wird es nicht funktionieren.

Daher noch eine Bemerkung zum Thema *Wahrheit*:
Es gibt nur eine *Wahrheit* und das ist die, woran man sich entschieden hat zu glauben. Jede Wahrheit darf nur solange bestehen, bis man eines Besseren gelehrt wird oder zu einer anderen Überzeugung kommen.
Dann muss man fähig sein loszulassen, um sich für größere Zusammenhänge öffnen zu können. So bleibt die Wahrheit, die gleichsam die Kohärenzschwingung unserer selbstbestimmten Bewegung im Leben ist, immer dynamisch *(evolutionsfähig)* und offen. Derjenige also, der eine Wahrheit für ALLE hat, der ist im vornherein schon ein Lügner. Buddha formulierte die *Wahrheit* vor langer Zeit einmal so:

---

[79] **Gliazellen:** Sammelbegriff für strukturell und funktionell von den Nervenzellen (Neuronen) abgrenzbare Zellen im Nervengewebe.

[80] **Efferent** werden neurophysiologisch jene Fortsätze von Nervenzellen genannt, über die aus einem bestimmten Bereich Signale fort und an andere Zellen weitergeleitet werden. Diese allgemeine Kennzeichnung nach der Richtung der Signalleitung kann für verschiedene Strukturen auf unterschiedlichen Ebenen verwendet werden.

*Glaubt nicht an irgendwelche Überlieferungen, nur weil sie für lange Zeit in vielen Ländern Gültigkeit besessen haben.
Glaubt nicht an etwas, nur weil es viele dauernd wiederholen.
Akzeptiert nichts, nur weil es ein anderer gesagt hat, weil es auf der Autorität eines Weisen beruht oder weil es in einer heiligen Schrift geschrieben steht.
Glaubt nichts, nur weil es wahrscheinlich ist.
Glaubt nicht an Einbildungen und Visionen, die ihr für gottgegeben haltet.
Glaubt nichts, nur weil die Autorität eines Lehrers oder Priesters dahintersteht.
Glaubt an das, was ihr durch lange eigene Prüfung als richtig erkannt habt, was sich mit eurem Wohlergehen und dem anderer vereinbaren lässt.*
Gautama Buddha, 563 v.Chr. - 483 v.Chr. - Sanskrit

Jede Wahrheit von Außen ist als Impuls zu verstehen, seine eigene Wahrheit zu überprüfen. Natürlich fällt einem die Wahrheit nicht einfach so in den Schoß; - man muss sie schon suchen, was einen Prozess der Informationsbeschaffung nach sich zieht.
Auf dem Schlachtfeld der Informationen benötigt man geistige Willenskraft um das zu durchleuchten, was zur Findung seiner Wahrheit nötig ist und man braucht Mut, sie auch zu leben.
Wie tief man in ein Thema jedoch einsteigt um es zu verstehen, das bleibt dem freien Willen überlassen. Doch Vorsicht: Das Feld der Information ist auch das Feld, über das die Konditionierung läuft, was die Informationsbeschaffung zu einem risikoreichen Unterfangen entarten lässt. Eigentlich sollte es Spass machen, sich in seiner Wahrheit wieder zu finden, doch anstatt dessen muss man Acht geben, dass man mit der Information wirklich seiner und nicht der Wahrheit eines anderen dient.

Ich verwende oft das Wort *Kohärenz* und möchte es deshalb zum besseren Verständnis der weiteren Ausführungen erweitert formulieren, denn *Kohärenz* ist ein großes Wort:

Kohärent bezeichne ich eine Schwingung, die von höchster Ordnung ist. Vergleichen sie hierzu ein Radiogerät, ein älteres,

das noch mechanische Sendersuchräder hat.
Nun dreht man solange, bis man ein gestochenscharfes Signal bekommt. Es gibt dabei viele Möglichkeiten, das Signal wahrzunehmen, doch gibt nur einen Punkt, wo es optimal ist.
Das optimale Signal entspricht meiner Vorstellung von Kohärenz. Wenn etwas in einer so hohen Ordnung ist, dann kann man den Anfang erkennen und das Ende, sowie alle Einzelheiten auf den Weg dorthin. Alles ist in der vorgegebenen Ordnung und führt zum vorbestimmten Ergebnis, - es gibt keine unvorhersehbaren Alternativen.
Kohärenzwirkung ist demnach so etwas wie eine *charismatische Energieschwingung*, die das Umfeld dazu anregt, ebenfalls in sein Optimum zu kommen.
Resonanz *explodiert (Yang)*, - Kohärenz *implodiert (Yin)*.
Diese Kohärenzwirkung, z.B. von skalaren Feldern, gibt es auf unterschiedlichen Verdichtungsgraden.

Luc Bürgin[81] arbeitet beispielsweise mit statischen elektromagnetischen Feldern, die mit der DNA ein Ordnungsfeld zur Norm der Natur erzeugen. Evaluierte wissenschaftliche Modelle an Saatgut und Regenbogenforellen beweisen, dass sich damit eine denaturierte, entartete DNA wieder in ihren Urzustand verbringen lässt.

Anders *Werner Kropp*, der mit höheren Energien arbeitet, nämlich mit *magnetischen statischen Di-Pol Feldern*, deren *Vektoren*[82] selektiv den Elektromagnetismus beherrschen. Um eine elektromagnetische Schwingung liegt eine sog. *magnetische Schleife*, die sich im Raum und in ihrer Polarität *(Laplace-Operator*[83]*)* nach den Umgebungsbedingungen ausbreitet.
Kann man nun den *Vektor* der magnetischen Schleife modifizieren, dann wirken sich die Veränderungen analog auf den

---

[81] **Luc Bürgin:** *Der Urzeitcode*, Herbig Verlag.
[82] Ein **Vektor** ist immer eine gerichtete Größe, welche die Vereilung im Raum anzeigt. Die Summe aller Vektoren die zu einer elektromagnetischen Schwingung gehören, nennt man **Vektorpotenzial**, über das man spezifische Aussagen zu einer Schwingung machen kann.
[83] Der **Laplace-Operator** kommt in vielen Differentialgleichungen vor, die das Verhalten physikalischer Felder beschreiben. Beispiele sind die *Poisson-Gleichung* der Elektrostatik und die Diffusionsgleichung für die Wärmeleitung. Oftmals wird der Laplace-Operator auch bei der Berechnung der Verteilung von Schwerefeldern verwendet. Der vektorielle Laplace-Operator führt zu den Wellengleichungen der elektromagnetischen Felder.

elektromagnetischen Schwingungsverlauf aus.
Hat man z.B. die elektromagnetische Schwingungsfrequenz einer Krebszelle, dann könnte man mit der Invertierung des magnetischen *Feld-Vektors*, das davon umgebene elektromagnetische Schwingungsfeld neutralisieren, was sich bis in die Materie auswirkt! – Auch hierzu gibt es wissenschaftliche Testierungen von *Prof. Dr. Cyril W. Smith*[84], der zu den weltweit wenigen Kennern der Kropp-Technologie gehört und diese wissenschaftlich testierte.

Schreiten wir nun gut gerüstet zur Tat und betrachten uns die verschiedenen Energiesignaturen; - wie sie wirken, was sie sind und was sie *können*, damit wir uns und der Welt durch sie mehr Ordnung zu geben vermögen. Natürlich bleibe ich hier nur an einer sehr groben Oberfläche und beziehe mich auf die vielleicht bekanntesten Formen der Energieverdichtungen, mit denen bereits erfolgreich gearbeitet wird.
Wir dürfen dabei nie vergessen, dass wir im Bereich der energetischen Wahrnehmung ALLE, Wissende wie Unwissende, noch im Stadium eines Kleinkindes sind, das erst noch lernen muss auf seinen eigenen Beinen zu stehen und zu gehen. Nur wenn man weiß, was man nicht weiß, darf man eine allgemeine Wahrheit aufstellen. Der *Teilchen-Zoo* in der Quantenphysik ist hierzu ein blendendes Beispiel, da jedes neu entdeckte Teilchen, alte Theorien ins Wanken bringt. Und keiner weiß, wie viele Teilchen es noch gibt und was uns hinter dem Mysterium der *dunklen Energie* und *Materie* erwartet, die immerhin 96% des Ganzen ausmachen, aus dem auch wir kommen.

Unter dem Titel: *Das Gehirn Gottes*[85] in der Rubrik Naturwissenschaften, erschien ein Artikel in dem Fotos von kosmischen Filamenten und neuronalen Strukturen veröffentlicht wurde. Nur ein Ignorant könnte diesen Nachweis einer fraktalen Selbstwiederholung in Abrede stellen! – Doch überzeugen sie sich selbst.

---

[84] Salford University, als Dozent in der Fakultät für Elektrotechnik und Autor des fundamentalen Buches: *Der Elektromagnetische Mensch*, - Forschungsschwerpunkt: Gerätetechnik, biomedizinische Elektronik, dielektrische Flüssigkeiten und elektromagnetische Effekte in biologischen Systemen, Biowerkstoffe und Wasser.
[85] Raum & zeit, Ausgabe 189/2014, Seite 46

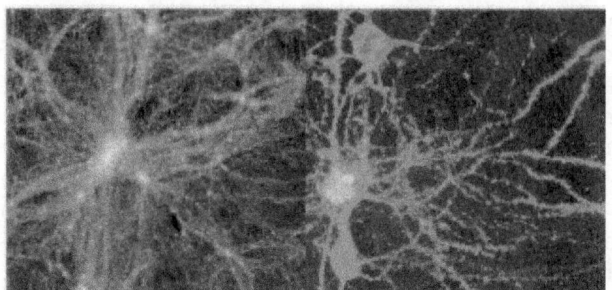

Quellen: www.rsaa.anu.edu.au/research, www.redorbit.com/news/
Links: Das neuronale Netzwerk eines Mäusegehirns, **Rechts:** Kosmisches Netzwerk, im Zentrum eine Galaxie, verkettet mit Fäden aus *Dunkler Materie*.

Ist das Universum ein gigantisches Gehirn? – Es scheint so – nicht nur morphologisch, sondern auch funktional. Dazu geben immer mehr Forschungsergebnisse Anlass. Bereits im Jahr 2001 zeigten Computersimulationen des *European Southern Observatory (ESO)* dass die ersten Strukturen des jungen Universums die Form gigantisch langer Fäden aus *Dunkler Materie* annahmen.
An den Knotenpunkten bildeten sich die Galaxien, die über die Fäden mit weiterem Baumaterial versorgt wurden. Ein Team der *Australian National University* hat im Jahr 2013 Hinweise gefunden nach denen die Galaxien durch gigantische Gas- und Plasmafäden miteinander verbunden sind. Hierzu der Studienleiter *Dr. Stefan Keller*: *Wir haben Hinweise für einen kosmischen Faden gefunden, der uns mit dem gesamten unermesslichen Universum verbindet.*
Keller geht davon aus, dass gwöhnliche Materie von der *Dunklen Materie* angetrieben wird, *„sich wie Schaum auf einer Meereswelle in weiträumigen Bahnen und Fäden anzuordnen, die sich über den unendlichen Raum erstrecken und dabei einem Küchenschwamm ähneln."* Die Existenz des kosmischen Netzwerks aus *Dunkler Materie* scheint auch eine aktuelle Entdeckung von Astronomen am *WM Keck Observatory* auf Hawaii zu bestätigen. Die Forscher entdeckten eine nebelartige Netzstruktur, die über eine Region von 2 Millionen Lichtjahren ausgebreitet ist. Man vermutet, dass sie sich aufgrund der Gravitation durch die *Dunkle Materie* gebildet habe. Verblüffend ist aber die Tatsache, dass dieser *kosmische Schwamm* nahezu eine Kopie neuronaler Strukturen des Gehirns darstellt, - visuell wie auch funktionell. So werden im

Gehrin elektronische Signale zwischen *Axonen* und *Neuronen* getauscht. Im kosmischen Gewebe der *Dunklen Materie* erfolgt analog dazu der Austausch von Materie, Energie und Information. Mehr als 100 Jahre zuvor hatte der italienische Psychiater und Chirurg, *Prof. Dr. Giuseppe Calligaris,* neben dem Meridian-System ein weiteres, den Menschen umspannendes energetisches Netwerk entdeckt, das er als *Selbstwiederholung des Universums* auf der Haut bezeichnete.

Durch die Stimulierung mittels Magnetismus oder sehr niederen Strömen einzelner der darauf liegenden sog. *Kosmischer Plaques*, konnte man paranormale Fähigkeiten aktivieren, wie z.B. Hellsehen, Hellhören oder mit einem Röntgenblick durch 3 m dicke Wände sehen. Denken sie an das *EVA-Prinzip* und es wird klar, dass die wahre Wirkung aus den energetischen Feldern der Neuroplastizität entspringt. Alles ist Energie und der Mensch ist eine bewusste Sende- und Empfangsantenne, der über die körperliche Wahrnehmung die Güte des energetischen Austausches erkennen kann. Insofern ist Heilung durch Veränderungen an sich selbst im Grunde nichts anderes, als eine neue energetische Kalibrierung, wodurch man eine andere Güte im Energieumsatz erzielt.

Doch nun zu einigen Energiesignaturen, die eine sehr hohe Kohärenzwirkuung auf und in der Matrie haben.

Schumann Frequenz

Die *Schumann-Welle* wurde in den fünfziger Jahren von *Prof. Herbert König,* einem Schüler ihres Entdeckers, *W. O. Schumann,* erstmals exakt gemessen. Die elementare Frequenz betrug damals *7,83 Hz.*

Diese Frequenz lässt sich sowohl berechnen, als auch experimentell nachweisen. Sie ergibt sich aus dem Umfang der Erde *(ca. 40.000 km)* und der Lichtgeschwindigkeit *(ca. 300.000 km pro Sekunde).* Jede elektromagnetische Welle bewegt sich mit Lichtgeschwindigkeit, daher umkreisen die Radiowellen der Gewitter die Erde in einer Sekunde knapp 8 Mal und ergeben damit die *Schumann-Frequenz* von durchschnittlich 7,8 Hz.

Dies ist die Resonanzfrequenz der Erde, also die Frequenz, bei der die Erde mitzuschwingen beginnt.
Jede Energieentladung zwischen Ionosphäre und Erdoberfläche, wie es z.B. bei einem Blitzschlag passiert, erzeugt als Nebenprodukt Radiowellen der Schumann-Frequenz, die mit der Erde resonanzfähig sind. Sie können daher nicht nur tief in die Erde eindringen, sondern verstärken sich dabei noch, wodurch es zur Ausbildung gewaltiger *Stehender Wellen*[86] kommt, die über lange Zeit stabil bleiben können. Derlei Wellen dringen aber nicht nur in die Erde, sondern auch in den Menschen, sowie durch alle organischen und anorganischen terrestrischen Systeme.
Unter naturrichtiger Bewegung im Sinne von Viktor Schauberger könnte man also verstehen, dass die *Stehende Welle*, die von Außen in den Organismus kommt, aus dem Organismus heraus eine analoge Gegenwelle empfängt.
Da diese gegenläufigen Wellen gleicher *Amplitude* und *Frequenz* sich immer in den *Nullpunkten (Knoten)* treffen, erzeugen sie auf ihrer Ebene einen höchsten und stabilen Ordnungszustand.

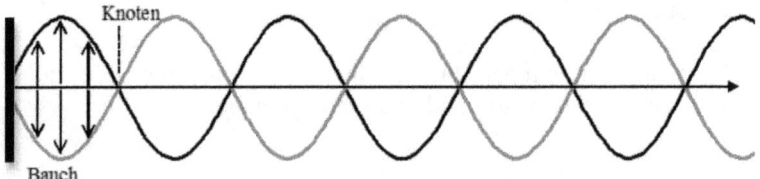

Im *In-Photonic* Chargon: Die nach unten zeigenden Amplituden-Verläufe befinden sich auf der atomar negativen Seite, wohingegen die oberen Verläufe auf der atomar postiven Seite liegen. Da die Amplituden in einem Velaufsbereich inversiv sind, entsteht immer ein neutrales Ergebnis bei der Addition des oberen und des unteren Amplitudenverlaufes, was gleichsam der Ausdruck von Harmonie ist.
Damit haben wir einen linearen Ordnungsfaktor, unter dem sich ein *geordnetes* Chaos entfalten kann.

---

[86] **Stehende Welle:** Eine stehende Welle entsteht aus der Überlagerung zweier gegenläufig fortschreitender Wellen gleicher Frequenz und gleicher Amplitude. Die Wellen können aus zwei verschiedenen Erregern stammen oder durch Reflexion einer Welle an einem Hindernis entstehen.

Die Schumann-Frequenz ist aber auch eine Resonanzfrequenz des menschlichen Gehirns. Durch Messungen der Gehirnströme eines Menschen mittels eines Elektro-Enzephalographen *(EEG)* kann man feststellen, dass das Gehirn elektromagnetische Wellen produziert, die im Bereich zwischen 1 und 40 Hertz liegen. Untersuchungen von *Prof. Dr. W. Bengston (St. Josphs College, New York)* haben sogar erwiesen, dass das Gehirn, z.B. bei Geistheilern während einer Healing-Session, bis in den Epsilon Bereich expandieren kann, der bei 200 HZ liegt!
Man unterteilt dieses Spektrum in der Medizin in insgesamt vier Bereiche, die mit unterschiedlichen Bewusstseinszuständen einhergehen:

Delta-Wellen *(1-3 Hz)* sind charakteristisch für den traumlosen Tiefschlaf und komatöse Zustände. In dieser Hirnfrequenz nehmen Kleinkinder von 0 – 2 Jahren die Welt wahr.

Theta-Wellen *(4-7 Hz)* sind charakteristisch für den Traumschlaf. Dies ist die Hirnfrequenz von Kindern zwischen 2 und 7 Jahren.

Alpha-Wellen *(8-12 Hz)* treten im entspannten Wachzustand auf, etwa in einer Meditation oder kurz vor dem Einschlafen bzw. unmittelbar nach dem Erwachen. Kinder von 7 – 10 Jahren nehmen ihre Welt in dieser Aufwachfrequenz wahr.

Beta-Wellen *(13-30 Hz)* herrschen im Wachzustand vor.

Beim Menschen liegt die Schumann-Frequenz knapp an der unteren Grenze des Alpha-Bereiches, d. h. an der Grenze zwischen Schlaf und Wachsein, zwischen 7,81 – 7,83 Hz.
Bei den meisten Säugetieren stimmt sie sogar mit der fundamentalen Gehirnfrequenz überein. Dies ist kein Zufall, sondern das Resultat einer Millionen von Jahren dauernden Anpassung an die Umweltbedingungen der Erde, was man auch Evolution nennt.
Hier aber unterscheidet sich der Mensch vom Tier, da das Tier zwanghaft der Schumann-Frequenz untergeordnet ist, was man instinktgesteuert nennt, wohingegen der Mensch durch sein

selbstbestimmtes Denken *(Intelligenz)*, sich aus seinem freien Willen mit der Schumann-Frequenz zu einer stehenden Welle überlagert *(oder auch nicht! – beides ist möglich)*.

Die Schumann-Frequenz ermöglicht es dem Menschen, mit seinem Bewusstsein in direkten Kontakt zur Erde zu treten und Informationen mit den fünf äußeren Sinne aufzunehmen, wenn sie zum Beispiel einer solchen Schumann-Welle aufgeprägt sind. Hierzu muss man natürlich einen Bewusstseinszustand erreichen, in dem das Gehirn die passenden Wellenlängen produziert, wie es z. B. in tiefer Meditation oder bei den überlieferten Ritualen vieler Naturvölker der Fall ist. Die Schumann-Frequenz ist eine dauerhafte Online-Verbindung mit dem Gehirn und sie fungiert als Überträger von Informationen!

Mit dem *CYCLING*[87] Mentaltraining, das auf den evaluierten wissenschaftlichen Erkenntnissen von *Prof. Dr. Bengston* beruht, kann man sich durch einfache Übungen mit der Schumann-Frequenz, aber auch mit der Vakuum Resonanzfrequenz *(40,805 kHz[88])* synchronisieren, wodurch man in andere Bewusstseinszustände gelangen kann, die es ermöglichen, über die innere Wahrnehmung zu sehen. Darüber hinaus ist jede *stehende Welle* eine synchrone Teilschwingung der *Vakuum-Resonanz*, die nach der *Global Scaling Theorie* eine *stehende Gravitationswelle* ist.

Damit ist sie eine skaleninvariante[89], lineare Grundordnung, die alle Ebenen des Universums durchdringt und jede *stehende Welle* ist mit ihr direkt verbunden, wobei man die *stehenden Wellen* als individuelle Fragmente der Ur-Schwingung ansehen kann.

Anders gesagt: Es sind die im Raum angelegten geometrischen Fragmente eines Fraktals, das sich auf den von Burkhard Heim[90] postulierten sechs Ebenen der Materie ausdehnt. Jede *stehende Welle* ist somit das lineare Bindeglied der kosmischen Grundordnung. Überall dort, wo diese Grundordnung vorherrscht, entsteht

---

[87] **Hendrik Hannes,** *„CYCLING – n. Prof. Dr. Bengston, Übungsbuch",* BoD Verlag Norderstedt, 2013.

[88] Wissenschaftlich evaluiert durch die *Global Scaling Theorie* nach Dr. rer. nat Hartmut Müller, siehe auch unter **www.global-scaling-institute.de**

[89] **Skaleninvarianz:** Der Begriff beschreibt die Eigenschaft eines Zustands, Vorgangs, Verhältnisses oder einer Situation, bei dem/der trotz Veränderung der Betrachtungsgrößen (Skalierung) die Eigenart oder Charakteristik inklusive seiner Eckwerte weitestgehend exakt gleich bleiben, so dass ein „selbstähnlicher" Zustand gegeben ist, der meistens gewisse Universalitätseigenschaften zeigt.

[90] Siehe unter: **www.heim-theory.com**

Harmonie in der Materie, was bedeutet, dass sie sich bei dem Versuch sich aus sich selbst ins harmonische Gleichgewicht zu bringen, nicht mehr verschleißen muss. Diese Grundordnung in Form der *stehenden Welle* wirkt wie ein Traktorstrahl, der alles von dort wo es gerade ist, dahin bringt, wo es hin soll. Das bewegte Objekt muss dabei keinerlei eigene Kraft aufwenden, was der Kunst des Gesehenlassens oder der Kraft des Nichtstuns der *konfuzianischen Lehren* entspricht.

So wollen wir beim *Mental Engineering* vorerst mit den terrestrischen *stehenden Wellen* arbeiten. Pionieren wie Tesla, dem Biophysiker *Dr. Dieter Broers* oder *Erich Körbler*[91], neben vielen weiteren anderen, ist es gelungen, technische Applikationen zu entwickeln, welche die Bereitschaft biologischer Systeme stimulieren, in ihren unterteilten Funktionskreisen *stehende Wellen* zu bilden. Eine *stehende Welle* kommt aber nur dann zustande, wenn die äußeren Parameter dies im Außen zulassen *(Störfaktoren: E-Smog, Sozio,- Geo- u. Cosmopathogene Strahlung,...).*
Die Gegenschwingung zur *stehenden Welle* kommt aus dem Inneren eines biologischen Systems und auch dort müssen die Parameter stimmen, die kausal durch Emotionen *(Freude, Angst, usw.)* oder das Denken *(Neurophysiologie, Neuroimmunologie, ...)*, sowie durch die Meridiane und Chakren reguliert werden können. Um das Denken und Handeln aus sich heraus, muss man sich selbst kümmern und ebenso um die äußere Ordnung. Über die Wichtigkeit, Kohärenz-Faktoren in sich anzureichern, habe ich ja schon ausführlich geschrieben. Es versteht sich von selbst, dass auch *stehende Wellen* Kohärenz-Faktoren sind. Bezüglich der Ordnung, die zu Kohärenz führt, möchte ich Ihnen eine von *Prof. Dr. Joie Jones* evaluierte Studie vorstellen, die er im Jahr 2000 mit überraschenden Ergebnissen veröffentlicht hat.

---

[91] *Neue Homöopathie* ist eine nicht-invasive biophysikalische Intervention am Merdiansystem durch das Setzen von *Antennen* auf Akupunkturpunkte.

Dirty Energy's & Vital Force Technology (Dr. Yuri Kronn)

Um wirklich wirkungsvolle *EnergyTools* herzustellen, muss man sich einem ganz gewichtigen Problem unserer modernen Zeit zuwenden, nämlich dem *E-Smog*. Der wissenschaftliche Beleg für die negativen Auswirkungen, sowie für die Neutralisierung von E-Smog, liegt seit 1998 vor. *Prof. Dr. Joie Jones von der University of California (Radiophysik)*, Irvine, startete zusammen mit *Dr. Yuri Kronn*, einem weltweit führenden Quanten-Strahlen-Physiker, einen Test, dessen Ergebnis eine klare Sprache spricht. Doch zuvor wollen wir uns einmal die Quellen von *Dirty Energy's* ansehen, bevor wir dazu übergehen, die wissenschaftlich evaluierten Auswirkungen zu betrachten. Unter *Dirty Energy's* versteht man dabei alle naturwidrigen Felder, die sich negativ auf naturrichtige Felder auswirken, die dem Leben zur Evolution dienen.

Die wohl bekanntesten destruktiven Felder entstehen bei der Nutzung künstlich erzeugter elektromagnetischer Felder. Man verwendet fast ausschließlich Wechselstrom, der einen Streuverlust von mehr als 30% hat und der gegen die Bewegung der Natur gerichtet ist. Die in der Natur hauptsächlich vorliegende Energie ist gerichtet und *zentripedal*, - also nach innen gerichtet *(Implosion)*. Dem entgegen verwendet der Mensch Wechselstrom, der *zentrifugal*, also nach außen gerichtet, explosionsartig wirkt und dabei Druck- und Stoßwellen aussendet, welche die Materie in ihren Grundmanifesten erschüttern. Alles ist in einem komplexen Kettenschwingungsfeld verwoben und alles reagiert miteinander. Je mehr naturwidrige Felder miteinander interagieren, desto mehr entsteht eine Art *Intelligenz des Untergangs*, denn wenn negative Felder miteinender interagieren, gehen nur schwerlich Felder mit einer positiven Wirkung daraus hervor, was zu einer negativen Eigendynamik und kumulativen Effekten führt. Diese naturwidrigen elektrischen Felder stehen auf der negativen Seite der atomaren Energien, was wichtig für das Verständnis zu *In-Photonic* ist, weil mit dieser Photonen-Technologie, eine positive Inversion zu den negativen Potenzialen hergestellt wird, wodurch sich das Kettenschwingungssystem wieder zur Norm der Natur austariert.

Ist ein System nun in seiner Harmonie, dann wird daraus ein Pool an *Z-Bosonen*, die das System über die Initiierung der Autoregulation in die optimale Seinsform bringen. Negative elektrische Gleich- und Wechselfelder sind jedoch Antagonisten von Harmonie und so waren sie auch ein Problem bei der *Vital Force Technology* von Dr. Yuri Kronn.

Mit seinem Plasmagenerator war es ihm gelungen, die *subtilen Signaturen* eines elektromagnetischen Feldes abzuscheiden, sie zur Norm der Natur zu reinigen um sie dann in ein kristallines Medium zu infundieren.

Das heißt, er arbeitet mit sehr feinen Energiefeldern, die zwar nicht mit *(elektro-)*magnetischen Feldern wechselwirken, jedoch in ihrer Wirkung dadurch beschnitten werden, dass die E-Smog-Matrix so verdichtet ist, dass sich das System auf dieser Ebene nicht der subtilen Bewegung anpassen kann.

Die negativen Gleich-/Wechsel-Felder sind die populärsten Faktoren, welche destruktiv auf ein System einwirken.

Für diesen Part hat Kronn zusammen mit Joie Jones und der russischen Teilchenphysikerin und *Cosmo Energetic* Großmeisterin, *Marina Zaparozeths*, eine revolutionäre Lösung entwickelt, auf die ich nachfolgend noch eingehe.

Dennoch brachte diese Lösung, die im Außen ähnlich wie *In-Photonic*, eine Säuberung erbrachte, noch nicht den gewünschten Erfolg. - Warum? – Das System war nicht in der Lage den höheren, subtilen Impulsen zu folgen!

Das ist in etwa so, als würde man einem Erstklässler beim Spielen Integrale erklären wollen. Und ganz anders gesehen:

Wenn es in einer Wohnung in einem Haus in einer Strasse sehr rein und sauber ist, so bedeutet das nicht, dass damit auch die anderen Wohnungen, das Haus oder die Strasse, ebenso sauber sind! - So ist es auch beim Menschen und so kommen wir zu einer anderen, eher unbekannten Form des E-Smog's, den *soziopathogenen* Feldern, die aus Ängsten, negativen Denkmustern und grausamen Emotional-Verträgen bestehen. Durch Konditionierung haben Männer wie Frauen, nur die graue Gehirnmasse[92]

---

[92] Die **graue Substanz** umfasst diejenigen Teile des Zentralnervensystems, die sich aus Zellkörpern (Perikarya) von Neuronen zusammensetzen. Ihr histologisches Gegenteil ist die weiße Substanz, die Gesamtheit aller Nervenzellfortsätze (Axone) des Zentralnervensystems. Oberflächliche Bereiche grauer Substanz bezeichnet man als "Rinde" (Cortex), tiefe, von weißer Substanz umgebene Bereiche als "Kerne" (Nuclei).

aktiviert und schenken ihr fast die gesamte Aufmerksamkeit. Die graue Hirnmasse ist bei Männern etwa um das 7fache mehr vorhanden als bei Frauen, die dafür etwa die 10fache weiße Substanz haben, die für die spirituellen Werte, das Bewusstsein und eines kollektiven Denkens steht. - Der grauen Substanz hingegen entspringen alle Konflikte[93], weil sie nur auf sich selbst gerichtet ist *(bipolare Kommunikation = seperatives Denken)*.
Da der Mensch einen freien Willen hat, kann er sich aussuchen, welchen Teil seiner Hirnsubstanz er nun expandieren möchte.

Die Entstehung soziopathogener Felder ist also eine Frage der Entscheidung und des selbstbestimmten, bewussten Denkens des Einzelnen. Insbesondere den naturwidrigen Feldern aus dem Denken, kann man aus eigener Kraft entgegenstehen und dies ist auch dringend erforderlich, - immerhin hat der Mensch als Beobachter der Schöpfung eine existenzielle Aufgabe, - für die gesamte Schöpfung!

Aus diesem Grunde ist das Mentaltraining mit *CYCLING*[94] eine primäre Grundvoraussetzung für das *Mental Engineering*, bei dem das Gehirn das eigentliche Werkzeug ist.
Doch, - keine Sorge. Ich habe die Lehrmethode durch mein kognitives Lehrkonzept so optimiert, dass man schon nach zwei Tagen erfolgreich *CYCELN* kann, was im Normalfall 2 – 3 Monate oder noch länger dauern würde.

Die dritte Quelle negativer Gleich-/Wechselfelder sind die geopathogenen Felder, die infolge von Veränderungen des Erdkerns entstehen. In den Jahren 1991 und 1993 wurden erstmals kosmische Partikelströme gemessen, die um das 1.000.000fache höher lagen, als alles was bis dahin je gemessen wurde. Der Schluss liegt nahe, dass sich dadurch der Erdkern aufgeheizt hat. Durch die nach außen abgegebene Wärme entstanden Risse in den Erdschichten, durch welche gefährliche Strahlen austreten, die auf der negativen atomaren Seite liegen. Das sind die Faktoren aus dem Inneren der Erde.

---

[93] Scientific American, *The Brian's Dark Energy*, 2010.
[94] **Hendrik Hannes:** *CYCLING n. Prof. Dr. Bengston, - Übungsbuch*, BoD Verlag, 2012.

Die äußeren Faktoren bestehen darin, dass der Energiefluss auf der Erdoberfläche durch Gebäude, Veränderungen der Flussläufe, Untertagebau, anthropogene Eingriffe in den Wasser-, Stoff- und Luftkreislauf, sowie Rodungen[95] u.v.m., destruktiv verändert wird. Wir sind eingebettet in dieses Feld der *(Un-)* Ordnung, woran wir nichts ändern können. Wir können nur an uns etwas ändern, nämlich durch unser Denken. Wenn wir durch unser selbstbestimmtes Denken dem Objekt der Beobachtung eine hohe Ordnung andienen, so kann Heilung auf allen Ebenen geschehen.

So sind die *EnergyTools* im Grunde nichts anderes, als geeignete Objekte einer hohen funktionellen Ordnung, in die eine Kopie des Ordnungszustandes, der durch den Geist als Metawesen von Gefühl, Wissen und Ahnung über das bewusste Denken des Beobachters entsteht, infundiert und aktiviert wird.

Beim *Mental Engineering* erlernt man daher, wie man sich vor allem vor soziopathogenen Feldern schützen kann, wobei die Photonenemissionen aus *In-Photonic,* dem Wesen die Tore zur weißen Substanz des Hirns öffnen, die durch *CYCLING* so stark und schnell aktiviert wird, dass den Teilnehmern oftmals schwindlig wird und sie in einen Zustand tiefer Transzendenz verfallen. Übrigens ist meine Lehrmethode zu *CYCLING* ebenfalls multidimensional was bedeutet, dass ich unterschiedlich verdichtete Energien beim Erlernen zum Einsatz bringe, wie z.B. die Schumann-Frequenz, subtile *Cosmo Energetic*[96] Signaturen, Klänge und skalare Felder[97].

Eine vierte Quelle negativer Felder unterschiedlichster Verdichtungsgrade ist die kosmische Strahlung. Sie nimmt mit dem schwindenden Erdmagnetfeld immer mehr zu und wirkt sich auch auf das globale Klima aus. Entgegen der klimawissenschaftlichen Meinung bilden sich Wolken aus *Konsdensationskeimen*, die durch kosmische Strahlung entstehen[98]. Eben in den Jahren 1991 und 1993 entstand innerhalb des *Van-Allen-Gürtels* ein

---

[95] Mehr als 50% aller Bäume weltweit sind bereits der Schlagaxt zum Opfer gefallen!

[96] **Hendrik Hannes,** *CEM – Cosmo Energetic Matrix*, BoD Verlag Norderstedt, 2010.

[97] **Hendrik Hannes,** *Functional Correctors, Sergej Koltsov*, BoD Verlag, 2011, 2. Auflage.

[98] **Henrik Svensmark**, Royal Astronomical Society, *Did exploding stars help life on Earth to thrive?,* 4-2012

Anti-Protonen[99] Gürtel um die Erde, welcher in heftigen Austauschreaktionen zum inneren Protonen-Gürtel des Erdkerns steht. Doch möchte ich darauf nicht weiter eingehen, weil diese Felder aus der Natur heraus entstehen und daher folgerichtig sind. Sie wollen die terrestrischen biologischen Systeme in eine andere Ordnung bringen. Weil diese jedoch in einem starren und hoch verdichteten Umfeld niederer, naturwidriger Ordnung verweilen, können sie den Impulsen der Evolution nicht folgen.
Nur mit der Kraft des selbstbestimmten Denkens ist es möglich, eine höhere Ordnung zu erschaffen, um sich aus den Fängen der Trägheit zu befreien.

Ich denke, dass es durchaus sinnvoll ist, die einzelnen Bereiche von *Dirty Energy's* kurz zu beleuchten, wobei ich mich auf die Kausalität beziehen will und nicht in die Tiefe der Wirkung abdriften möchte. Damit möchte ich auf Joie Jones Experiment übergehen. *Prof. Joie Jones* ist der wissenschaftliche Berater des US Präsidenten und Leiter der Abteilung für Radiophysik an der University of California. Im Jahr 1998 wollte er einen wissenschaftlich evaluierten Nachweis für die Heilwirkung von Prana-Energien[100] erbringen. Doch es sollte etwas ganz anderes dabei herauskommen, als er ursprünglich geplant hat. Man sieht: *Der Mensch denkt, - Gott lenkt.*

Um seiner ursprünglichen Intention zu folgen, rekrutierte er 1998 auf einen Prana-Kongress in Indien zehn Prana-Heiler für sein Experiment. Das Experiment sah vor, dass Jones in seinem Labor in Kalifornien Petri-Schalen mit lebenden Zellkulturen ansetzte, die er dann mit Gamma-Strahlen beschießen wollte. Vor dem Beschuss wurden die Pranaheiler kontaktiert, damit diese ihre Heilenergien zum Schutze der Zellen geben würden. Prof. Jones ging davon aus, dass die Heilenergien einen Großteil, wenn nicht sogar alle Zellen, vor radioaktiver Kontamination und dem daraus resultierenden Tod schützen würden, - doch es kam

---

[99] **Giuliana Conforto**, *Das Sonnenkind – Von der Geburt der inneren Sonne*, Genius Verlag, 2013

[100] **JOIE P. JONES**, Professor of Radiology, University of California, Irvine **& D. P. O'Hara & K. Elrod**, University of California, Irvine: Quantitative Evaluation of Pranic Healing Using Radiation of Cells in Culture

anders als erwartet. Beim ersten Versuch starben 100% der bestrahlten Zellen und auch wenn Jones dies nicht glauben wollte, wiederholte sich das negative Ergebnis noch viele weitere Male. Man begann mit der Ursachensuche und man wurde fündig. – Das Labor war energetisch verunreinigt von *Dirty Energy's*, die verhindert haben, dass sich die Heilenergien in den Zellen auswirken konnten. Nachdem man nun wusste, was die Ursache war, hat man drei der Prana-Heiler nach Kalifornien geholt, damit sie das Labor energetisch reinigten.

Es dauerte drei Wochen lang, bis sie mit der energetischen Reinigung fertig waren. Nun wurde der Versuch wiederholt und es stellten sich die Ergebnisse ein, die Prof. Jones erwartet hatte. Beim ersten Versuch überlebten 88% der bestrahlten Zellen. Als Referenz wurde der Versuch dann in einem ungereinigten neuen Labor gemacht.

Hierbei überlebten dank der Prana-Heiler 10% der Zellen. Und eine dritte Versuchsreihe wurde in einem ungereinigten Labor gefahren, bei dem nicht eine einzige Zelle überlebte[101].

"Gereinigtes Labor"	"Neues Labor"	"Dirty lab"
...durch die Prana-Energien eines Geistheilers	... ein neues Labor mit herkömmlicher Reinigung, ohne Prana Energien	... in dem z.B. Tierversuche gemacht werden oder pathogene Erreger gezüchtet werden.
Überlebensrate = 88% Vers uchstage = 854	= 10% = 150	= 0% = 150

In der Tabelle werden die Anzahl der Versuche genannt, die immer wieder dasselbe Ergebnis aufwiesen, wodurch sich eine wissenschaftliche Evaluierung ergab.

Damit wurde nicht nur erstmals die Heilkraft von Gedanken-Feldern *(hier: Prana-Energien)* wissenschaftlich bewiesen, sondern auch, dass Heilung nur in energetisch gereinigten Sphären stattfinden kann. Im Jahr 2000 gesellte sich die *Como Energetic* Großmeisterin Marina zu den Forschungen dazu, weil sie es

---

[101] Quelle: *New Understanding on the Effects of Energetic Pollution on the Healing Process and Solutions made possible with Vital Force Technology by Dr. Yury Kronn. Experimetal conformed by Prof. Dr. Joie Jones, University of California, Irvine, CA.*

vermag, Energie nicht nur zu sehen, sondern diese auch mit *cosmoenergetischen* Kanälen zu steuern.
So wurden in Kooperation mit Prof. Jones, Dr. Kronn und Marina, *cosmoenergetische* Signaturen konfiguriert, die im Stande waren, sämtliche *Dirty Energy's* in sekundenschnelle zu neutralisieren. Marina prägte Ihre Signaturen auf Kaliumchlorid, das danach im Wasser aufgelöst und versprüht wurde. Bereits beim ersten Versuch mit dieser Lösung, die sich *CleanSweep* nennt, überlebten 93% der Zellen! – Ein echter Fortschritt, denn wer kann es sich schon erlauben, drei Prana-Heiler über Wochen mit der energetischen Reinigung zu beauftragen? –
Da diese Studie nur sehr wenigen bekannt ist, wird diesem Umstand bei der Erstellung von *EnergyTools* kaum eine Bedeutung beigemessen, weswegen die meisten Tools zwar wirken aber keine Wirkung zeigen, weil dort wo eine wahrnehmbare Bewegung in der Materie statt finden soll, Starre vorherrscht, die jede Bewegung zum Stillstand bringt!

Die Antwort darauf hat der Quanten-Strahlen-Physiker, Dr. Yuri Kronn, welcher bereits in den 60er Jahren an der *Akademie der Wissenschaften in Gorky*, die Abteilung für Strahlphysik von seinem weltbekannten Vorgänger, *Prof. Dr. A. A. Andronov*, nach seinem Ableben übernahm. Mehr als 40 Jahre führte Dr. Kronn seine Arbeiten weiter, um am Ende die *Vital-Force-Technology (VFT)*[102] darauf zu begründen.
Er hat ein hoch kompliziertes Verfahren entwickelt, wie er diese Prana- oder Chi- Energien speichern und aktivieren kann.
Nach dem heutigen Stand der Wissenschaft kann man davon ausgehen, dass es mit der *VFT-Technologie* möglich ist, Initiatoren der schwachen Gleich-/Wechselwirkung *(positive, schwache nukleare Kräfte)* einerseits aus einem bestehenden Schwingungsmuster heraus zu extrahieren, um sie in kristallinen Strukturen zu hinterlegen. Das kristalline Speichermedium ist deshalb am besten geeignet, weil Kristalle aus einer *Elementarzelle*[103] beste-

---

[102] **Hendrik Hannes:** *Zelle gesund – Mensch gesund*, ehlers Verlag Wolfratshausen, 2. Aufl., 2012.

[103] **Elementarzelle:** Den gesamten Kristall kann man sich aufgebaut denken aus der Verschiebung der Elementarzelle in alle drei Richtungen des Kristallgitters. Die Überdeckung des Raumes durch die Elementarzellen ist lückenlos und überlappungsfrei. Die zweidimensionale Entsprechung in der Oberflächenkristallographie ist die Elementarmasche.

hen, die sich periodisch im 3-dimensionalen Raum aneinanderreiht *(Periodizität der Struktur)*, woraus sich ein Punktgitter bildet, das man *Kristallgitter* nennt. Aus einem derart beschaffenen Kristallgitter entsteht Kohärenz, - eine Ordnungsschwingung, die ihr Umfeld zu ordnen vermag.
Diese räumliche Anordnung geht lückenlos ineinander über, was ein Kriterium von kristallinen Strukturen ist, wobei der Bergkristall (SiO_2) die stabilste Form wegen seiner Eigenschaft im gesamten Spektrum des Lichtes zu schwingen darstellt.
Entstehen jedoch bei der räumlichen Anordnung Lücken, so spricht man von *amorphen Strukturen*, wie dies z.B. bei Natrium, Calcium oder Kalium, aber auch bei Fensterscheiben der Fall ist. Daher ist der Bergkristall durchlässig für das gesamte Lichtspektrum, wohingegen das Fenster nur bedingt lichtdurchlässig ist, insbesondere was das Violett-Spektrum betrifft.
Weist ein Kristall Einschlüsse auf, so besitzt er nur eine *teilkristalline Struktur* und ist daher nur eingeschränkt als Speichermedium geeignet, weswegen für Speicherzwecke ausschließlich synthetische Kristalle verwendet werden sollten.

Die *VFT Technologie* bietet ein breites Spektrum an subtilen Energiemustern, die einer selektiven Schwerpunktwirkung zugeordnet werden, wobei für das *Mental Engineering* jedoch nur das *CleanSweep* verwendet wird.
Als Kronn seine Technologie entwickelt hat, wusste man noch nichts von den Bosonen und ihrer Wirkung in der Materie. Mit dem Wissen um die Bosonen, wird das selektive Verfahren der *VFT Technologie* obsolet. Anstatt eines hochkomplizierten Plasmagenerators braucht man zur Erzeugung, insbesondere von hochaktiven Z-Bosonen, nur noch eine 2-tägige Mentalschulung und etwas Übung sowie *CleanSweep*. Natürlich kann man das äußere Umfeld auch Kraft seiner Gedanken reinigen, doch wenn schon drei geschulte Prana-Heiler mehr als drei Monate zum säubern der Raumsphäre benötigen, wie lange braucht dann ein einzelner Ungeübter?! -

Hier kann man die Intention des *Mental Engineerings* erkennen, die sich für alles öffnet, was einer höheren Ordnung dient und daher niemals *perfekt* sein kann. Alles, was den Anspruch stellt perfekt zu sein, hört damit automatisch auf zu werden und geht dadurch von der Bewegung in die Starre. Ein fataler Zustand in einem Universum, das in dauernder Bewegung und Veränderung ist, womit wir wieder zu *In-Photonic* kommen, das quasi der Kern der Veränderung ist. Die Photonen sind nicht nur die Initiatoren von Elektromagnetismus! – Sie sind auch die Gleichrichter des terrestrisch-solaren *Spins*.

Alle Teilchen, welche die Materie ausmachen rotieren *(links-/rechtsdrehend)* mit einer gewissen Geschwindigkeit um eine geneigte Achse, die man *Spin* nennt. Egal, welchen Verdichtungsgrad die Teilchen auch haben mögen, sie haben alle einen *Spin*. Harmonie lässt sich nur erreichen, wenn die *Spins* einer Verlaufskaskade in allen Verdichtungsgraden, die gleiche Ausrichtung und Rotation haben. Der *Spin* hat keine invariante Wirkung und unterliegt den Verhältnissen auf jeder energetischen Verdichtungsebe.

Das Photon hingegen hat eine invariante[104] Wirkung, mit der es die *Spins* der energetischen Verdichtungskaskade synchronisieren kann.

Jede Form von terrestrischer Materie ist im Grunde nichts anderes, als hoch geordnete Sonnenenergie und Materie, die durch den *Sonnen-Spin* konfiguriert wird. Da die Sonne jedoch jede Sekunde mehr Energie und Masse abgibt als die Erde seit ihrem Bestehen, verändern sich die energetischen Parameter auf ihr permanent, was sich natürlich auch auf den *Spin* auswirkt.

So verstehe ich unter Evolution, die Fähigkeit solarterrestrischer Systeme, sich den Veränderungen des *Sonnen-Spins* anzupassen. Um sich anpassen zu können, benötigt ein System Lebensenergie.

Über die Komprimierung von Photonen durch *In-Photonic*, erhält die Zelle daher nicht nur Lebensenergie, sondern auch eine *Spin-Anpassung*, was sich u.a. in den Bewegungen auf der atomaren Molekülebene wieder spiegelt. Egal mit welchen Energieverdichtungen man beim *Mental-Engineering* auch arbeitet, das kohärente Licht bewirkt eine invariante *Spin-Anpassung* auf allen Ebenen, wodurch Synchronizität entsteht.

---

[104] **Invarianz** ist die Unveränderlichkeit von Größen oder Gesetzmäßigkeiten, die in allen Betrachtungsebenen gleich gültig bleiben, wie auf der Ebene, auf der man beobachtet.

SKALARFELDER (SERGEJ KOLTSOV)

Im Jahr 2011 widmete ich mich der *Skalarfeldtechnologie* vom Raketenbauer *Sergej Koltsov* der mit der russischen Staatsuniversität in Moskau assoziiert ist.
Er war maßgeblich an der Entwicklung der russischen *Buran* Rakete in leitender Funktion beteiligt. Sein Schwerpunkt lag darin, innerhalb des Raumschiffes, für die Astronauten mit seiner *Skalarfeldtechnologie* eine überlebensfähige Biosphäre während ihres Weltraumaufenthaltes zu errichten.
Eine sehr interessante Aufgabe, denn er arbeitet hierbei mit völlig atypischen Feldern, die ebenso wie das kohärente Licht eine fundamentale Wirkung in der Materie haben. Doch lassen sie uns zunächst ansehen, was ein *skalares Feld* eigentlich ist.

Ist jedem Ort in einer Raumregion während eines gewissen Zeitraums zu jedem Moment ein bestimmter Wert einer gegebenen physikalischen Größe zugeordnet, so sprechen Physiker von einem Feld der betreffenden Größe. Lässt sich die Größe durch einen einzigen Zahlenwert beschreiben, dann handelt es sich um ein *Skalarfeld*. Summieren sich in einer Wellenfunktion die Vektoren, so multiplizieren sie sich in einem skalaren Feld.
Beispiele für *Skalarfelder* sind z.B. das *Temperaturfeld*, das jedem Ort im Raum die Temperatur der dort befindlichen Materie zuordnet, oder ein *Gravitationspotential*[105].

Ein Beispiel für ein Feld, das kein Skalarfeld ist, ist das Gravitationsfeld - bei diesem Feld ist jedem Ort nicht nur ein Zahlenwert *(die Stärke der Gravitationskraft)* sondern zusätzlich noch eine Richtung zugeordnet *(die Richtung der Gravitationskraft, vgl. Vektorfeld[106])*.

Im Rahmen der *Allgemeinen Relativitätstheorie* ist der Begriff des *Skalarfeldes* noch enger gefasst - dort wird z.B. noch unterschie-

---

[105] *Gravitationspotenzial*: Gesamtenergie E ist die Summe der kinetischen und der potentiellen Energie E = KE + PE . Die Gesamtenergie bleibt erhalten. Wenn die kinetische Energie zunimmt, nimmt die potentielle Energie um den gleichen Betrag ab und umgekehrt.
[106] *Vektorfeld*: In der mehrdimensionalen Analysis und der Differentialgeometrie ist ein Vektorfeld eine Funktion, die jedem Punkt eines Raumes einen Vektor zuordnet.

den, ob es sich bei der betreffenden Größe um eine Dichte handelt, bei deren Definition die Volumenmessung *(und damit die Raumgeometrie)* eine Rolle spielt, oder nicht.

Noch einmal anders: Es gibt zwei unterschiedliche Wellen-Formen. Da gibt es die allseits bekannten *Transversalwellen*, die sog. *Querwellen*, die man so nennt weil sie quer zum *Feldzeiger* stehen[107] und die *Longitudinal-Wellen*, die im Gegenstz zu den Querwellen eine konstante Geschwindigkeit haben und sich in Richtung des Feldzeigers ausbreiten.
Diese beiden unterschiedlichen Wellen-Typen stehen senkrecht aufeinander. Entdeckt wurden die Transversalwellen im Jahr 1888 von *Heinrich Herz*, was zu Quantensprüngen in der Physik führte und zur Spezifizierung der Welleneigenschaften.
So entdeckte er die ultra Langwellen *(z.B. Schumann-Welle)*, VLF, Ultrakurzwellen *(UKW)*, die Wärmestrahlung *(Infrarot)*, Lichtwellen, Ultraviolett-, Röntgen- und kosmische Strahlung.
Nikolai Tesla beschäftigte sich mit den Wellen aus dem Langwellenbereich, wohingegen sich *Max Planck* der Wärmestrahlung verschrieb und *Maxwell* versuchte sich an den Lichtwellen, die er mit seiner *Maxwell Gleichung* zu beschreiben versuchte. Hierbei stieß er auf ein Phänomen, nämlich der *Quantisierung*[108] des Lichts. Das heißt, dass das Licht sich sowohl als transversale, als auch als longitudinale Welle ausbreitet, was zu enormen Irritationen führte. So war es *Heisenberg*, der alles in einem Topf verrührte und den Zustand der Wellenbewegung von der *Schärfe* oder *Unschärfe* der Beobachtung abhängig machte. Dadurch konnte man weiterhin Rechenmodelle entwerfen, die jedoch um den Kern der Wahrheit herumführen. Betrachtet man jedoch die Wellengleichungen von *Pierre-Simon Laplace*, so finden sich dort beide Wellen beschrieben wieder, was folgerichtig ist, denn die beiden Wellen können von einander unabhängig nicht existieren, - sie bedingen einander und haben unterschiedliche Funktionen in einer gemeinsamen Wirkung.

---

[107] Prof. Dr. Ing. Konstantin Meyl, Quantenmedizin, DVD

[108] **Quantisierung** ist bei der theoretischen Beschreibung eines physikalischen Systems der Schritt, bei dem Ergebnisse, Begriffe oder Methoden der klassischen Physik so abgeändert werden, dass quantenphysikalische Beobachtungen am System richtig wiedergegeben werden. Unter anderem soll dadurch die Quantelung vieler messbarer Größen erklärt werden, z. B. das Vorliegen bestimmter, diskreter Energiewerte bei den Anregungsstufen eines Atoms.

Die Trennung führt übrigens dazu, dass man die Schadwirkung der Handy's, von UMTS, Blue Tooth und WLAN nur im *Herz'schem* Bereich sucht, wo man jedoch nicht fündig wird. Die eigentliche Schadwirkung entsteht durch die dabei abgestrahlten *Longitudinal* Wellen, über die sich übrigens auch alle Teilchen ausbreiten, was man in der Mathematik als *Skalarwelle* bezeichnet. Eine Skalarwelle ist eine gerichtete Welle, die ungerichtete Teilchen transportiert! Dass man sich dieser Wellen-Realität nicht öffnen möchte, lässt darauf schließen, dass man sich einer unangenehmen Wahrheit verweigert und damit das Leben ALLER gefährdet! Alle Wellen kommen übrigens aus der Ionosphäre, weswegen die terrestrischen Wellen eine Konstante sind. Die Mobilfunkproblematik entstand alleine nur daraus, weil das Militär einen großen Bereich aus diesem Frequenzspektrum unter seine alleinige Verfügung stellte, so dass den *normalen Menschen* nur ein kläglicher Rest zur Kommunkation zur Verfügung steht und weil der Bedarf an Kommunikationsfrequenzen mit zunehmender Technisierung steigt, müssen die Anbieter auf immer höhere Frequenzen ausweichen, so dass wir jetzt schon im Mikrowellen-Bereich *(2,45 GHz)* angekommen sind.

Diese Mikrowellen wiederum erzeugen Hitze im Wasser, allerdings nicht durch das Anregen und die damit verbundene Reibungsenergie aus den bewegten Wassermolekülen. Vielmehr bringen die Mikrowellen das Wasser in eine extreme Rotation, die noch lange nachwirkt, auch wenn die Welle nicht mehr wirksam ist! Natürlich hat das auch eine Wirkung auf den Menschen, sowie alle biologischen Systeme, die zum Großteil aus Wasser bestehen.

Nun wieder zu den *skalaren Wellen* und *Feldern*, von denen es zwei unterschiedliche Qualitäten gibt. Zum einen die natürlichen *Skaralwellen* aus der Ionosphäre und zum anderen, die vom Menschen erzeugten, die willkürlicher Natur sein können, wenn sie z.B. aus den Wechselwirkungen anthropogener Wellen entstehen. Es können aber auch, wie z.B. bei Koltsov, hochgradig geordnete Skalarfelder aus bioenergetischen Systemen erzeugt werden, die nicht nur gerichtet dem Feldzeiger folgen sondern auch die normalerweise ungerichteten Teilchen, geordnet ausrichten. Da die Transversalwellen nur Energie bewegen, bleibt jede Form von biologischer Wirkung den Longitudinal Wellen vorbehalten, - sie sind es, die eine Wirkung in biologischen Systemen erzeugen!

Heute sind wir jedoch schon ein ganzes Stück weiter. Mit der Entdeckung der *Higgs-Teilchen*[109] tauchte ein Eichboson mit fundamentaler Wirkung in der Materie auf. Nach den Worten des *CERN*[110] Direktors *Rolf-Dieter Heuer* ist das *Higgs-Boson weder Kraft noch Materie – es ist etwas anderes.*

Die Entdeckung des *Higgs-Teilchens* liefert den Einblick in einen grundlegenden Entwicklungsschritt des Universums, ohne den wir nicht existieren könnten: Vor der elektroschwachen Symmetriebrechung nämlich, bei der der *Higgs-Mechanismus* in Gang kam, waren alle Teilchen im Universum masselos und schnell wie das Licht. Wenn ein Elektron sich z.B. durch einen Kristall bewegt, zieht es die positiv geladenen Ionen an und erhält so, große effektive Masse. - In Analogie dazu kann man sich das *Higgs-Feld* vorstellen als ein hypothetisches Gitter, welches unser ganzes Universum durchzieht und so z.B. bewirkt, dass *W-/W+* und *Z-Teilchen* Masse haben.

Wenn das 2012 am CERN gefundene neue Boson wirklich das *Higgs-Teilchen* ist, dann hätten Physiker ein erstes *fundamentales Skalarfeld* nachgewiesen, - ein Feld also, das NICHT über richtungsbehaftete Vektoren beschrieben wird, sondern nur mit Werten im Raum *(ähnlich wie die Temperaturverteilung in einem Zimmer)*. Alle bekannten Felder, wie etwa das elektromagnetische Feld, ordnen jedem Punkt im Raum einen richtungsbehafteten Vektor zu[111].

Damit wäre der Nachweis des *Higgs-Bosons* mehr, als nur der eines weiteren Partikels im Teilchenzoo.

Als fundamentales Skalarfeld könnte es einen ganz neuen Bereich der Physik erschließen, was für die etablierte Lehrmei-

---

[109] **Higgs-Boson:** Das Higgs-Teilchen gehört zum Higgs-Mechanismus, einer schon in den 1960er-Jahren vorgeschlagenen Theorie, nach der alle fundamentalen Elementarteilchen (beispielsweise das Elektron) ihre Masse erst durch die Wechselwirkung mit dem allgegenwärtigen Higgs-Feld erhalten.

[110] *CERN*: Europäische Organisation für Kernforschung, ist eine Großforschungseinrichtung bei Meyrin im Kanton Genf in der Schweiz zur physikalischen Grundlagenforschung.

[111] *Bild der Wissenschaft*, Heft 11/2012, Seite 52

nung das Öffnen der *Büchse der Pandora* sein könnte, denn warum sollte das *Higgs-Teilchen* das einzige seiner Art sein?

Ein skalares Feld hat keinen *Spin*, ebenso wie das *Higgs-Boson* und deswegen auch keine Polarität, - es ist neutral und nicht spezifisch, was an das umstrittene *Nullpunkt-Feld* erinnert. In diesem Feld wandelt sich alles in seine Singularität und es entsteht Ganzheit. Alle Geist- und Energie-Heilungen können nur aus diesem Feld kommen, das auch in der spirituellen Entwicklung aller Kulturen das Zentrum der Ganzheit war, das man anstrebte. Liegt es nicht auf der Hand, dass die spirituelle Entwicklung nur darauf abzielt, das Denken so zu konditionieren, dass dadurch bestimmte Teile des Hirns aktiviert werden, um Higgs-Bosonen und andere Steuerteilchen *entstehen* zu lassen, die dann ein *Nullpunkt-Feld* initiieren, für das man viele Namen hat, wie z.B. *Nirwana* oder das *Absolute Nichts.* –
Mit *CYCLING* kann man diesen Zustand, - geübt oder ungeübt, - in nur zwei Tagen erreichen! – Ein Zeichen dafür, wie fundamental diese Mental-Methode ist, die gleichsam eine *mentale Hotline Nummer* zum *Higgs- oder Z-Boson* darstellt.

Nun aber wieder zu Koltsov und seinen skalaren, bioaktiven Feldern. Wie hat er es nun angestellt, ein kohärentes *skalares Feld* aufzubauen? – Zunächst einmal wäre die Voraussetzung für ein solches Feld, dass man einen Weg findet, aus dem Energieverlauf der Natur die Initiatoren des *Skalar-Feldes*, z.B. das *Higgs-Boson*, herbeizurufen.
Das Feld das Koltsov erzeugt, hat die Qualität eines hoch geordneten *kohärenten Biofeldes*, das sich in der Materie zur Norm der Natur auswirkt. Unsere Zellen haben eine Art Intelligenz und sie sind mit dem narzisstischen Virus geimpft, zwanghaft zu versuchen in eine höhere Ordnung zu kommen.
Der Mensch jedoch bewegt sich, ebenso wie die Astronauten, in einem vorgegebenen Biofeld einer bestimmten Ordnung und die Zelle kann nur an das Maximum dieser bestehenden Ordnung anknüpfen, - mehr geht nicht! – Nun kommt Koltsov und errichtet ein skalares Feld und impft dieses mit einer höheren Ordnung. Das Feld selbst macht nichts, es ist nur da und hält seine Tore offen. Da die Zellen kollektiv mit ihrem gesamten

Umfeld verknüpft sind, bemerken sie sofort die Möglichkeit, in eine höhere Ordnung zu kommen und setzen nun alles daran, dorthin zu kommen um durch die geöffneten Tore zu schreiten. Dies veranlasste Koltsov zu der Äußerung:

Es ist das erste Mal in der Weltgeschichte, dass ein Gerät auf Körperanomalien anspricht und die Stärke des Einflusses proportional zum Grad der Anomalie zunimmt – S. Koltsov

Leider trifft der Ausspruch von Koltsov heute nicht mehr zu, denn auch *In-Photonic* bewirkt eine regulative Potenzialverschiebungen, allerdings mit kohärentem Licht. – Schön, dass es heute schon zwei Technologien gibt, die zu positiven Ergebnissen führen, weswegen es nur sinnvoll ist, beide in *synergene* Zusammenarbeit zu bringen.

Zu den *Skalar-Feldern,* aus denen bioaktive Skalarwellen *(Längs-, Longitudinalwellen)* mit biologischer Wirkung hervorgehen, folgt nun ein kleiner geschichtlicher Abriss zur Entstehung:

Der russische Physiker, *Gennadij Nikolajev*, machte bei seinen Forschungen eine aufsehenerregende Entdeckung, die durch die *Maxwell-Gleichung*[112], welche die Erzeugung und das Verhalten von elektrischen und magnetischen Feldern beschreibt, nicht mehr beschreibbar war.
Nikolajev entwickelte ein theoretisches Modell, das *Sergej Koltsov* bei seinen Forschungen Ende 1990, in die Praxis holte. Koltsov entdeckte ein solches elektromagnetisches Feld mit der *Maxwell-Anomalie* und so begann er nach Antworten zu suchen, wobei er auf *Nikolajev's* Forschungen stieß.
In seinen Ausführungen berichtet *Nikolajev* von diesem Phänomen, das er aus seinen Forschungen entdeckte.

---

[112] Die **Maxwell-Gleichungen** von James Clerk Maxwell beschreiben die Phänomene des Elektromagnetismus. Sie sind damit ein wichtiger Teil des modernen physikalischen Weltbilds. Die Gleichungen beschreiben, wie elektrische und magnetische Felder untereinander sowie mit elektrischen Ladungen und elektrischem Strom unter gegebenen Randbedingungen zusammenhängen. Zusammen mit der Lorentzkraft erklären sie alle Phänomene der klassischen Elektrodynamik. Sie bilden daher auch die theoretische Grundlage der Optik und der Elektrotechnik.

In einem Experiment evaluierte er das Phänomen im Labortest. Dazu verwendet er einen Zylindermagneten und teilte ihn waagrecht. Dann wird ein Teil um 180 ° Grad zum anderen Teil verdreht und wieder zusammengeführt.
Dadurch erreichte er, dass sich die dipolaren Magnetfelder im Schnittbereich kompensieren. Das Vektorfeld fällt dabei auf Null, wohingegen das kumulierte Feld des Vektorpotenzials, sowie die erzeugte Spannung des dabei entstandenen Skalarfeldes *(bioaktives Feld)* maximal steigen. Wellen, welche in einen solchem Feld entstehen, nennt man *Skalarwellen (Längs- oder Longitudinalwellen)*, die bereits *Nikolai Tesla* erforscht und beschrieben hat.
Alle lebenden Systeme kommunizieren auf der Ebene der *Skalarwellen*, - sie werden von Ihnen gesteuert!

Erinnern sie sich noch an den Fall, dass + und + eine kinetische Energie der Abstoßung bewirken, die man jedoch mit einer höheren kinetischen Energie überlagern kann und die über elektroschwache Felder aus dem Inneren hervorgerufen wird? – Genau das passiert bei der Koltsov Methode.
Durch die zwanghafte Komprimierung zweier gleicher Magnet-Pole, kumuliert sich die kinetische Energie dermaßen auf, dass sie ein kritisches Maximum erreicht, wobei das Vektorfeld auf Null abfällt was sich jedoch nicht explosionsartig nach Außen entlädt, sondern nach innen.
Dabei werden als Nebenprodukt einer nach innen gerichteten kinetischen Energie, Potenzialwirbel[113] freigesetzt, die kohärente Gleichfelder erzeugen.
Da wir in einem skaleninvarianten, fraktalen Universum leben, muss sich das, was auf einer Betrachtungsebene erscheint, auch auf anderen Betrachtungsebenen wiederholen und in der Tat tut es das!

---

[113] **Konstantin Meyl:** *Potenzialwirbel*, INDEL GmbH, 1990.

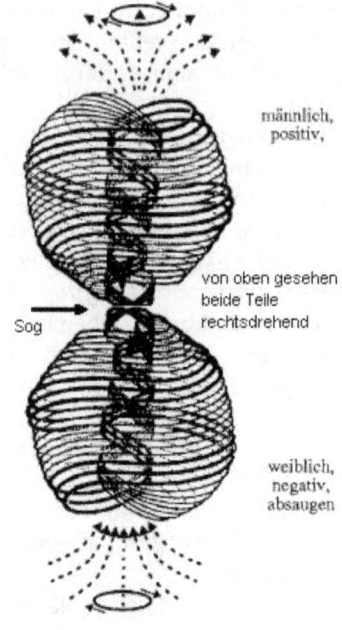

Eine perfekte Darstellung des kleinsten vorkommenden Atoms, das *Ur-Atom ANU*. Dabei handelt es sich um ein Links- und Rechtsdrehendes, in sich geschlossenes Wirbelsystem, das genau so funktioniert wie die Chakren: Rechtsdrehend, weiblich absaugend nimmt auf – *(unten)* Linksdrehend, männlich gibt ab. In der Mitte treffen zwei gleiche Pole, bzw. Bewegungen aufeinander, wie das auch bei den Skalarplatten von S. Koltsov der Fall ist!

Quelle: www.alle24.de, Zauberspiegel, Wissenschaft, eine modifizierte Darstellung des ANU aus der Okkulten Chemie von Charles W. Leadbeater.

Leadbeater[114] konnte diese fundamentalen Teilchen, die kleiner sind als alles, was man bisher entdeckt hat, durch eine *geheime Mentalschule (Prana Vidya)* sehen und dadurch schon mehr als 100 Jahre vor der Zeit postulieren. Interessanterweise gibt es nur diese Zeichnung des ANU von Leadbeater, - alle Versuche das Anu selbst zu zeichnen oder von einem erfahrenen Grafiker zu zeichnen zu lassen schlugen bislang fehl!?

Doch wie drückt sich dieses Wissen aus, wo kann man in der Natur einen Beweis für die Naturgesetzmäßigkeit finden? – Die Antwort darauf hat die NASA gegeben, ohne es jedoch zu wissen.

---

[114] *C.W.Leadbeater/Dr. A. Besant: Okkulte Chemie*, Edition Geheimes Wissen, Graz, 2008.

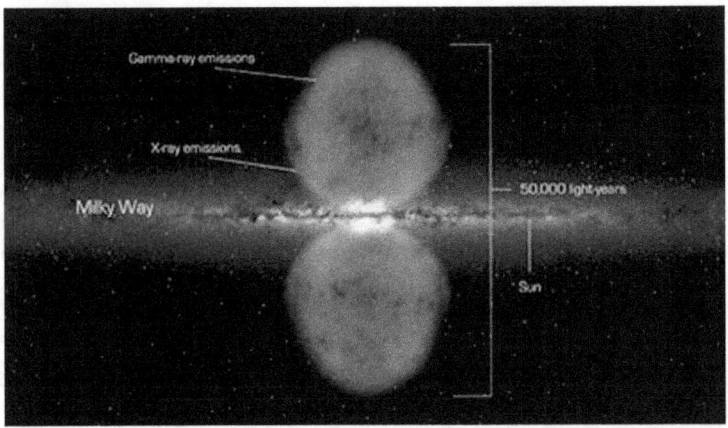

Quelle: *NASA* – Bild der Milchstrasse vom *Fermi Teleskop*, das die Gamma-Strahlensignaturen beobachtet. Ein Phänomen, das die Wissenschaft nicht zu deuten weiß!

Dort, wo im *Uratom-Modell* die beiden gleichen Pole aufeinandertreffen entsteht Materie, - die Milchstrasse, - und zwar nur in diesem Bereich! Materie kann jedoch nur dann entstehen, wenn es eine lineare Grundordnung gibt, aus der die Gesetzmäßigkeiten stabiler Materieverdichtung als eine Art virtueller Blaupause vorliegt. Das bedeutet, dass es *morphische Felder*[115] geben muss, welche die Informationen zum Aufbau von Materie beinhalten. Die aus der Koltsov Technologie hervorgehenden *Skalarwellen* scheinen eine Brücke oder ein Türöffner zu diesem Feld zu sein, weswegen es mir wichtig war, diese Technologie in das *Mental Engineering* zu integrieren.

Da aber auch ein Skalarfeld das Produkt elektromagnetischer Schwingungen ist, wird auch dieses fundamental von den Photonen initiiert. So erschafft man mit *In-Photonic* ein vollautomatisches Licht-Kalibriersystem mit kohärenten Ordnungsstrukturen in allen Bereichen.

---

[115] **Rupert Sheldrake:** *Das Schöpferische Universum*, Ullstein Verlag, 2008

COSMO ENERGETIC

Wenn man die Quintessenz der *Kopenhagener Deutung*[116] und damit die fundamentale Stellung des *Beobachters* im Gesamtgefüge erkennt und berücksichtigt, dann ist es eigentlich nicht nötig, technische Hilfe bei der Initiierung oder Modifizierung von Energien zu verwenden.

Das einzige was der *Beobachter* braucht, ist ein gesunder und starker Glaube an seinen Sinn *(= Bewegung)* und seine Wahrheit *(= Information)*. Beides ist von Geburt an da und ebenso das Gesellschaftssystem, das es durch ein *Des*-Informationsnetzwerk verhindert, dass es eine Welt voller selbstbestimmter *Beobachter* gibt. Jeder beobachtet auf seine ganz eigene Weise, doch ... .

Die Konditionierung und die Bindung in ein *pseudo-geschlossenes System*[117] erfolgt über ein *Des*-Informationsnetzwerk, das dem *Beobachter* vorgibt, was er da gerade beobachtet. Somit dreht sich nur noch alles um das **Objekt** der Beobachtung! – Das was eigentlich wichtig ist, das ist das, was im Beobachter vorgeht wenn er das Objekt sieht und was er aus seiner Beobachtung macht.

Weil jedoch das Objekt der Beobachtung *(Medien justieren den Brennpunkt der Aufmerksamkeit = Konditionierung)* mit einer allgemeinverbindlichen Wahrheit belegt ist, für die man oft kein Gefühl der Stimmigkeit aufbauen kann, bildet man den inneren Konflikt zurück, damit er nicht mehr weh tut. Es findet eine Potenzialverschiebung statt, denn das was Innen fehlt, findet sich wieder im Außen! – Es geht nichts verloren im Universum und alles kann transformiert werden, womit wir bei *Cosmo Energetic* angelangt sind.

---

[116] Die **Kopenhagener Deutung** ist eine Interpretation der Quantenmechanik. Sie wurde um 1927 von Niels Bohr und Werner Heisenberg während ihrer Zusammenarbeit in Kopenhagen formuliert und basiert auf der von dem Nobelpreisträger Max Born vorgeschlagenen Bornschen Wahrscheinlichkeitsinterpretation der Wellenfunktion. Die Quantentheorie und diese Deutungen sind damit von erheblicher Relevanz für das naturwissenschaftliche Weltbild und dessen Naturbegriff.

[117] *Geschlossenes System (Thermodynamik):* Beim geschlossenen System werden nur die Energien (Wärme und Arbeit) betrachtet, die über die Systemgrenze fließen und dadurch mit der Änderung der inneren Energie den Zustand des Systems verändern.

Cosmo Energetic dürfte mit einer Historie, die 15.000 Jahre zurückgeht, wohl die älteste Mental-Schule sein, die heute existiert. Die wenigen *Cosmo Energetic Großmeister* die es auf der Welt gibt, sind fast ausschließlich Wissenschaftler und normalerweise ist es nicht so einfach möglich, diese Mental-Schule zu absolvieren. Es gibt keine schriftlichen Unterweisungen; diese wird nur persönlich vom Lehrer zum Schüler weitergegeben.

Ein sehr renommierter Quantenphysiker aus den USA, für den ich einmal gearbeitet habe, *Dr. Yuri Kronn*, hat mir den Einstieg zu dieser Mentaldisziplin verschafft. Nach 5 Jahren Einzelunterweisung bei meiner russischen Lehrerin, *Marina Zaparozeths*, habe ich dann angefangen, diese Methode in meine Energiearbeit einzubinden. Mein Ziel war es, einzelne *Cosmo Energetic Kanäle* initiieren zu können, die man für die Mentalprogrammierung beim *Mental Engineering* braucht, ohne dass man dafür ein mehr jähriges Studium absolvieren muss.
Um überhaupt einen *Cosmo Energetic* Kanal initiieren zu können, muss das *Energiekleid* des Empfängers gereinigt sein, die Chakren müssen richtig drehen und der Körper muss in seiner Potenzialharmonie *(Säure-Basen-Gleichgewicht)* sein!

Ich *armer Kerl* musste noch drei Monate geist-energetisch gereinigt werden und lernen, meine Chakren wahrzunehmen und zu kontrollieren. Drei Monate musste ich auf die erste Kanal Initiierung warten, - doch was beschwere ich mich! – Die buddhistischen Mönche, die vor 900 Jahren wieder angefangen haben, *Cosmo Energetic* zu erlernen, haben 30 Jahre gebraucht, um ihren ersten Kanal zu erhalten. – Doch die Zeiten haben sich geändert und auch die auf den Menschen einwirkenden Energien. Deshalb waren mir die drei Monate zu lange und ich suchte nach einem Weg, dies deutlich zu verkürzen.

Das Problem bei der *cosmoenergetischen* Reinigung ist, dass sie nur energetisch, ohne weiteres Zutun verabreicht wurde.
Wichtig ist, dass der Körper gesund und fit ist, denn die geistig-kinetische Kraft kommt aus der Zelle und noch tiefer, aus dem Atomkern. An letzterem können wir nicht bewusst arbeiten, aber an der Gesundheit unserer Zellen!

Ein übersäuerter Körper ist träge, - die Zellleistung ist schwach und es herrscht chronischer Elektronen-Mangel wobei die vorhandenen Elektronen *gebremst* werden, was die Photonen entarten lässt und es entsteht ein Mangel an geordnetem Licht! Die Zellen sind mit dem Überleben beschäftigt, - sorry, - keine Zeit für Evolution!

Da die marktüblichen Mittel zu Säure-/Basen-Regulation für mich zu oberflächlich und träge waren, entwickelte ich mit einem Freund vor vielen Jahren die *Hannes Kolloide*[118], die hohe Elektronen Potenziale retardiert im Organismus abgeben. Intrazellulär übernimmt eine *Hydroxid-Ionen Lösung* die S-/B-Regulation, wodurch die Zellleistung sich akut verbessert. Nun hat man zwar den Organismus mit Elektronen angereichert, doch die Verunreinigungen im Gewebe die zu einer *Elektronenbremsung* führen, sind nach wie vor vorhanden und so würden die zugeführten Elektronen-Potenziale sich nur sub-optimal auswirken können. Parallel zu den *Kolloiden* wurde daher eine sehr spezielle Soja-Saponin-Emulsion *(Mental Energy)* hergestellt, mit der man den Umfang der *Elektronenbremsung* drastisch reduzieren konnte. Lipide haben durch ihre Einfach- und Doppelbindungen an das C-Atom die Funktion einer Hochleistungsantenne, deren Sende- und Empfangsspektrum abhangig von den C-Atombindungen ist. Die lipidartigen Soja-Saponine, die wir mehr aus Zufall fanden, haben eine sehr schwache Wirkung auf die Oberflächenspannung und scheinen der *Elektronenbremsung* so effizient beggnen zu können, so dass sich der Lichtumsatz deutlich verbessert, was Bioressonanz-Messungen aber auch die fühlbare Vitalität bestätgten.

Gutes Wasser rundet das Grundprogramm ab. Am besten nur viel Wasser und Kräuter Tee trinken, wenig Kohlehydrate, dafür aber hochwertige Fette und Proteine, wenig, am besten gar kein Fleisch und wenn, dann nur weißes Fleisch, dafür aber Salate, Smooties, Gemüse und Obst und, ach ja, - richtig Atmen und ausreichend Bewegung nicht vergessen.

---

[118] Meine Neue NEM und das Buch dazu, „*Zelle gesund – Mensch gesund*" gibt es bei naturwissen in Wolfratshausen, www.natur-wissen.com

Ja, im Bereich des Körpers muss man selbst aktiv werden, das stärkt den Willen und den Geist. Wenn Sie mit Energien arbeiten, dann vergessen sie nicht, dass sie als *Beobachter* auch ein Kanal für die Energien sind, die sie gerade beobachten. Wie soll man seine Wahrnehmung finden, wenn der Kanal für Energien verschlackt und unaufgeräumt ist.
Will man sich den Heilenergien so als Kanal anbieten? –
Jetzt die gute Nachricht: Die Chakren-Arbeit fällt aus! –
Alleine dadurch, dass man bewusst an der Gesundheit seines Körpers arbeitet, neutralisieren sich eine Vielzahl von Blockaden, was den Chakren wieder mehr Schwung gibt.
Die geistig-seelische Entgiftung vollzieht sich während des *CYCLING's* ganz von selbst, da man am 2. Tag im *NICHTS* aufgeht und gereinigt daraus zurückkehrt; - der Erfolg ist aber temporär begrenzt und muss durch Willensausübung täglich wiederholt werden, - doch für eine fundamentale *Cosmo Energetic* Initiierung, die etwa 30 Minuten dauert, ein optimaler Zeitpunkt.

Einer der Kanäle für das *Mental Engineering* ist dafür da, um eine Informationsbrücke von einem bestehenden Objekt auf ein zu ladendes Objekt der eigenen Wahl zu übertragen. So kann man z.B. das Informationsfeld einer Homöopathie in ein Glas Wasser kopieren, oder aber in ein skalares Feld, ...

Der andere Kanal ist ein Reinigungskanal, mit dem man Gegenstände, Speisen, Gebäude und/oder größere Areale reinigen kann, im Sinne von Löschung aller schädlichen Informationen. Upps, - Löschen geht nicht! – Mit den Mitteln, welche den *mageren* 4% der beobachtbaren Materie zur Verfügung stehen geht das natürlich nicht! – Doch mit *Cosmo Energetic* arbeitet man aus den 96% der *Dunklen Materie* und *Energie* heraus, weswegen es möglich ist, wenn die Konzentrationskraft des Beobachters eine geschulte Tiefe hat.
Diese beiden Kanäle schienen mir als die wichtigsten die man haben sollte, wenn man mit Energie arbeiten möchte.
Was die Wirkweise dieser besonderen Kanäle betrifft, so trifft am ehesten die Erklärung zu, dass sie nur schwache Felder

initiieren, da sie ein Ordnungsfaktor der unerforschten 96% des Universums sind, der *Dunklen Energie* und *Materie*[119], aus der die 4% der sichtbaren Materie hervorgehen, wovon wir noch nicht einmal 1% beobachtet, geschweige denn verstanden haben. Eine theosophische Einweisung in die *Kosmogonie* kann man aus dem Buch: *Das Urantia Buch* von der *Urantia Foundation* erhalten, wenn man sich dafür tiefergehend interessiert.
Diese beiden Kanäle jedenfalls sind bei der Arbeit sehr hilfreich, weil sie ein hohes Maß an selbstbestimmter Kreativität möglich machen. Zudem eröffnen sie einen Einblick in die *Cosmo Energetic* Mentaldynamik, die man auch intensivieren kann.

Mental Engineering ist mehr als nur ein neuer Beruf, - es ist eine Berufung, die direkt zu den Ursprüngen des individuellen Seins führt. Wir verwenden dabei nicht nur eine Methode oder nur eine Form der Energie. - Es werden alle Formen von Energie verwendet, die es heute gibt, um auf möglichst vielen Ebenen der Kaskade des Energieverlaufes Synchronizität zu erzeugen.
Das fundamentale Tool, was dafür zur Verfügung steht, ist die *In-Photonic Technologie*, die nicht nur den Beobachter in einen höchst geordneten Zustand bringt, sondern auch das Umfeld, - die Biosphäre des Beobachters. So entstehen in Mitten der Unordnung, viele einzelne Felder der Ordnung und damit eine neue Basis, aus der Früchte der Ordnung hervorgehen, - ein neues Zeitalter, mit einer neuen Wahrnehmung, die zu einem ebenfalls neuen und harmonischen Zusammenleben führt.

Um Effizient zu sein, muss man den Verlauf, bzw. das Schema der Energiekaskade verstehen, in der man positive Veränderungen erwirken möchte. Dazu kann man die *graue Substanz* benutzen und zu rechnen anfangen oder man aktiviert die *weiße Substanz* und lernt aus dem Inneren zu sehen, was ich als *morphogenes Sehen* bezeichne. Einfach gesagt, ist der Aufbau wie ein Computernetzwerk.

---

[119] *Dunkle Materie* (DM) ist Materie, die wir nicht sehen, nicht im optischen Bereich oder im Radiobereich des Spektrums und auch nicht in einem anderen Bereich des elektromagnetischen Spektrums. Aber gewisse Beobachtungsfakten deuten darauf, dass es viel mehr Materie geben muss als bekannt ist. Da solche Materie nicht gesehen wird, wurde sie `Dunkle Materie' genannt.

Da gibt es an der Spitze der Hirarchie einen sehr leistungsfähigen Host. Über ihn laufen alle eingehenden Informationen von außen *(z.B. Internet, E-Mail,...)* und es wird die gesamte Kommunikation sowie der Zugriff auf alle weiter angeschlossenen Untersysteme verwaltet. Am Host hängen nun Server, die auf eine im Host hinterlegte Anweisung mit ihm und den weiteren angeschlossenen Terminals kommunizieren können. Das sind nun drei Kaskaden, auf denen die Verarbeitung von Daten stattfindet.

So jede Kaskade bestimmte Möglichkeiten anbietet, so muss man sich entscheiden, auf welcher Ebene der Datenverarbeitungs-Kaskade man ansetzen möchte, um ein positives Ergebnis zu erzielen. Braucht man z.B. einen weiteren Email-Zugang, so muss man auf der Host Ebene arbeiten, wohingegen sich die Einrichtung eines neuen Arbeitsplatzes auf der Server-Ebene vollzieht und schreibt am eine Mail, dann tut man dies auf der Terminal Ebene. – Hat der Host einen Virus, dann sind alle Systeme betroffen, - hat hingegen das Terminal einen Virus, dann ist dieses vorerst einmal alleine davon betroffen, ohne dass der Server oder der Host davon betroffen wären. In allen Fällen, muss man bei der Problembehebung mit unterschiedlichen Mitteln *(Energien)* arbeiten und jedes Problem hat unterschiedliche Auswirkungen auf das Ganze.

Das was für den Computer gilt, das gilt auch für den Menschen. Nur hat dieser 7 Kaskaden, so dass die Verläufe innerhalb der Kaskaden wesentlich komplexer sind, als im Computer Modell vorgestellt. Mit dem Kopf alleine kommt man hier nicht weit. Vielmehr gilt es, die intuitive Gefühlnatur, das *Herzdenken,* zu aktivieren.

Ein Zeichen der Unordnung ist der kritische Gesundheitszustand von Mensch, Tier und Natur. Hier wird dringend Hilfe benötigt, - eine Hilfe, die man nur mit der energetischen Regulation zur Norm der Natur wieder herstellen kann, und genau hierfür werden *EnergyTools* benötigt.

Das Große verhält sich wie das Kleine und so wie eine übersäuerte Zelle mit dem Überleben beschäftigt ist, so ist auch ein kranker Mensch, ein krankes Tier oder ein kranker Boden damit beschäftigt, wieder in die Norm des Lebens zu kommen, weil nur dort Leben stattfinden kann! Die zur Verfügung stehenden herkömmlichen und wohl bekannten Mittel wirken dabei nur suboptimal. Es findet keine Auflösung der Unordnung statt sondern nur eine Verschiebung der chaotischen Potenziale, was dazu führt, dass man sich im Kreis dreht, ohne einen wirklichen Erfolg erzielen zu können, - die Lösung liegt ausserhalb des Kreises!

Im Zuge der Ausbildung zum *Mental Engineerer* werden natürlich wesentlich mehr Technologien verwendet, als hier benannt sind, denn Klang, Farbe, *Verschränkung*[120] oder aus der Natur erzeugte statische Felder sowie bio-physikalische Archetypen *(Symbole, heilige Geometrie, etc.)* finden sich natürlich wieder in diesem ganzheitlichen *(holistischen)* Prozess.
Es gibt auch keine statische Form, die der Tod der Dynamik der Evolution wäre, sondern lediglich das Basiswissen zu den unterschiedlichen Energien, die sich jedoch bei jedem Beobachter anders auswirken, sowie eine praktische Anleitung zum Umgang mit Energien. Energie muss man, genau wie die Liebe, spüren können, wozu eine andere Form der Wahrnehmung aktiviert werden muss, die bei allen angelegt, jedoch nicht trainiert ist.

Eine energetische Kohärenzwirkung entsteht aus der bewussten Beobachtung heraus, aus welcher die Initiatoren der schwachen Felder hervorgehen. Da der Mensch jedoch über viele Epochen in das konditionierte Joch seiner *grauen Substanz* gezwungen wurde, ist er im Chaos des groben Elektromagnetismus gefangen. Mit *In-Photonic* lässt sich dieses Chaos jedoch ordnen, - kaskadenübergreifend - wodurch der Beobachter Schritt für Schritt wieder zu seiner wahren Bestimmung kommt.
Der Weg zur Heilung ist die Heilung!

Die Quantenphysik bietet uns Modelle an, über die wir ein Verständnis aufbauen können, doch muss man sehr gut darauf achten, dass man sich nicht vom Sog falscher, absoluter Wahrheiten runterziehen lässt.

---

[120] **Quantenverschränkung** ist ein physikalisches Phänomen aus dem Bereich der Quantenmechanik. Zwei oder mehr Teilchen können eine nichtlokale Verbindung miteinander eingehen, die man als *Verschränkung* bezeichnet. Messungen bestimmter Observablen verschränkter Teilchen sind korreliert. Das heißt, misst man eine Quanteneigenschaft bei Teilchen A (z. B. Spin), so ist die dazu korrelierte Eigenschaft (z. B. negativer Spin) ohne Verzögerung auch bei Teilchen B anzutreffen.

Im Grunde weiß die Quantenphysik nichts, - sie berechnet lediglich Phänomene die sie beobachtet und bringt dies über die *graue Substanz* in Konformität dessen, was man zu wissen und zu beobachten glaubt. Da das menschliche Gehirn nur im Spektralbereich des Lichtes beobachten kann, nimmt der Mensch nur etwa 0,000 000 1% dessen wahr, was wirklich da ist! – Daher auch der Ausspruch: *Je mehr ich weiß, desto mehr verstehe ich, dass ich gar nichts weiß.*
Es wäre falsch, nur an die Empirik der *grauen Substanz* zu glauben. Als Beobachter sind wir dazu angehalten, jeder für sich, das Wissen in Form von Verständnis mit der inneren Wahrnehmung zu synchronisieren. Das Mental Training und *In-Photonic* sind hierbei so mächtige Helfer, dass damit schon in kürzester Zeit wahre Quantensprünge möglich sind, die das Verständnis für die Schöpfung zu einem erfahrbaren Erlebnis machen.
Wissen dient dabei dazu, Zusammenhänge zu erkennen, die sich stimmig anfühlen, um sie in der Materie kondensieren zu lassen.

Der Mensch muss sich und seinen Sinn im Gefüge der Schöpfung neu definieren. Er muss den Mut haben Räume zu betreten, in denen es keine Pfade gibt und er muss sich leeren, damit das *Neue* Platz in ihm findet. Er muss lernen, dass er nicht der Gedanke oder das Gefühl ist, was er denkt oder fühlt. Er ist der Beobachter dessen, was **durch** ihn gefühlt oder gedacht wird.
Während er im Außen beobachtet, nimmt er gleichzeitig die inneren Impulse wahr, die an die Beobachtungen gekoppelt sind und tut das, wozu sie ihn führen. Er beginnt immer mehr, nicht instinktiv, sondern intuitiv zu agieren, was bedeutet, dass er aufhört alles zu rationalisieren und dazu übergeht, sich von seinem Gefühl für Stimmigkeit antreiben und führen zu lassen.
Gehen wir nun weg vom theoretischen Teil der Verständnisvermittlung und betrachten wir uns nun die Wirkung, die aus dieser eben beschriebenen Dynamik hervorgeht.

Die Trennung zwischen dem Denker und dem Gedanken, zwischen dem Beobachter und dem Beobachteten, zwischen dem Erfahrenden und dem Erfahrenen ist falsch, denn sie sind eins. **Jiddu Krishnamurti**

PHOTONIC ENERGY TOOLS

Mein Konzept zum *Mental Engineering* ist aus vielen Jahren der intensiven und bewussten Beobachtung entstanden. Ich habe dabei eine Vielzahl von Wissenschaftlern *consulted* und lernte so eine gigantische Bandbreite an wirksamen, aber auch unwirksamen *EnergyTools* kennen.

Die Idee, ein Tool zu bauen, was die energetische und materielle Umgebung verändert, fand ich schon immer faszinierend, doch gab es ein paar Dinge, die mich störten. Zum Beispiel haben die meisten Wissenschaftler die Dynamik des solar-terrestrischen Feldes nicht berücksichtigt, wie z.B. Yuri Kronn.

Seine Kopien von Energiesignaturen wurden einmal zu den damals vorherrschenden energetischen Parametern initiiert und dann nur noch vervielfältigt. Eine Anpassung an die sich dauerhaft verändernden energetischen Parameter der Natur erfolgte nicht, was zur Folge hatte, dass viele der *EnergyTools* an Wirkung verloren. Außerdem waren die Energiesignaturen seiner Technologie so fein, dass sie eine Brücke gebraucht hätten, damit die Bewegung sich vom oberen Teil der Kaskade, auf die verdichteteren Bereiche der unteren Kaskade hätte übertragen können.

Die Folge dieser Vorgehensweise war, dass die Bewegungen aus den sehr feinen Energiesignaturen in der grobstofflichen Starre verpufften, wenn man nicht dauerhaft mit CleanSweep arbeiten würde, wodurch nur ein minimaler Teil dessen aktiviert wurde, was eigentlich möglich gewesen wäre. Man hätte vieles einfach optimieren können, doch korrelierten die Standpunkte und es entstand eine Unvereinbarkeit, die mich immer mehr dazu brachten, selbst aktiv zu werden. Dabei nutze ich das, was da ist. Um das *Dirty Energy* Problem beispielsweise zu beheben, habe ich ein einfaches Tool entwickelt, das ich *Liquid Crystals* genannt habe. Ein abdichtbares Acryl-Glasröhrchen mit Kristallen *(Bergkristall und Amethyst)* und *Photonic-Crystals*, befüllt mit ERIT *(Kropp Technologie)* strukturiertem Wasser und *CleanSweep* Konzentrat und fertig ist ein *EnergyTool*, das durch seine spürbare Wirkung jeden verblüfft, der es ausprobiert. –

Schmerzen sind in kürzester Zeit weg, Schadstoffe aus Getränken und Lebensmittel werden schmeckbar neutralisiert und man ist dauerhaft umgeben von einem Feld, das Korrelationen mit *Dirty*

Energy's verhindert.

Auch bei Koltsov trat dieses Problem auf, jedoch in einer anderen Wirkung. Die Skalar-, oder Longitudinalwellen[121] die aus seiner Technologie hervorgehen, sind schon von *Nikolai Tesla* entdeckt worden und auch die Technologie der *elektrostatischen Felder* zeigt ein fast identisches Wirkverhalten auf. Dabei handelt es sich um *statische Wellen*, die ähnlich wie die Proteine in unserem Organismus, mit ganz spezifischen *Funktionen* ausgestattet sind. Es sind Arbeitsenergien mit einem beschränkten, dafür aber sehr spezifischen Wirkmechanismus.
Sofern diese kohärenten Arbeitsenergien aus der Natur stammen, wie dies z.B. bei Koltsov der Fall ist, besteht eigentlich keine Gefahr für das biologische System.
Doch Ausnahmen bestätigen die Regel: Die Arbeitsfelder lösen z.B. im Organismus Prozesse der Entgiftung aus was bedeutet, dass sich Toxine aus dem Gewebe lösen. Damit sind die Toxine aber noch nicht aus dem Körper und interveniert man nicht aus eigener Kraft, in dem man z.B. Zeolith zum Ausleiten einnimmt, dann können die freigesetzten Gifte auch einen mehr oder weniger großen Schaden anrichten!
Die Skalarwelle invertiert also nur einen kleinen Bereich von der negativen atomaren Skala in den positiven Bereich. Dem Rest wird lediglich die Türe geöffnet, - folgen muss er jedoch selbst, was er ohne Initiierung aber nicht tut *(bzw. tun kann)*.

Sehr problematisch hingegen kann es werden, wenn man künstliche *statische Felder*[122] erzeugt, die es in der Natur nicht gibt, was einer Genmanipulation, um der Assoziation zum Protein treu zu bleiben, gleich kommt. In beiden Fällen kann man nichts über die Wirkung sagen, außer, dass es sich um eine naturwidrige Bewegung handelt, die eher schadet als nützt.

All das kann beim *Mental Engineering* nicht passieren, weil wir zum einen nicht in grenzwertige Bereiche ohne ausreichende

---

[121] **Marco Bischof:** *Tachyonen, Orgonenergie, Skalarwellen*, AT Verlag, 2. Auflage, 2004.

[122] In der Elektrostatik werden ausschließlich ruhende Ladungen betrachtet. Ohne Ströme existiert kein Magnetfeld, das elektrostatische Feld ist deshalb nicht nur *stationär*, also zeitlich unveränderlich, sondern auch rotationsfrei, hat also ein Potential.

Erfahrungen eindringen. Zum anderen haben wir durch das kohärente Licht aus der *In-Photonic Technologie* einen Ordnungsfaktor, der zu allen negativen Ausreißern eine positive Inversion erzeugt. Das bedeutet, dass wir eine Steuerung durch nahezu alle energetischen Verdichtungsgrade haben, was es uns nun erlaubt *EnergyTools* einer völlig neuen Generation zu bauen.
Insbesondere weil der geistig-mentalen Steuerkomponente des Beobachters Rechnung getragen wird.

Eingangs habe ich über die Wirkung von *In-Photonic* geschrieben, ohne weitere energetische Komponenten und es ist schon erstaunlich, was man alleine mit diesen Energien z.b. im Bereich der Wassersanierung bewirken kann. Jetzt aber geht es um erste Applikationen, die wir aus der kombinierten Technik, wie ich sie vorstehend aufgeführt habe, entwickelt haben und ich muss zugeben, dass mich die Ergebnisse teilweise selbst über alle Maßen überrascht haben.

Mental Engineering kommt klarer an, wenn wir ein Praxisbeispiel in seiner Struktur ansehen:
Aufgabe: *Eine optimale Hauswasseranlage mit hoher Filterleistung, Lichtanreicherung, Strukturierung und Feinclusterung.*
Überlegung: Für schnell verfügbares Trinkwasser ist *kohärentes Licht* zu langsam. Dass es reinigt haben wir an den *In-Photonic* Seeprojekten gesehen, jedoch war dies ein langfristiger Effekt. Deshalb bietet sich ein Kohleblockfilter an, der einen sehr hohen Silizium Gehalt hat. Also, laden wir ihn auf mit In-Photonic und wir vereinen die Reinigung und Lichtanreicherung, wobei das kohärente Licht auch eine optimierende Wirkung auf die Filterblöcke hat. An die Hauptwasserleitung setzen wir einen ERIT Aquator, den wir ebenfalls mit photonisch geladenem Quazssand bestücken, was zu sehr stabilen und hoch geordneten Wasserstrukturen führt. Um diese zu verkleinern, setzen wir am Wasserhahn einen Wirbler an *(natürlich photonisch geladen)*, der das Wasser aus seiner Eigenbewegung in eine rechtsdrehende Drallbewegung verbringt, wodurch druckfreie Spannungsfelder entstehen, die große Clustertrukturen aufbrechen lassen.
Nun geht es in die Umsetzung der Überlegungen und dafür gibt es nicht nur eine Lösung.

Eine Applikation, die ich entwickelt habe, hieß mit Labornamen *„LP1" - Lebensmittel Pad Nr. 1.* Darin waren die Schumann Frequenz, *In-Photonic-*, Vital Force- sowie die Koltsov Skalarfed-Technologie, u.v.m. harmonisch vereint.
Ich wollte ein Tool bauen, das die Lebensmittelqualität wieder zur Norm der Natur reguliert, damit der Organismus das Zugeführte besser verbrennen kann. Ein Freund von mir, der als Sachverständiger im Bereich der Nano-Technologie arbeitet, sollte dieses *LP1 Tool* testen, was er auch tat.
Nachfolgend seine Ergebnisse, die eine eigene Sprache sprechen.

ERFAHRUNGSBERICHT ZUR LEBENSMITTELPLATTE *LP1*

Unter dem Arbeitstitel, *Geschmackstest Getränke und Lebensmittel*, wurden mit der *LP1* vitalisierte Getränke und Lebensmittel an verschieden Versuchsprobanden ausgegeben, was zu einer Bewertung dessen führte, was man sich sprichwörtlich *„auf der Zunge zergehen ließ."*

Jeder Mensch hat einen individuellen Geschmack und beurteilt Getränke und Lebensmittel unterschiedlich. Daher wurde der Geschmackstest mit mehreren Personen durchgeführt, wodurch sich über die Vielzahl der individuellen Meinungen, darunter auch sehr skeptische, ein Muster herauskristallisierte. Da die meisten Menschen nur von der *Realität* überzeugt sind, ist der Geschmackstest ein überzeugender Nachweis für vitalisierte Nahrungsmittel.
Insbesondere überraschte der Geschmackstest selbst absolute Skeptiker mit den positiven Veränderungen im Aroma und der Verträglichkeit, besonders natürlich bei ungesunden Genussmitteln wie Kaffee, Zigaretten oder alkoholischen Getränken.
Da diese Stoffe große Potenziale auf der atomar negativen Seite aufweisen *(im Kaffee sind mehr als 80 mutagene[123] Stoffe!)*, fallen gerade bei solchen Genussmitteln, die Veränderung einer positiven Inversion besonders auf. Dadurch wird das Rauchen und

---

[123] **Mutagen:** Stoffe die eine Krankheitsentstehung begünstigen oder sogar initiieren.

Kaffeetrinken nicht gesund, aber es wird verhindert, dass ein Organ sowie der gesamte Organismus, Schaden davon tragen. Auf lange Sicht konnte beobachtet werden, dass sowohl der Kaffee- als auch der Zigarettenkonsum sich ganz von selbst reduzieren, weil das Bedürfnis des *Genießers* nach diesen Genussstoffen sich zurückentwickelt. Hier darf man also nicht voreilig urteilen, auch wenn man augenscheinlich nicht sofort etwas spürt. Die Arbeit an der Basis führt nicht immer zu sofortigen Quantensprüngen *(Spontanwirkung)* und macht sich daher erst nach einer gewissen Zeit kontinuierlicher Anwendung bemerkbar. Emergenz heißt, es arbeitet und es wird etwas Positives passieren, doch wie oder wann sich das auswirkt, das bleibt ein Geheimnis.

Um also die Wirkung an der Basis als wahrnehmbaren Zustand zu erfahren, muss man daher stetig die Genussmittel mit der *LP1* oder dem *P-Pad* behandeln. Die Behandlung ist denkbar einfach: Man stellt einfach das Lebens-/Genussmittel für etwa 5 Minuten auf die *LP1/Pad*. Das ist eine Minimumanforderung, mit der man schon gute Ergebnisse bei Lebens-/Genussmitteln erreicht, die kurzfristig dem Verzehr dienen sollen, wie z.B. fertige Mahlzeiten, heißer Kaffee oder Tee u.s.w.

Neben der Minimumanforderung zur Aufladezeit gibt es auch ein Optimum, das bei etwa einer Stunde liegt. Hier gilt es eine eigene, den Umständen angepasste *Auflade-Strategie* zu finden, die zwischen 5 und 60 Minuten liegen kann.

PHOTONIC-WASSERTEST

Wasser, so sagt man, habe keinen Geschmack. Wer das sagt, der hat wahrscheinlich noch nie *gutes Wasser* getrunken, denn auch wenn Wasser keinen aromatischen Geschmack hat, so hat es doch einen signifikanten *emotionalen Geschmack*.

Im Versuch wurde den Probanden ein Glas mit stillem Wasser, wie man es im Supermarkt bekommt, zum Verköstigen verabreicht. – Anschließend sollten sich die Probanden dazu äußern und alle waren sich einig, - *ja, das hat nach Wasser geschmeckt.*

Die Gläser wurden erneut mit demselben Wasser vor den Augen der Probanden gefüllt und für 5 Minuten auf das *LP1* gestellt. Danach durften die Probanden das Wasser erneut verköstigen und sich dazu äußern, jedoch hatte jetzt jeder mehr zu sagen, als noch zuvor. *Das Wasser war ganz weich und angenehm*, oder, *das Wasser hat nach Licht geschmeckt* oder aber, *ich habe gar nicht getrunken, es ist einfach mühelos geflossen* und viele weitere, ähnliche Kommentare zeigten, dass Wasser doch schmeckt.

Neben dem Geschmack gab es aber auch eine Wirkung, wobei die Worte Freude, Leichtigkeit und Wohlgefühl von vielen Versuchs-Probanden verwendet wurden. Derlei Effekte kennt man aber schon von anderen Tools zum Vitalisieren von Wasser und so wird man nicht wirklich etwas außergewöhnliches dahinter sehen.

Diesem Faktum Rechnung tragend haben wir den Versuch ausgedehnt. Insgesamt wurde den Probanden 4 Gläser mit Wasser angeboten. Ein Glas war mit normalem stillen Wasser gefüllt, *Glas 2* mit Grander Wasser, *Glas 3* wurde mit der *Blume des Lebens* geladen und *Glas 4* mit *In-Photonic*. Die Probanden traten dann separat zum Test an und mussten sich dann entscheiden, was das Beste der vier Wässer war. Keiner wusste von der Entscheidung des anderen. Doch das Ergebnis in der nachstehenden Tabelle spricht für sich:

Glas 1	Glas 2	Glas 3	Glas 4
0	1	2	7

Das Ergebnis zeigt, dass Wasser doch einen Geschmack hat, denn keiner entschied sich für das Unbehandelte. Die große Mehrzahl entschied sich, ohne zu zweifeln, sofort für das Glas 4, - nur 3 Probanden entschieden sich anders. Der Proband mit Glas 2 hatte eine Grander Anlage zu Hause und obwohl er nicht wusste, womit das Wasser behandelt wurde, entschied er sich für das, was er bereits kannte. Bei den Probanden mit Glas 3 war es einfach eine Gefühlsentscheidung, wobei sie sich unschlüssig waren und zwischen Glas 3 und Glas 4 wankten. Dem Menschen ist es nicht möglich, aus rationalem Denken die Qualität des Wassers bewusst wahrzunehmen.

Diese Aufgabe übernimmt der *Hypothalamus*[124], sobald die Geschmacksknospen auf der Zunge mit naturrichtigem Wasser in Berührung kommen. Die Schaltzentrale des *endokrinen Systems* reagiert sofort und veranlasst den Wechsel eingelagerter Gewebewässer durch ein Wasser einer höheren Ordnung, was sich zu Beginn der Austauschphase in einem vermehrten Harndruck bemerkbar macht. Der Versuch zeigt also, dass die Probanden in der Mehrzahl instinktiv zu dem Wasser der höchsten Ordnung gegriffen haben. Dies ist verständlich, da die *LP1* Platte ja vordergründig auf der fundamentalen Ebene der atomaren Molekülbewegung modifiziert und unsere Zellen immer auf der Jagd nach Kohärenz sind.

Auch mit Kohlensäure versetztes Wasser schmeckte nach der Behandlung mit dem LP1 weicher und stieß weniger auf.

Nach dem Ausgasen der Kohlensäure schmeckte das behandelte Wasser nicht schal und abgestanden, wie man es kennt, sondern seltsam prickelnd und belebt. Ein Zeichen dafür, dass das Wasser eine tiefgreifende Veränderung erfahren hat.

Versuchsleiter: Gerd Meyer
SV für Nanotechnologie

Am signifikantesten sind die Veränderungen durch das *photonisieren* von Getränken, die reich an Bitter-, Sauer-, Gerb- und Röststoffen sind. Geeignete Getränke für einen Geschmackstest sind daher beispielsweise wegen seiner schlechten Qualität das Leitungswasser und es eigenen sich auch Weine, Citrus-, Frucht- und Gemüsesäfte, sowie Kaffee, Bier oder Spirituosen *(z.B. Anis-Schnaps)*.

---

[124] Der **Hypothalamus** ist das wichtigste Steuerzentrum des vegetativen Nervensystems, das selbst aus verschiedensten homöostatischen Regelkreisen besteht. Der Hypothalamus ist die wichtigste Hirnregion für die Aufrechterhaltung des inneren Milieus *(Homöostase)* und seiner Anpassung bei Belastungen des Organismus.

Vitalisierte Fruchtsäfte und Gemüsesäfte schmecken intensiver, - Nebenstoffe der Ernte *(z.B. Agrargifte)* oder der Weiterverarbeitung werden positiv invertiert, so dass sie keinen Einfluss mehr auf das Aroma oder die Vitalstoffe haben.
Ein vitalisierter Wein verliert meist an Säure, erhält aber ein intensiveres Bukett und schmeckt insgesamt gehaltvoller.
Gerade bei jungen Weinen kann man einen wesentlich runderen Geschmack erhalten. Somit kann man bei einem günstigen Wein das Aroma eines teuren Weins genießen.
Testen Sie dies aus, indem Sie einen günstigen Wein in einen Dekantier füllen, ihn vitalisieren und den Wein Ihrem Besuch kredenzen. Wenn sich Ihr Besuch mit Wein auskennt, wird er denken, dass er einen sehr hochwertigen Wein ausgeschenkt bekommt. Natürlich können auch teurere und erlesene Weine eine höhere Qualität erhalten.

Ähnlich verhält es sich bei dem Geschmackstest mit Spirituosen. Sie können ebenfalls ihren vorherrschend sauren und bitteren Geschmack verlieren. Unangenehme Geschmacksnoten werden harmonisiert und die Spirituose kann im Nachklang milder und insgesamt hochwertiger werden, was man auch an der Verträglichkeit merken kann. *(Biertrinker hingegen müssen aufpassen, da das Bier nach dem photonisieren u. U. sich geschmacklich so verändern kann, dass dem Genießer die Lust darauf vergeht.)*

Das heißt nicht, dass der Rausch eine bessere Qualität hat, oder dass man damit mehr trinken kann, oder aber man nach Alkoholgenuss Autofahren kann! – Es bedeutet nur, dass wenn man Alkohol trinkt, man diesen in seiner unschädlichsten Form *(in Maßen)* genießen kann.

Was gar nicht geht, das ist totes Wasser zu vitalisieren, womit ich auf Osmose und destilliertes Wasser anspreche.
Ohne Minerale fehlt dem Wasser das Skelett. Derartige Wässer kann man strukturell notdürftig wieder in Form bringen, was jedoch die Molekülbewegung betrifft, auf die *In-Photonic* ja hauptsächlich abzielt, so bleibt diese ohne große Wirkung, denn *Nichts* kann nicht bewegt werden. Wenn jedoch *Gute Wässer* aufgeladen werden, deren Minerale in ionisierter Form darin

enthalten sind, dann erfreut man sich eines einzigartigen Elixiers, das bei Dauerkonsum seine pro-vitale Wirkung nicht vermissen lässt.

PHOTONIC-LEBENSMITTELTEST

Zum vitalisieren von Lebensmitteln geht man genauso vor, wie bei den Getränken. Ich empfehle zusätzlich bei den Lebensmitteln, diese, bevor sie auf die *LP1* kommen, mit einem *Anolyth (pH ca. 3)* einzusprühen, so dass vor dem Verzehr alle Keime und Gifte vollkommen neutralisiert sind.
Um Lebensmittel wieder mit Energie aufzuladen gibt es mehrere Möglichkeiten und so soll hier nur in Kürze der Mechanismus beschrieben werden, der sich bei lebenden Lebensmitteln von anderen Objekten unterscheidet.

Wird ein Lebensmittel geerntet, so unterliegt es nach der Trennung von seinem natürlichen biologischen System der Oxidation, das heißt, Lebensenergie in Form von Elektronen, Photonen *(aus den Chloroplasten)* sowie Bio-Photonen *(aus dem Zellzerfall)* gehen *verloren*. Je länger ein Lebensmittel gelagert und bearbeitet wird, desto größer ist der Verlust an Licht und Lebensenergie.

Ein anderer Aspekt ist die Information, die in den Energiefeldern des Lebensmittels enthalten ist. Zur Informationsmatrix tragen sämtliche Anbau- und Ernteinformationen bei, - also welche Gifte wurden versprüht, wie wurde die Saat gewonnen, wie ist die Beschaffenheit der Erde *(Substrat)* und sogar die Gedanken und Gefühle der Menschen, die *(un-)*mittelbar mit dem Lebensmittel vor, während und nach der Ernte verbunden waren, finden sich darin wieder.
Schwingung und Information bestimmen das Resonanzverhalten des Lebensmittels und so weisen Lebensmittel, die mit vielen Giften behandelt wurden und schlechten, naturwidrigen Wachstumsbedingungen ausgeliefert waren, ein Resonanzverhalten zu Partnern einer niederen Ordnung auf.
Man kann daher nur schwerlich erwarten, dass Lebensmittel mit derart negativen Grundfaktoren eine Resonanzverbindung zu

höheren Ordnungsgraden aufbauen können, welche das Lebensmittel in seinem natürlichen Wert bewahrt. Aus diesem Grund wäre es am besten, wenn man die Lebensmittel die man unmittelbar zu verzehren gedenkt, *frisch* kauft.
Da das im realen Leben aber nicht oder nur eingeschränkt möglich ist, wurde mit der *LP1* ein Tool erschaffen, mit dem man die Lebensmittel vor dem Einlagern stabilisieren kann, um dem Qualitätsstoffverfall entgegenzuwirken.
Dazu legt man die Lebensmittel für etwa 1 Stunde auf die Platte, bevor man sie einlagert, wobei dies die Mindestanforderung ist. - *TK-Kost* ist hiervon ausgenommen.
Die kann man aber zum Auftauen auf die Platte legen.

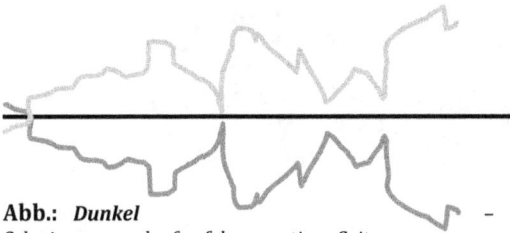

Abb.: *Dunkel*
*Schwingungsverlauf auf der negativen Seite
(- Ionenarmes Milieu) des atomaren Spektrums,-* **Hell**, *- die positive Inversion dazu.*

Die Abbildung zeigt das Grundprinzip der *LP1*; - sie erstellt eine positive Inversion aus dem negativen Grundmuster, wodurch einerseits der Verfall stark gebremst wird, andererseits wird die Nährstoffqualität durch das Aufladen der *Chloroplasten*[125] verbessert.

Doch man darf keine falschen Vorstellungen weben, denn wenn man erntet, dann sind alle Früchte erst einmal tot.
Mit *In-Photonic* findet in einem vom biologischen System abgetrennten Fragment daher keine Wiederbelebung statt, sondern eine Balsamierung, die verhindert, dass das Fragment zu schnell in den *Zerfall* übergeht.

---

[125] **Chloroplasten** sind Organellen der Zellen von Pflanzen. In einer photosynthetisch aktiven Pflanzenzelle befinden sich etwa 10 – 50 Chloroplasten, die der Zelle als Lichtspeicher für die Photosynthese dienen. Die Qualität von der Nahrung hängt entscheidend vom Lichtgehalt der Chloroplasten ab, der durch Prof. Popp's Biophotonik ermittelt werden kann.

Beim Menschen wäre die Lebensenergie drei Tage[126] nach seinem Tot komplett entwichen und so gibt es auch bei Pflanzen einen Zeitpunkt, an dem eine totale Entladung erfolgt ist, - der *energetische Tod*.

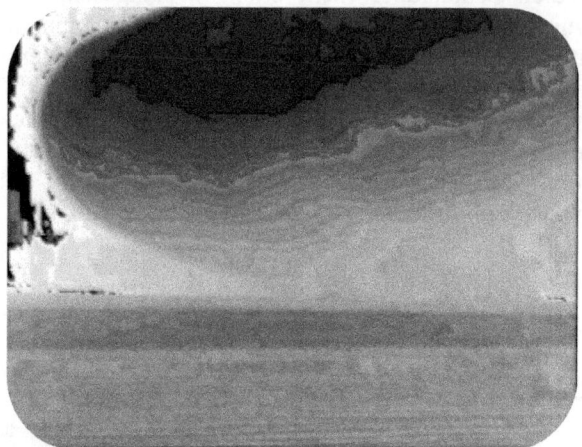

Abb.: Eine *PIP Aufnahme* von einem Finger, der mit einer Tischplatte wechselwirkt.

Das bedeutet, wie auch schon bei der Seesanierung, muss man insbesondere bei physisch toten Objekten, eine dauerhaft sprudelnde Quelle von Lebensenergie erzeugen.
Damit lässt man z.b. den Apfel nicht von den Toten auferstehen, doch erschafft man ein Umfeld des Lebens, was die Todesdiener *(z.B. Fäulnisbakterien, Pilze, u.a.)* stark blockiert, jedoch leider nicht dauerhaft aufhält, was auch naturwidrig wäre.

Nimmt man also die Lebensmittel von der *LP1*, dann gehen sie langsam wieder über in den schnellen Zerfallsprozess. So hat man speziell für die Aufbewahrung von Lebensmitteln die *Green-Food-Booster (GFB)* entwickelt.
Dabei handelt es sich um kleine Edelstahlkapseln, die mit einem *photonisierten* Quarzsand gefüllt sind, der jedoch nur eine

---

[126] **Dr. Harry Oldfield**: PIP – Polycontrast Interferenz Photography – Versuch in einem Londoner Leichenschauhaus bei dem die Energiebewegungen innerhalb der Aura beobachtet wurden. Nach drei Tagen waren keine Lebensenergien mehr zu erkennen, - der stofflich-energetische Tod.

bestimmte Oberfläche haben darf. Mit der Oberfläche steuert man die Lichtintensität, deren Regulation wichtig ist, weil Über- oder Unterforderungen das Ergebnis manchmal stark beeinflussen können. Geben wir z.B. zu viel Energie auf eine Frucht, so kann dies zur Folge haben, dass die Frucht in die beschleunigte Nachreifung übergeht und dadurch überreif *(faul)* wird.
Ist hingegen zu wenig Energie da, dann wirkt diese zwar, jedoch ist der Zerfall schneller als die Lebensenergie. Egal ob zuviel oder zu wenig, in beiden Fällen erhält man nur ein sub-optimales Ergebnis.
Bei den vielen Tests haben sich einige wichtige Erkenntnisse ergeben, die hier Erwähnung finden sollen:

Der *GFB's* wirkt am intensivsten, wenn er zum Objekt einen Abstand hat, der zwischen 5 und max. 10 cm liegt.

Der *GFB* bietet in einer Zeitspanne von etwa einer Woche einen guten Verfallschutz.

Es kann auch *Contra-Indikationen* geben, wenn z.B. Lebensmittel bestrahlt wurden. Dabei passieren zwei Dinge:

1) Die Wirkung der Bestrahlung mit atomar negativen Schwingungsmustern wird positiv invertiert, was bedeutet, dass das, was scheinbar geschützt hat, in sich zusammenfällt.
2) Bei bestrahlter Nahrung bleibt der äußere Mantel schön während das Innere verfault. Wenn man eine solche *Zombie-Nahrung* mit *In-Photonic* beschießt, so findet in etwa dasselbe statt, wie mit einem Vampir, der ein Sonnenbad nimmt!

Da ist nichts mehr zu machen, außer der Wahrheit ein Gesicht zu verleihen.
Die *LP1* benötigt zum Aufladen von fertiger Nahrung vor dem Verzehr etwa 5 Minuten. Durch umrühren, wenn man also Bewegung erzeugt, laden sich die Objekte schneller auf *(1 – 2 Min.)*.
Wenn man Zeit hat, dann kann man natürlich auch Objekte vor der Zubereitung auf das *LP1 (5 – 10 Minuten)* legen, jedoch muss

man die Aufladung bei Warmspeisen wiederholen, weil das Kochen ein Entropiefaktor[127] *(Hitze)* ist, der zu einem schnelleren Abbau von Lebensenergie führt.
Als sehr effizient hat es sich herausgestellt, wenn man beim Zubereiten ein Schneidebrett auf die *LP1* legt, um darauf Obst oder Gemüse zu schneiden.

Für die dauerhafte Belebung von eingelagerten Lebensmitteln, wurde der bereits erwähnte und im Gegensatz zur *LP1,* günstige *Green-Food-Booster* entwickelt, den man z.b. einfach ins Obst- o. Brotkörbchen, in Regale oder Schränke, den Kühlschrank oder sogar in die Tiefkühltruhe legen kann.
Der kleine Booster misst etwa 7 cm und lässt sich daher fast überall leicht unterbringen. Man ist übrigens nicht gezwungen, den *GFB* nur für Lebensmittel zu verwenden.
Man kann ihn überall dort einsetzen, wo verderbliche Produkte über eine längere Zeit aufgestellt sind, wie z.B im Toilettenregal *(Cremes, Öle, ...)* und auch Pflanzen, sowie Maschinen profitieren von einer geordneten Molekülbewegung an ihrer atomare Basis.

Der Geschmackstest bei Lebensmitteln erwies sich im Gegensatz zu Getränken als sehr schwer. Verwendet man z.B. erntefrisches und hochwertiges Obst und Gemüse *(Bio),* dann wird es eher wenig Korrekturbedarf geben, was sich als geschmackliche und oft auch als aromatische Veränderung bemerken lässt und so verpuffen die Lichtenergien nicht etwa, wenn man keine Veränderungen schmecken kann. Wenn das kohärente Licht also nicht mit *Reparaturmaßnahmen* beschäftigt ist, so geht es in die Qualitätsverbesserung und -sicherung.
Diese kann man zwar nicht immer aromatisch ausmachen, doch profitiert der Organismus in Form einer höheren Nährstoffdichte und einer besseren Verdauung davon.

Gewürze, die über 10 Minuten auf die *LP1* lagen, entfalten ihr volles Aroma und werden geschmacklich runder, da alle für den Organismus negativen Stoffe positiv invertiert werden.

---

[127] **Entropiefaktor:** Jedes System hat ein bestimmtes Energiequantum. Faktoren, die zu einem schnellen Abbau der Energie führen, nennt man Entropiefaktoren. Durch Wärme z.B. dehnt sich das System aus und gibt seine Energie als Wärmestrahlung ab.

Besonders effizient sind aufgeladene Öle, da deren Fettsäuren mit ihre*(r)*/n Doppelbindung*(en)* an das *C-Atom* als quantenphysikalische Antennen fungieren.
Auf der zellulären Ebene benötigt die Zelle *Lipide*[128] für den Aufbau ihrer Membrane, die sie vor Angriffen freier Radikale schützen soll.
Natürlich hat man noch viele weitere Beobachtungen gemacht, auf die ich aber nicht näher eingehen möchte, weil diese auch ein Produkt der individuellen Wahrnehmung sein können und jeder weiß ja: *Über Geschmack lässt sich streiten.*

Daher wollte ich mehr auf den funktionellen Teil eingehen, der ebenso wichtig ist, damit man sich eine eigene Meinung bilden kann. Dennoch sind viele Dinge bei den Beobachtungen aufgefallen, welche die dunklen Wege der Wirkung von kohärentem Licht beleuchten.

Beispielsweise hat man Hundefutter mit der *LP1* aufgeladen.
Als Gegentest hat man einen Napf Hundefutter ohne *Photonen-Behandlung*, jedoch mit demselben Fressen, vom selben Hersteller und sogar aus derselben Dose gefüllt.
Dann wurden dem hungrigen Tier beide Näpfe angeboten.
Raten sie einmal, aus welchem Napf der Hund gespeist hat? – Richtig, und zwar ausnahmslos bei allen Versuchen die gemacht wurden. Dasselbe Ergebnis erhielt man übrigens auch, als man die Platzdecken von Haustieren *(Hunde und Katzen)* mit dem *P-Home-Booster* aufgeladen hat!

PHOTONIC-PRAXISTESTS

Beginnen möchte ich mit *Stefanie W.*, einer Expertin für *(Western-)* Pferde und einer absolut Ungläubigen, was Energie betrifft. Nachdem sie sich aber von der Wirkung überzeugen ließ, begann sie, selbst *EnergyTools* zu bauen, die sie ihrem Zwecke im Alltagsumgang mit ihren Pferden anpasste.

---

[128] **Lipide:** Sammelbegriff für alle fetthaltigen Substanzen im Organismus.

Innerhalb von ein paar Wochen entstand daraus eine beachtliche Liste an Positivwirkungen:

Eine **3jährige Stute** z.B. bekam einen schweren Tritt auf das Karpalgelenk , - beim Röntgen zeigte sich eine glatte Fraktur des Mittelhandknochens. Die Verletzung äußerte sich durch eine schwere Lahmheit.
Neben der tierärztlichen Behandlung *(Schmerztherapie und Druckverband)* wurde ein *P-Pad* am Verband fixiert.
Am nächsten Tag wurde ein Verband mit einer Paste angelegt, die aus *phonisierten* Zeolith und basischem Wasser *(pH 12)* angeteigt wurde. - Nach nur 12 Stunden reduzierte sich die Schwellung um fast 70 %; - am darauf folgenden Tag konnte die Stute schon wieder, - aber immer noch unter Schmerzen, - vorsichtig auftreten. Ein Heilverlauf, der für alle daran Beteiligten ein bisher einzigartigs Phänomen war.

Ein anderes Problem aus dem Pferdealltag von Stefanie waren Verladeprobleme mit einer **6jährigen Stute**:
Das Pferd wurde in einem sehr nervösen Zustand angetroffen, beim nachfolgenden Versuch das Pferd zu verladen verstärkte sich der Zustand extrem. - Der Versuch wurde abgebrochen.
Zurück in der Box, wurde dem Pferd ein *Pad* für 3 Stunden mit Hilfe des Halfters zwischen die Ohren geklemmt.
Die in diesem Bereich des Pferdes verlaufenden Meridianlinien reagierten auf das *P-Pad* optimal und so konnte die Stute schon nach kurzer Zeit auf einmal problemlos verladen werden, was so noch nie verlaufen war.

Ein anderes Problem bereitete eine **12jährige Stute** mit muskulären Problemen in der Sattellage. Das *P-Pad* war für den Bereich zu klein und konnte zudem auch nicht richtig fixiert werden. So lud Stefanie mit ihrem *P-Home-Booster* schon 1 – 2 Wochen zuvor, mehrere Pferdedecken über 2 Tage lang auf. An diesem Tag wurde dem Pferd eine aufgeladene Photonendecke aufgelegt. Nach nur etwa drei Tagen *(das Tier trug die Decke dauerhaft)* waren die Probleme beinahe gänzlich verflogen.
Alle Maßnahmen, die zuvor mit marktüblichen Mitteln und Interventionen erreicht wurden, lagen weit hinter diesem Ergebnis

zurück, das nach wenigen Tagen mit einer totalen Ausheilung gekrönt wurde.

Stefanie W. hat verstanden, wie *In-Photonic* wirkt und so erkannte sie in ihrem Lebensumfeld, zu dem nun einmal u. a. 10 Pferde und 8 Hunde gehören, dass es ein immens großes Spektrum der Anwendung gibt. Um diese Breite zu nutzen, kaufte sie sich einen *P-Home-Booster*, der eine Ladekammer von 40 x 40 x 40 cm hatte. Mit ihm konnte sie nun alles aufladen, was sie für den Alltag benötigt: Futter, Decken, Bettwäsche, Schmuck, Besteck, Hufeisen, Hundehalsbänder, Toiletten- und Hygiene Artikel, Saatgut, Medikamente, Lebensmittel, Kristalle, ...

Eine weitere Testperson war die Tierheilpraktikerin, **Frau Andrea Fuchs**[129], die nur durch die Namensgleichheit mit Dr. Fuchs, dem *In-Photonic* Entwickler, verbunden ist. Auch sie hat inzwischen einen *P-Home-Booster*, der es ihr nun ermöglicht, für jede Anforderung das richtige *EnergyTool* zu erstellen. Nach all den Erfahrungen die sie in nur kurzer Zeit machen konnte, wird das kohärente Licht immer mehr das Zentrum ihrer Bewegung, weil sie damit in Verbindung ihrer naturmedizinischen Interventionen zu den besten Ergebnissen kam.

Aber überzeugen sie sich selbst mit einem kleinen Einblick in ihren Praxisalltag.

Fall 1: *Australian Shepherd Rüde, 10 Jahre, Hepathopathie*
Das Tier wirkte unausgeglichen, müde, schlapp, mürrisch, gelegentlich sogar aggressiv gegenüber Artgenossen.
Sein Fell war stumpf und dünn. Der Tierarzt war mit seinem Latein am Ende und alle Versuche ihm naturheilkundlich zu helfen blieben ohne einen fundamentalen Erfolg. Bei dem hier vorliegenden chronischen Problem, beschloss ich dem Hund etwas Lebensenergie zu zuführen, und habe für ihn eine Decke mit dem *P-Home-Booster* aufgeladen. - Schon nach wenigen Tagen, als der Hund darauf ruhte, war eine deutliche Verbesserung seines Allgemeinzustandes zu verzeichnen.

---

[129] www.tierheilpraxis-saarpfalz.de

Er war viel lauffreudiger, energievoller und die Begegnungen mit anderen Rüden verliefen ruhiger. Nach einigen Wochen konnte man sehen, dass auch das Fell langsam wieder seinen Glanz bekam und zu wachsen begann.

In-Photonic lässt sich mit nichts vergleichen! Es ist einzigartig und immer wieder überraschend effizient. Das Einsatzgebiet ist riesig, die Therapie kann präventiv, unterstützend oder zur ReHa eingesetzt werden.

Aus meiner Sicht ist *In-Photonic* eine fruchtbare Kombination mit der klassischen Homöopathie. *In-Photonic* liefert die Energie, - die Homöopathie die Information. Darum habe ich mich darauf festgelegt, *In-Photonic* in meiner Tierheilpraxis einzusetzen und freue mich schon darauf, meinen Tierpatienten damit helfen zu dürfen. - *Andrea Fuchs, Tierheilpraktikerin, 10.4.2014*

Fall 2: *Kater, 10 J., Freigänger, chronische Niereninsuffizienz*
Das Tier spricht auf eine naturheilkundliche Behandlung sehr gut an, zeigt jedoch an nasskalten Tagen ein lethargisches Verhalten. Hinzu kommt noch Futterverweigerung und Erbrechen.
Die Platzierung eines *Pad* unter seinem Lieblingsschlafplatz zeigt in kürzester Zeit eine erstaunliche Wirkung. Zwar schläft der Kater dann lange, tief und fest, danach wirkt er aber viel vitaler, frisst und erbricht nicht mehr.

Fall 3: *Dackelmix Rüde, 12 Jahre, Spondylarthrose*
Das *P-Pad* kann auch bei chronischen Schmerzen, allein oder therapiebegleitend, eingesetzt werden. Anfangs wurde das *P-Pad* mit Hilfe einer Bandage zum Schmerzpunkt gebracht.
Nach ein paar Tagen reichte es aber aus, das *Pad* im Körbchen zu platzieren. Nach nur wenigen Tagen ist der Rüde aufgeweckt und vital, bekommt keine Schmerzmittel mehr und dreht fröhlich seine Runden im heimischen Garten.

Vermutlich resultiert die beobachtete Wirksamkeit auf einer vermehrten Bildung von *Serotonin* und *Endorphinen*. - Letztere sind für die Schmerzwahrnehmung zuständig.

Hat der Körper genug Serotonin und Endorphin, so steigt die Schwelle der Schmerzwahrnehmung, womit chronische Schmerzen gelindert werden können.

Fall 4: *Isländer Wallach, 12 Jahre, COPD[130]*
Laut Tierklinik austherapiert. Das Tier wirkte kraftlos, zeigte extreme Atemnot und machte deutlich hörbare Atemgeräusche. Weit aufgeblähte Nüstern und Panik stand in den Augen.
Das *P-Pad* und eine *photonisierte* Decke wurden zur Unterstützung der naturheilkundlichen Behandlung zum Einsatz gebracht. Die *Photonic* Behandlung half dem Tier in nur sehr kurzer Zeit wieder in seine natürliche Balance zurückzufinden! Sie unterstützt bei der Regeneration und gleicht ein müdes oder schlaffes Verhalten genauso aus, wie ein nervöses/panisches.
Sie reaktiviert und die natürlichen Selbstheilungskräfte.
Schon bei der ersten Anwendung entspannte sich das Tier innerhalb kürzester Zeit und die Panik in den Augen wich. Nach nur einer Woche zeigte das Tier den ersten kleinen Galopp auf der Weide und wirkte voller Lebensenergie.

Fall 5: *Sheltie, Hündin, 3 Jahre, Gelenkblockade*
Bei akuten oder chronischen Erkrankungen des Bewegungsapparates, verwende ich in meiner Praxis *In-Photonic*, womit ich Applikationen für meine manuellen Behandlungen erstelle, die sich ganz besonders in der Chiropraktik bewährt haben.
In-Photonic verstärkt nach meiner Beobachtung die manuell gesetzten Impulse auf das Gewebe und kann so den Heilungsprozess beschleunigen. Bei allen Tieren, die ich auf diese Art behandelt habe, stellte sich bereits nach kurzer Zeit, - meist schon bei der Erstbehandlung, - eine sichtbare Verbesserung ein, die nicht nur ein Strohfeuer war. In fast allen Fällen war dies der Beginn zur Ausheilung der kausalen Problematik.

Neben der Tierheilpraktikerin gibt es eine große Menge mündlicher Erfahrungsberichte von Anwendern, die mit *In-Photonic* Vögel, Reptilien, Säugetiere aller Arten, aber auch sich selbst

---

[130] Sammelbegriff eine Gruppe von Krankheiten der Lunge, die durch Husten, vermehrten Auswurf und Atemnot bei Belastung gekennzeichnet sind. In erster Linie sind die chronisch-obstruktive Bronchitis und das Lungenemphysem zu nennen.

behandelt haben. Was sie alle eint ist, dass sie alle wundersam anmutende Geschichten zu ihren *In-Photonic* Erfahrungen zu erzählen haben. Automatisch bewegt sich das Auge weg vom menschlichen Mangel und richtet sich neu aus auf die Fülle kosmischer Energiewirkung, die stets positive Ergebnisse und noch mehr Fülle bewirkt.

Zwei Fälle aus meinem Bekanntenkreis möchte ich hier noch aufführen, die eindrucksvoll zeigen, wie auch hoffnungslose Fälle wieder ins Leben kommen, - ohne Hexerei.

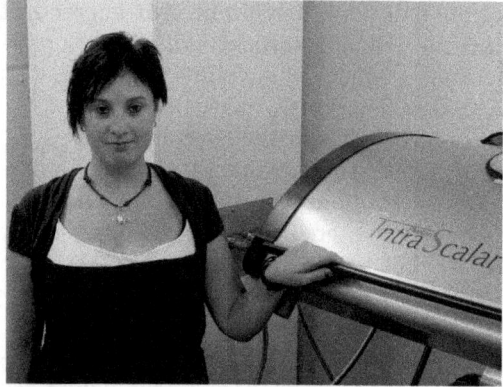

S. Huber, Diagnose: *Tuberositas tiabe Versetzung* Der OP Termin zur Versetzung der Schienbeinfraktion war am 11.02.2014. Nach ihrer OP unterstützte Frau H. die Rekonvaleszenz durch verschiedene Maßnahmen, wie z.B. Krankengymnastik. Daneben absolvierte sie 12 Einheiten zu 30 Minuten täglich auf der *In-Photonic Liege*, wo sie eine massive *Photonen-Dusche erhielt.* Man prognostizierte ihr, dass die Heilungs- und Rekonvaleszenzzeit etwa 8-9 Wochen betragen würde, allerdings ohne die zusätzliche Photonen-Behandlung.
Mit der *In-Photonic-Behandlung* war die Patientin aber schon nach 3 Wochen schmerzfrei! - Ab der 6 Woche war Frau Huber mobil und sie benötigte für ihre Mobilität noch nicht einmal Hilfsmittel! - Aufgrund mehrjähriger Erfahrung der behandelnden Ärzte, war dieser Verlauf für Sie erstaunlich und kam einer Wunderwirkung gleich, nicht nur was das Zeitfenster der Heilung betraf, sondern auch was den Heilerfolg betraf.
Bei einem so massiven Eingriff in den Bewegungsapparat, kann man von einer Vielzahl an Begleiterscheinungen ausgehen, von denen jedoch in diesem Fall, nicht eine zum Tragen kam.

Die Wirkung war aber nicht nur körperlich, - sie war ganzheitlich. Ein Mensch der bei jeder Bewegung Schmerzen hat, wandelt mit der dauerhaften Angst vor Bewegung und das wirkt sich natürlich auch psychisch aus.
Frau Huber hatte nach jeder Photonen-Behandlung das Gefühl, einen großen Schritt in Richtung Heilung gemacht zu haben und verlor dadurch ihre Angst. Dort wo die Angst der hohen Ordnung wich, dort entstand Vertrauen und Mut zur Bewegung, was es dem Bewegungsapparat ermöglicht, sich optimal den neuen Bedingungen anzupassen.

Der andere Proband über den ich schreiben möchte, ist ein sehr alter Freund von mir. Sein Problem ist eine chronische *Parodontitis*. Bei ihm war sie im Endstadium, was einher ging mit dem Abbau der Kieferknochen. Obwohl seine Zähne gesund waren, musste er sämtliche Backenzähne *(8 Molare)* entfernen lassen, weil das Zahnfleisch soweit zurück gegangen war, dass sich unter der Zahnwurzel sog. *Taschen* gebildet hatten, die voll waren mit pathogenen Bakterien, die den gesamten Organismus belastet haben.
Auf der rein physischen Ebene konnte man nichts mehr machen und da er ein Meister in Geist- und Energieheilung war, versuchte er auf dieser Ebene einen Heilerfolg zu erzielen, jedoch vergeblich. Es dauerte etwa ein Jahr, bis er einen Zahnarzt gefunden hatte, welcher sich der Herausforderung stellen wollte, - alle anderen ließen ihn als *extremen Risikopatienten* fallen.
Die Kieferknochen waren in einem absolut desolaten Zustand, - im linken Oberkiefer war der Knochen bereits durch einen vorangegangen Behandlungsfehler *(Sinuslift)* verlustig, so dass ein Loch vom Kiefer in den Nasennebenhöhlenraum entstanden war. Die meisten Zähne steckten nur zu 1/5 in den Kieferknochen. Das war die Ausgangsposition, die *Dr. Veigel* bei seiner Erstanamnese festhielt, wobei er sich wunderte, dass die Zähne trotzdem nicht, bzw. nur sehr leicht gewackelt haben.
Normalerweise hätte man eine Knochentransplantation machen müssen. Das ging jedoch nicht, weil nicht genug Zahnfleisch vorhanden war, um den neuen Knochen zu umschließen. Es schien hoffnungslos, zumal Dr. Veigel erst tätig werden konnte, wenn die chronische Bakterienproblematik behoben war.

Nach seiner ersten Laser-Parodontitisbehandlung trafen wir uns und er erzählte mir von seinem Problem. Daraufhin gab ich im zwei Sachen:

1) Ein Anolyth mit einem pH von 2,3 zum Spülen und
2) 50 Mikron *Photonic Crystalpulver*, das er sich mehrmals am Tag und vor dem Schlafengehen mit dem Finger zwischen die Zähne und dem Zahnfleisch verrieb.

Etwa 2 Monate darauf hatte er den nächsten Termin bei Dr. Veigel und die kurzfristigen Ergebnisse konnten sich sehen lassen: Der Biofilm *(Bakterien)* ist zurückgegangen und, - das Zahnfleisch wuchs um etwa 1 – 2 mm nach! –
Ein Phänomen, das Dr. Veigel, der ein Experte ist für Problempatienten, bis dahin noch niemals gesehen hatte.
Ich arbeite jetzt schon seit einiger Zeit mit der *In-Photonic* Technologie und behandelte in meiner biophysikalischen Homöopathiepraxis schon eine Vielzahl von Patienten mit Applikationen, die ich für sie entwarf. Es gab nicht einen, der nicht davon profitiert hätte! – Zu mir kamen Menschen, die mit dem Gehen Probleme hatten, weil sie entweder ein Überbein hatten, Gefäß- und/oder Gewebeprobleme *(z.B. Krampfadern)* oder einfach nur eine Prellung oder Stauchung. Mit einer *Photonic* Schuheinlage konnte allen in kurzer Zeit geholfen werden. Vor allem Frauen, die *gerne* kalte Füße haben, konnte sehr schnell geholfen werden und man möge es nicht für möglich halten, was sich alles ändern kann, wenn die Füße endlich einmal warm sind! Gerade diese systemübergreifenden Wirkungen, die man zu Beginn einer Intervention nicht absehen kann, sind ein Beweis von echter Heilung, weil genau das heilt, was zum Symptom führt.

Besonders effizient haben sich *Photonic* Applikationen bei akuten Problemen erwiesen, wie z.B. Schmerzen unterschiedlicher Ursachen. In mehr als 90% der Fälle haben sich bereits nach kurzer Zeit deutliche Verbesserungen eingestellt. Doch Vorsicht! – Die zuvor bereits erwähnten *P-Pads*, die für solche Anforderungen verwendet werden, haben zwei Drehrichtungen. Eine Seite dreht rechts herum Energie in das System hinein,

wohingegen die andere Seite, linksdrehend, Energie aus dem System heraus nimmt.
Dies wurde absichtlich so gemacht, weil man zwei unterschiedliche Kategorien von Schmerzen hat.
Einmal der pathologische Entzündungsschmerz, der durch kumulative Kompression *phlogistischer*[131] Faktoren entsteht und den man zuerst ablassen muss, wozu man die linksdrehende Seite des *P-Pads* verwendet!
Dann gibt es den heilenden Schmerz, der deshalb entsteht, weil sich gerade etwas Neues etabliert oder wiederbelebt. Eine schöne Assoziation dazu ist der Defibrillator bei Herzstillstand, der prinzipiell dasselbe macht, wie die rechtsdrehende Seite des *P-Pads*; - er gibt Energie in ein darniederliegendes System, - einen *(Erst-)* Impuls, der das System wieder beleben soll.

Am besten vertraut man bei der Wahl der Seite aber seinem Instinkt. Man merkt sehr schnell, ob sich der Zustand verbessert oder verschlechtert. Wenn man das bemerkt, dann sollte man umgehend handeln und das *P-Pad* umdrehen, - es sei denn, man steht darauf, sich selbst zu kasteien.

Die Verwendungsmöglichkeiten des *Photonen Pad's* sind nahezu unerschöpflich. Bei langen Autofahrten z.B. bekomme ich immer wieder einmal Wadenkrämpfe und natürlich habe ich mein *Pad* immer dabei. Ich lege es auf die Wade oder klemme es in meine Socken, zähle bis 10 und weg ist der Krampf. Wenn ich es nicht für meine Waden brauche, dann lehne ich es stehend an mein Rücksitzpolster, so dass es am Lendewirbelbereich bei mir aufliegt, was mir beim Fahren Ruhe, Vitalität und Konzentration vermittelt. Da ich immer wieder einmal neurophysiologische Massagen *(Esalen)* mache, verwendete ich das *Pad* dafür, die Muskulatur zu lockern und die Durchblutung anzuregen, was nach meiner Erfahrung zu deutlich nachhaltigeren Ergebnissen beim Klienten führte. Weil das *Pad* für eine solche Anwendung nicht optimal geeignet war, habe ich mir einen *photonisierten Massagestab* gebastelt, der nun wirklich optimal funktioniert und ein überaus effektives Werkzeug für Reflexzonen-Massagen ist.

---

[131] **Phlogistisch:** Zur Entzündung gehörende Initial- oder Nebenprodukte.

Das schöne dabei ist: Wenn man mit *Photonic Tool's* andere Menschen behandelt, dann behandelt man auch immer sich selbst, wodurch man keine Energie an einen anderen verliert, - im Gegenteil, beide erhalten lichtvolle Energieschübe.

Fortschritt besteht nicht in der Verbesserung dessen, was war, sondern in der Ausrichtung auf das, was sein wird. – Khalil Gibran

DEZENTRALE PHOTONIC APPLIKATIONSENTWICKLUNG

Ich habe, wie schon geschrieben, eine Vielzahl von *EnergyTools* in Händen gehalten und diese bei Ihrer Verbreitung unterstützt, sofern sie in ihrer Wirkung wissenschaftlich belegt und wirksam waren. Leider gab es aber nie einen wirklichen Durchbruch, weil die Hersteller und Forscher den Anspruch hatten, die alleinigen Applikationsentwickler zu sein, weswegen man den Menschen immer nur fertige, also vorkonfigurierte Tools angeboten hat, die nicht unbedingt wenig gekostet haben.

Mit *In-Photonic* ändert sich dies nun. Nicht die fertige Applikation steht vorne an, sondern die Möglichkeit, über Grundstoffe und erschwingliche Apparaturen, eigene, individuelle Applikationen zu erschaffen. Kohärentes Licht ist die fundamentale Basis der Materie, weswegen seine heilende Ordnung überall dorthin gelangt, wo es eingesetzt wird.
Bei einem so breit angelegten Wirkspektrum verliert man aber leicht die Übersicht und so kann man in ein bis zwei Wochenendkursen die Basics erlernen, mit denen man diese Lichtenergien auf effiziente Weise in das Alltagsleben integrieren kann.
Das was man in den Kursen lernt ist jedoch nur die Spitze des Eisberges, - vielmehr soll damit die eigene Kreativität initiiert

werden, damit man die Ideen verwirklicht, an die noch keiner gedacht hat.

Wer selbst schon Erfahrungen im Umgang mit Energien gemacht hat, der kann natürlich auch nach eigenem Gutdünken in die Applikationsentwicklung einsteigen. Alles was man hierzu benötigt ist vorhanden; - ein *P-Home-Booster*[132] in verschiedenen Größen, mit dem man selbst alle möglichen Gegenstände *photonisieren* kann. Wer sich den *P-Home-Booster* nicht leisten kann oder möchte, für den stehen die aufgeladenen Basis-Kristalle, die *P-Crystals,* in verschiedenen Vermalungsgraden zur Verfügung, mit denen man alleine schon eine Unmenge an Applikationen entwickeln kann. Ich möchte bemerken, dass ich bisher nur von Ordnungsfeldern gesprochen habe, wenn ich *In-Photonic* und seine Wirkung beschrieben habe. Die eigentliche Erweiterung ins unermessliche passiert dann, wenn man das Ordnungsfeld nun mit Informationen belegt!

Diesem Umstand wurde Rechnung getragen, indem man an den *P-Home-Boostern* eine separate Informationskammer anbrachte.
In diese Kammer kann man nun informierte Objekte geben, wie z.B. Globulis *(Homoöpathie)* oder selbst erstellte Informationsobjekte wie z.B. biophysikalische Umschreibungen, *quantenverschränkte* Objekte, Feld- und Schwingungsinformationen, Pflanzensignaturen sowie geistige *(z.B. Cosmo Energetic-, Cycel- oder Reiki-Energien)* und/oder energetische *(z.B. aus Bioresonanzverfahren)* Informationssignaturen. Damit kratze ich nur an der Oberfläche dessen, was noch möglich ist.
Nur mit Symbolen z.B. war es schon möglich, schwer kranke Menschen zu heilen. *Prof. Dr. Ibrahim Karim* entdeckte die Geometrie der Organe und betrieb *Mental Engineering*, indem er Anhänger herstellte, auf welchen er seine Geometrien, die er *BioGeometries* nennt, aufbrachte. In einer wissenschaftlichen Studie, wurde einer Gruppe Patienten nur Karim's Anhänger umgehängt, während einer Vergleichsgruppe die herkömmliche schulmedizinische Heilkunst verabreicht wurde. Das Ergebnis:

---

[132] Siehe unter www.inno-p.com

90% der Träger von Karim's Anhänger waren nach etwa 2 Monaten ausgeheilt, während in der Kontrollgruppe nur **46%** der Patienten Remissionen aufzeigten[133]. – Kann man sich vorstellen, wie gut die *BioGeometries* erst wirken, wenn sie in ein emergentes Konzept eingebunden werden?

Mit den *Photonic* Basis Tools kann man all das machen, woran noch keiner gedacht hat und damit das tun, was noch keiner gemacht hat. Man braucht nur sich selbst und sein Gefühl für Stimmigkeit! – Es gibt nur die Grenzen, die man sich selbst durch sein Denken auferlegt! –

In diesem Tenor habe ich einmal einen Chip kennen gelernt, mit dem man Sprit sparen konnte, wenn man ihn auf die Benzinleitung des Autos angebracht hat. Ich fand das spannend und wusste natürlich, dass der Entwickler dies nur über statische oder skalare Felder zu bewerkstelligen vermochte. Da auch diese elektromagnetischer Natur sind, ist die Signatur dieser Felder durch die Verteilung der Photonen existent und abrufbar.

Es reichte ein einfaches Bild von diesem Chip, das ich im Internet fand, auf dem auch die für das Auge unsichtbare Photonen-Sigantur aufgeprägt ist. Mit meinem *Cosmo Energetic* Channel erstellte ich eine 1:1 Kopie der Signatur und übertrug diese in *photonisierte* Siliciumkügelchen, die ich zuvor in eine Schale gegeben habe. Nach etwa 5 Minuten war die Signatur dann in allen Siliciumkügelchen enthalten.

Ich beschaffte mir ein Stahlröhrchen von 2 mm Durchmesser und 7 cm Länge *(Maße sind willkürlich)*, füllte dieses mit den Kügelchen und versiegelte das Röhrchen dann mit einem Heisskleber.

Dieses Röhrchen montierte ich mit einem Klebeband am Benzinzulauf eines älteren PKW, der daraufhin ruhiger lief und weniger Sprit verbrauchte.

Bei neueren, energieeffizienten Autos fällt die Wirkung weniger am Verbrauch und den wahrnehmbaren Parametern auf. Doch lassen sie sich nicht täuschen, eine Wirkung ist dennoch da, die sich in der Erhaltung der qualitativ hochwertigen Abläufe

---

[133] www.**biogeometry**.com

bemerkbar macht, - das ganze System *Auto* läuft rund und ist weniger anfällig für die Folgen aus Verschleiß und Fehlfunktion.

Dies war eine kleine Anregung, damit man sich ein Bild von dem machen kann, was möglich ist und wie man so etwas in der Praxis umsetzt. Man braucht nicht viel, um effiziente *EnergyTools* zu bauen, lediglich eine energetische Basis mit *In-Photonic* und seine Kreativität sowie den Mut das zu tun, was einem der *Bauch* sagt.

Zwei meiner *Cosmo Energetic* Schülerinnen heilten im Februar 2014 eine todgeweihte Frau in Süd-Afrika, die an einer unbekannten Infektionserkrankung litt, der die Medizin hilflos gegenüberstand. Sie erstellten mit den *CEM*-Kanälen ein informiertes Ordnungsfeld, das die elektrisch schwachen Felder aktivierte, wodurch über mehrere tausend Kilometer Heilung erfolgte.
Diese Information könnte man nun genauso gut in ein Kristallkügelchen laden, das man dann in die Informationskammer des *P-Boosters* gibt. Egal was man dann in der Kammer auflädt, es wird die Ordnung und Information von Heilung abstrahlen.
Man kann aber genauso gut auch homöopathische Mittel zum Informieren oder die Felder aus heiliger Geometrie verwenden.
Hat man z.B. oft Kopfschmerzen oder Migräne, so nimmt man *Natrium Chloratum* und legt dieses in die Informationskammer. Bei den Potenzen muss man etwas Acht geben, insbesondere wenn man an chronischen Kopfschmerzen leidet, weil die Wirkung der Homoöpathie viel intensiver ist. Das kommt daher, weil man die Information auf einen kohärenten Ordnungsträger auflegt, der immun ist gegen die destruktiven Wechselwirkungen äußerer Faktoren. Hierbei haben wir eine High-Tech Abschirmfolie eingesetzt, mit der sich das Innere des *P-Home-Boosters* hermetisch versiegeln lässt; - in der Kammer gibt es nur noch kohärentes Licht und die Information, die man darauf prägt.
Die Objekte die man nun damit auflädt, werden von einem Feld umgeben, das sich dort entlädt und Bewegung hervorbringt, wo das Ordnungsfeld aufgrund seiner Information Anlass sieht zu handeln. Einen Fehler kann man nicht machen, denn auch wenn man die Information nicht mehr benötigt, sie aber noch in den aufgeladenen Objekten vorhanden und aktiv ist, so wird sie nur

dann aktiv, wenn es dafür einen Grund gibt, weswegen aus der Akutmaßnahme eine Präventivmaßnahme wird.
Das bedeutet, dass damit auch die Langzeitnutzung völlig bedenkenlos ist.

Alle homöopathischen Mittel und insbesondere die biophysikalische Homöopathie, erfahren eine exorbitante Wirksteigerung, weil sie auf eine Kohärenzschwingung aufgelegt werden, die alles durchschwingt.

Auch das Thema Quantenverschränkung bekommt mit *In-Photonic* eine neue, ungeahnte Tiefe. Dieses Verfahren basiert darauf, dass man aus der bereinigten Kohärenzschwingung, z.B. von der DNA oder vom Blut, als Dauerordnungschwingung auf das betreffende System abschießt. Dies dient dem System als höchstes Ordnungsprinzip, nach dem es sich ausrichtet, was je nach Schädigung des Systems über einen mehr oder weniger langen Zeitraum erfolgen kann. Die Erfolge mit der Eigenblut-Therapie bestätigen die Wirksamkeit dieses Mechanismus und auch der international bekannte russische Forscher *Petr Garjajev*[134] arbeitet auf Basis der Photonen-DNA Konhärenz.

Um das besser verstehen zu können, möchte ich vorstellen, wie bisher gearbeitet wird. Nehmen wir z.B. die *Functional Correctors* von Sergej Koltsov. Die *Skalarfeld-Platten* hatten eine physiologische Wirkung, die empirisch nachweisbar war.
Ein angehender Heilpraktiker und FC-Platten Anwender machte an der *Paracelsus Schule* in Landshut einen Blut-Test *(n. Enderlein)*. Vor der Behandlung mit der FC-Platte waren die *Erythrozyten*[135] verklumpt und wiesen *Geldrollenbildung* auf, was ein Zeichen für eine hochgradige Azidose, den Auswirkungen von E-Smog und anderen pathogenen Faktoren war.
Die Mikroskopie offenbarte eine *starre Kloake* anstatt eines bewegten Lebenselixiers. Nach der Behandlung mit der FC-Platte

---

[134] **The phantom ligand effect:** allosteric control of transcription by the retinoid X receptor.
I G Schulman, C Li, J W Schwabe, and R M Evans, http://genesdev.cshlp.org/content/11/3/299.short
[135] **Erythrozyten / rote Blutkörperchen**, sind die häufigsten Zellen im Blut von Wirbeltieren. Sie dienen unter anderem dem Transport von Sauerstoff von der Lunge oder den Kiemen zu den diversen Körpergeweben. Erythrozyten wurden erstmals 1658 von Jan Swammerdam beschrieben.

veränderte sich das Blut, - die *Geldrollen* lösten sich auf und die Verklumpungen reduzierten sich. – Ich möchte hierzu bemerken, dass dies Effekte bei einem aus dem Organismus entnommen Blutes waren, das man konstant in der hohen Ordnung halten konnte. Im Organismus selbst würde dieser Effekt nur temporär auftreten, nämlich dann, wenn das Blut das Skalarfeld durchläuft. Das alles geschah durch die skalaren Felder, die im *P-Pad* ebenfalls enthalten sind, jedoch nicht als singulärer Wirkmechanismus, sondern als Spieler in einem Team.

Auch wenn die skalaren Felder nun eine Verbesserung des Blutes herbeiführen konnten, so konnte damit nicht die Ursache der Blutentartung verändert werden, was im Grunde nur eine Symptombehandlung ist. Im Unterschied dazu funktioniert *In-Photonic* auf der fundamentalen, globalen Ebene. Photonen sind die erste Kausalität der Elektromagnetischen Schwingung, wohingegen *Skalarwellen*[136] eine besondere Form der elektromagnetischen Schwingung sind. Das bedeutet, dass alle Formen des Elektromagnetismus nur ein Teil des Photons sind, oder umgekehrt, das Photon ist der Initiator aller Formen von Elektromagnetismus.
In dem Moment, in dem man das *Teil* seinem *Ganzen* unterstellt, wird es von der Intelligenz des *Ganzen* geführt.

Mit quantenphysikalischen Verschränkungstechniken lässt sich aus einem Tropfen Blut, ein individuell modifizierter und vor allem dauerhafter selektiver Heilungsimpuls auf das Systems erstellen. Dazu muss man dem System einen Tropfen Blut entnehmen, den man in eine spezielle Mineralmischung gibt, die auf der Schumann Frequenz schwingt. Dann gibt man die *P-Crystals* dazu, verspiegelt das Ganze in einer Skalarfeldplatte und das war es dann schon. Was passiert da? – Auch das Blut hat eine elektromagnetische Eigenschwingung und ist ein Teil des Photons.
Vereint sich also das Teil mit dem Ganzen, so wird es wieder Ganz im Sinne seiner Natur.
Ganz werden im Sinne der Natur heißt, dass sich die DNA wieder ihrer Urform besinnt und wieder zu dem wird, was sie war.

---

[136] **Skalarwellen** sind hypothetische, elektromagnetische Wellen, die sich von herkömmlichen elektromagnetischen Wellen durch eine Schwingungsebene parallel zur Ausbreitungsrichtung unterscheiden und phantastische Eigenschaften haben sollen.

Da sich die DNA im *P-Pad* in einem geschützten Raum befindet, kann sie ihren hohen Ordnungszustand dauerhaft und konstant halten. Der gesamte Regulationsverlauf des Bluttropfens im *P-Pad* zur Norm der Natur, bringt die Informationen der Heilung hervor, die u.a. über das skalare Feld transportiert werden.
Da die DNA und Photonen eine sehr starke Kohärenzwirkung[137] zueinander haben, erzeugen die Photonen, die sich um die bereinigte DNA anordnen, eine Art Spiegelbild für die gesamte DNA im betreffenden System.
Metaphorisch gesehen betrachtet die entartete DNA sich in diesem *Photonen-Spiegel* und nimmt sich deshalb in ihrem Ursprung wahr, was dazu führt, dass die *Beobachter-DNA* zu dem wird, was sie im Spiegel der Beobachtung sieht.
Beobachter und Objekt der Beobachtung werden Eins!
Die DNA ist eine kosmische Antenne, die Licht aufnehmen, aber auch abgeben kann und sie ist ein Speicher von Bio-Photonen und, sie dient der *Proteinbiosynthese*[138] als Blaupause für die *Genexpression*[139].
Mit anderen Worten ist die DNA ein Generalschlüssel zu allen Zellen aus denen heraus sie wirkt und sie bewirkt, bzw. reguliert, durch Ihre Kohärenz, die Photonen-Verteilung *(DNA-Phantom Effect)* in der Aura, - das Energiefeld eines biologischen Systems.
Nur aus der inneren Wirkung heraus, kann im Außen eine nachhaltige Veränderung erreicht werden!

Damit eröffnet sich ein Universum an neuen Möglichkeiten, egal, ob man *In-Photonic* privat oder beruflich verwendet.
Einzigartig ist auch, dass man die fundamentalen Basisfaktoren, die der Effizienz dieser Technologie zugrunde liegen, nicht hinter verschlossenen Toren aufbewahrt, weil man Angst hat, dass man zu wenig bekommen könnte oder ein anderer etwas entwickelt,

---

[137] **DNA Phantom-Effect:** Gariaev PP, Grigor'ev KV, Vasil'ev AA, Poponin VP, Shcheglov VA. Investigation of the Fluctuation Dynamics of DNA Solutions by Laser Correlation Spectroscopy. Bulletin of the Lebedev Physics Institute, 1992:11-12; 23-30.

[138] **Proteinbiosynthese** ist die Neubildung von Proteinen in Zellen und damit der für alle Lebewesen zentrale Prozess der Genexpression, durch den in Größe und Form unterschiedliche Proteine nach Vorlage der aufgearbeiteten Kopie (mRNA) eines bestimmten DNA-Abschnitts (Gen) der Erbinformation gebildet werden.

[139] **Genexpression**, der Vorgang, bei dem die genetische Information umgesetzt und für die Zelle nutzbar gemacht wird. Anders ausgedrückt beschreibt der Begriff G. den intrazellulären Weg vom Gen zum Genprodukt.

woran man lieber selbst verdient hätte. Die Intention der Technologie ist es, sich möglichst weitflächig in Verwendung zu bringen und dass die Menschen durch die neuen Erfahrungen im Umgang mit Energie, ihrem Ursprung wieder näher kommen.

Noch nie konnte so gezielt und effizient Energie selbstbestimmt in eine höhere Ordnung gebracht und eingesetzt werden. Noch nie war es so einfach, effektive *EnergyTools* zu bauen, - noch nie kam es dabei zu einer bewussten Vereinigung von Energien unterschiedlicher Verdichtungsgrade und noch nie wurden fundamentale technische Apparate offeriert, die jedem die Möglichkeit geben, *In-Photonic* auf Entwicklerebene einzusetzen.

Durch alle diese Möglichkeiten ist es nun möglich, ein vollkommen neues Berufsbild, - das *Mental Engineering*, - zu begründen. Die Grundausbildung erstreckt sich in zwei Blöcke über zwei Wochenenden. Hierzu sind keine tiefer gehenden Kenntnisse im Bereich der Physik notwendig, wie man denken könnte.
Bedenken sie bitte immer, dass all das was man zu wissen glaubt, stets nur für den gedacht ist, der es weiß.
Natürlich muss es Menschen geben, die in die Wirrungen der Grundlagenforschung einsteigen, um neue Erkenntnisse aus den Tiefen des Mysteriums aufsteigen zu lassen. Das Wissen ist dabei der Schlüssel zu einer verschlossenen Türe, jedoch ist es nicht der Raum, der sich hinter dieser Türe öffnet.
Das Erkennen und Verstehen von Zusammenhängen ist der wahre Schatz von Wissen und der Inhalt des Raumes ist es, der dem Beobachter neue Wahrnehmungsebenen eröffnet.

Um dorthin, an diesen Ort der Evolution des Geistes zu kommen, benötigt man ein eng umrisenes Basiswissen, das nicht in die fachspezifische Tiefe, also der Herleitung der Zusammenhänge geht, sondern in das Verstehen, wie sich die Naturgesetze in der Materie auswirken.
Um ein Auto zu fahren, muss man schließlich auch kein Techniker oder Ingenieur sein. Man muss doch nur wissen wie man es führt und wie es sich dem selbstbestimmten Willen unterordnen lässt und man braucht Tools, um das Auto zu aktivieren, - nämlich einen Zündschlüssel.

Mental Engineering ist ein Weg zum Quantensprung in ein neues Bewusstsein, das dem Prinzip der *Emergenz* folgt. Die *Emergenz* ist es, die aus den starren linearen Strukturen den Ausbruch ermöglicht, da sie einerseits auf einer komplementären Basis das vereint, was aus Synergie Kohärenz erzeugt.

Andererseits gewährt sie den Mechnismen die am Wirken sind ihre nicht-lineare Natur, - geht also weg von einer spezifischen Einzelwirkung und hin zu einer globalen Ordnungswirkung von der man aber nicht weiß, wie sie sich im einzelnen auswirkt.

Der Mensch ist ein Depot an *Kohärenz*, - alles in ihm versucht aus kohärenten Faktoren in Harmonie zu kommen. *Kohärenz* ist ein Zustand, den man mit Einklang am besten beschreiben kann und *Kohärenz* ist ein *Anti-Entropie Faktor*, der dem Aufbau und nicht dem Abbau *(Entropie)* dient.

Im Grunde ist der Mensch bewegtes und zu Materie verdichtetes Wasser auf Beinen, das nur durch *Kohärenz* von Licht durchflutet und strukturiert werden kann. Seine feste Form verdankt er den Proteinen, die dauerhaft den materiellen Körper neu erschaffen, deren Funktion jedoch von der Konformität des Wassers abhängig ist. Mit *In-Photonic* ist es nun gelungen, auf eine Quell fundamentaler *Kohärenzfaktoren* zuzugreifen, die den Menschen helfen, ihr *Kohärenz*-Potenzial zu vergrößern, um so in Zustände höherer Ordnungsgrade zu gelangen, die nur ein Problem haben: Man kann die Ordnungswirkung nicht vorhersagen! Die *Photonic Tools* sind daher ein fundamentaler Faktor bei der Arbeit zur *Kohärenz*-Anreicherung, weswegen ich am Ende des Buches die Basis Tools kurz vorstellen möchte.

PHOTONIC BASIS TOOLS

P-Home-Booster

Hierbei handelt es sich um eine 2-polige Einheit, bestehend aus einer Aufladekammer und einem *P-Generator* mit einer Informationskammer. Den *P-Home-Booster* gibt es in drei verschiedenen Größenausführungen, so dass er privat, aber auch geschäftlich genutzt werden kann.
Für Großanlagen, wie z.B. *P-Generatoren* für ganze Räume (z.B. Lager-, Vorrats-, Produktions- oder Aufenthaltsräume) muss eine individuelle Konfiguration vorgenommen werden, die im Dialog entsteht[140]. Der *P-Home-Booster* ermöglicht das *photonische* Aufladen von nahezu allen Objekten des täglichen Gebrauchs oder aber die Erstellung von *EnergyTools*.
In der Regel dauert es 2 Tage, bis das Material vollständig *photonisiert* ist, jedoch kann man die Aufladezeit verkürzen, wenn man sich einen größeren *P-Generator* dazu nimmt.
Je nach Größe und Konfiguration bewegt man sich in einem Preisniveau von 1500 – 5000 Euro, was eine einmal Investition ist, da die Generatoren eine Lebenszeit von mehreren Menschenleben haben. Sämtliche *Photonic* Geräte werden ohne Strom betrieben, - sind also nach der Anschaffung unterhaltskostenfrei.

P-Shield

Darüber wurde noch nichts verlautbart, was hiermit jedoch nachgeholt wird. Das *P-Shield* ist zwar zum Zeitpunkt der Niederlegung noch in der Konstruktionsphase, doch wird es kommen und so möchte ich kurz die beiden Funktionen beschreiben:

1) Es soll das *(informierte)* kohärente Licht bündeln und auf einen Punkt zentrieren. So lassen sich schnell, selektiv Objekte *photonisieren* und auch Akupunkturpunkte sowie lokale Herde.

---

[140] P-Consulting: www.holisticart.eu

2) Im Gegensatz dazu wird es auch die Möglichkeit geben, weitflächig *(informiertes)* kohärentes Licht abzustrahlen, wodurch man ein harmonisches Raum-, oder Umgebungsklima *(z.B. Treibhaus, Arbeitsplatz, Auto, Schlafzimmer, ...)* erschafft.
In diesem *photonisierten* Umfeld wird jede Art von E-Smog Wirkung neutralisiert! – E-Smog ist eine elektromagnetische Schwingung einer niederen Ordnung, weswegen sie autoregulativ positiv invertiert wird.

Das *P-Shield* besteht u.a. aus einen modifizierten, metallischen Parabolspiegel, an dem sich vier Metallstäbe in der Mitte treffen, wo es eine Vorrichtung gibt, in die man zur punktuellen Verwendung einen nach vorne spitz zulaufenden Edelstahlkegel einsetzen kann. Zur Raumbestrahlung setzt man dort eine metallische Kugel ein. Am *P-Shield* gibt es eine Adaption, an der man den *P-Generator* anschließen kann.

P-Crystals

Ein Ziel von *In-Photonic* ist es, diese Technologie so breit wie möglich zu streuen. Da sich nicht jeder einen *P-Home-Booster* leisten kann oder möchte, gibt es die Möglichkeit, sich für einen kleinen Preis die fundamentalen Basiselemente zur Erstellung eigener *EnergTools* zu kaufen.
Hierbei gibt es vier verschiedene Oberflächengrößen:

P-Crystals I mit einer Größe von 50 Mikron[141],
P-Crystals II, 120 Mikron,
P-Crystals III, 250 Mikron und
P-Crystals IV mit 500 Mikron[142].

Hier muss man von Fall zu Fall unterscheiden, welche Größe für die Applikation am besten geeignet ist. Je nach Oberfläche ist die quantitative Energieabgabe unterschiedlich. Manchmal braucht man eine geringere Energiedichte, wie z.B. beim Aufladen von

---

[141] **1 Mikron** = 1 µm (sprich: mü meter) = 1 Millionstel Meter, 10^{-6}m.
[142] Diese Größen lagen zum Zeitpunkt der Erstellung des Buches vor, was nicht heißt, dass es auch andere Größen geben kann.

Obst, damit das System zwar die Energie bekommt, die einem vorschnellen Verfall entgegenwirkt, andererseits soll der Prozess der Nachreifung sich nicht verselbstständigen. Die Oberflächen sind also notwendig um die Abgabe der Energiepotenziale angemessen zu regulieren.

Wenn man mit biophysikalischen Instrumenten vertraut ist *(z.B. Tensor, Pendel)*, dann kann man sich ohne Probleme behelfen. Ansonsten kann man biophysikalische Messverfahren u. a. im Lehrgang zum *Mental Engineering* erlernen, was im Grunde ganz einfach ist und in wenigen Stunden erlernt werden kann. Die Beherrschung derartiger Messverfahren ist jedoch für die Arbeit des *Mental Engineerers* von existenzieller Bedeutung, - ob das nun die Bestimmung der Oberflächen ist, oder die Effizienz von Informationen.

Der Tensor gibt uns all die Antworten, die wir mit der Wahrnehmung nicht mehr hören und verstehen können. Dadurch baut er eine Brücke zwischen der inneren und der äußeren Wahrnehmung, über die man zu ganzheitlicher Wahrnehmung gelangt, so dass man den Tensor irgendwann einmal nicht mehr benötigt.

Zu Beginn aber ist der Tensor eine große Hilfe, vergleichbar mir der Gehhilfe eines Kleinkindes, was dadurch lernt auf die eigenen Beine zu kommen.

Die *P-Crystals* gibt es natürlich schon aufgeladen, oder aber auch entladen, damit man diese in seinem *P-Home-Booster* selbst mit Energie und Information beschwingen kann.

P-Abschirmfolie

Aus der innovativen Nanotechnologie hat man eine spezielle Abschirmfolie entwickelt, welche *P-EnergyTools* hermetisch von allen elektromagnetischen Wellen und Feldern abschottet.

Gleichzeitig wirkt sie als Kondensator und Reflektor der kohärenten Lichtströme, was zu einem optimalen Fluss von Energie führt, der sich in der Materie spürbar auswirkt.

Die Folie selbst ist eine Verdichtung verschiedener nanovermalener Metalle[143] die sich so stark verdichten, dass sie noch nicht einmal von elektromagnetischen Wellen durchdrungen werden können. Diese Folie ist aber NUR für technische Anwendungen geeignet, bei denen es darum geht, eine absolut entstrahlte Sphäre zu errichten. In unserem Fall, sollen im Booster und Generator nur Bio-Photonen und die ausgespielte Information sein. Würde man in die Folie jedoch ein biologisches System ummanteln, dann würde das System sterben, weil es von den existenziell wichtigen Bio-Frequenzen abgeschnitten ist!

Das waren zunächst einmal die Basismaterialien, bzw. Apparaturen, die es nun allen Menschen erlauben, mit dieser Technologie eigene Wege zu gehen. Daneben gibt es nun noch einige fertige *P-Energy-Applikationen*, die ebenfalls fundamental für den Alltag sind und nach vielen Monaten Forschungs- und Entwicklungsarbeit nun in einer optimalen Form vorliegen:

P-Lebensmittelplatte (LP1)

Die Platte gibt es in zwei Größen nämlich 20 x 30 cm und 50 x 50 cm. Das Material ist Edelstahl *(1,5 mm Durchmesser)* an deren Unterseite eine *P-Crystal-Mischung* in eine Gewebematrix eingebracht wurde. Dann folgt die hermetische Versiegelung und ein Filz- oder Korkboden. Zusätzlich wurden die *P-Crystals* mit *Cosmo Energetic* Signaturen informiert, die der Reinigung und Revitalisierung dienen, sowie eine Verschänkung der korrigierten DNA von nahezu allen Frucht- und Obst-Sorten.
Ein grob vereinfachter Abriss, da in der *LP1* natürlich auch Kupferspulen, Skalarfelder und *CleanSweep*, das überall integriert ist, verarbeitet werden. Übrigens muss man nicht nur Lebensmittel auf die *LP1* legen, - man sich auch selbst darauf stellen und eine anständige Lichtdusche nehmen, was in manchen Fällen wahre Wunder bewirken kann.

---

[143] Keine Sorge, - die verwendeten Oberflächen sind deutlich größer als 100 nm und stellen daher keine Gefahr dar.

P-Pads

Sie sind vom Aufbau her dasselbe wie die *LP1*, nur dass man hier keinen Edelstahl, sondern Ferromagnetplatten mit einer Stärke von weit unter 1 *Gauß*[144] verwendet.
Die Außenmaße sind im goldenen Schnitt bemessen. Man kann diese Platte beim Erstellen individualisieren, indem man auf spezielle Minerale mit einer Schumann-Frequenz, z.B. einen Tropfen Blut, Speichel oder Tränenflüssigkeit aufträgt, was besonders interessant für therapeutische Zwecke ist; - die Wirkung ist bombastisch. Jedoch stellt eine solche individualisierte Platte den alleinigen Nutzungsanspruch an den damit *Verschränkten*. Die größten Erfolge im Bezug auf Heilwirkung wurden mit den *P-Pads* erzielt, die man dauerhaft an sich trägt und womit man überall Speisen und Getränke aufladen kann.
Am Abend wandert es unter das Kopfkissen, wo es dem tiefen Erholungsschlaf die Tore öffnet, der sich positiv auf die Hormon-Synthese, das Gemüt und auf die Vitalität auswirkt.
Am stärksten wirken die *P-Pads* in der Nacht wenn der Mensch schläft. – Wenn er aufhört sich zu verkrampfen und zwanghaft zu denken, dann kann das kohärente Licht ihn optimal durchfluten, und damit auch die gewebeaktiven Hormone, die im Schlaf den Organismus erneuern sollen.

P-Green-Food-Booster

Dieser kleine *P-Booster* ist eine Quelle sanfter Energie-Strömungen, wobei er vordergründig für die sub-optimale Lagersituation von Lebensmitteln geschaffen wurde.
Auch hier wird mit Verschränkung über die Schumann-Frequenz gearbeitet, wobei als Basis, Frucht- und Gemüsekompilate verwendet werden, deren DNA mit kohärentem Licht zur Norm der Natur korrigiert werden.

---

[144] Das **Gauß** ist in Deutschland seit 1970 keine gesetzliche Einheit im Messwesen, es wird aber vor allem in der Astrophysik weiterhin verwendet. Im Internationalen Einheitensystem (SI) ist die Einheit der magnetischen Flussdichte das Tesla, als SI-Einheit ist es in der EU und der Schweiz die gesetzliche Einheit.

P-Aquator

Auch diese Applikation wurde noch nicht benannt, da sie gerade noch im Entwicklugsstadium steckt. Natürlich gibt es schon einen fertigen Aquator, den man außen an das Wasserrohr befestigt. Hier haben wir aber ein Problem, das in der Eigenschaft des Wassers liegt: Es verändert sich fortwährend!
Da das kohärente Licht beim Durchfließen nur sehr kurz auf das Wasser wirkt, zerren nach dem Duchlauf am *Aquator* wieder die chaotischen Kräfte auf das Wasser. Was hier also fehlt ist ein Stabilisator des hohen Ordnungszustandes. Deshalb kombinieren wir *In-Photonic* mit der *Kropp'schen* Wasserstrukturierung, weil nur die Kropp Technologie es vermag, einen langfristigen Schutz zu errichten. Dr. Cyrel Smith testierte die Stabilität der Kropp'schen Strukturen. Selbst Präparate die vor 10 Jahren strukturiert wurden, blieben bis zum heutigen Tag stabil, was diese Technologie bisher einzigartig macht!
Die beste Möglichkeit Wasser zu bespielen ist, die Information mit einem Laser aufzuschwingen. Da kohärentes Licht im Grunde nichts anderes ist als ein Laser, muss man nur noch die entsprechende Information einbringen, um das Wasser zu einer selbst vorbestimmten Ordnungswirkung zu bringen. Die hermetische Ummantelung der Wasserstrukturen durch die Kropp'sche Technologie emöglicht eine sehr hohe Informations- und Strukturdichte, die zu kohärenten Cluster-Formationen führt, was sich positv auf die unterschiedlichen Domänen des bilogischen Systems auswirkt.

Soweit ein kurzer Überblick zu dem, was es schon gibt oder gerade im Entstehen ist. Ein Tropfen auf dem heißen Stein, wie jeder erkennen wird, der sich mit weiteren Applikationen auseinandersetzt, da der Alltag so viele Facetten bietet, die zu sinnvollen Applikationen einladen. Das hier Beschriebene stellt den Status Quo der zum Zeitpunkt der Niederlegungen vorhandenen Applikationen dar, wobei einige davon nach erfolgreichem Prototypen-Test noch auf der Planungsskizze

stehen. So kann es durchaus sein, dass einige Applikationen andere Maße, ein anderes Aussehen oder auch andere Namen haben. Lassen sie sich davon nicht verunsichern. Die hier vorgestellten Applikationen sollen lediglich dazu dienen, den Aufbau und die Wirkung zu verstehen, woraus sich die Möglichkeiten und Einsatzgebiete im täglichen Leben offenbaren.
Die Photonen Technologie könnte man mit der Entdeckung des Stroms vergleich und wie man ihn gezielt einsetzt. Nachdem man das wusste, begann man eine unendliche Vielzahl an Geräten zu erschaffen, für alle Bereiche des Lebens und was für den Strom gilt, das gilt auch für die Photonen.

Mit dem *Mental Engineering* entsteht ein völlig neues Berufsbild, das, weil es so fundamental ist, emergent alle Bereiche des Lebens durchdringt. Das setzt aber auch an den Praktizierenden spezifische Anforderungen, auf die ich nun am Ende des Buches noch abschießend eingehen möchte.
Wir sprachen bisher nur von Hilfsmitteln, die fertige Ergebnisse sind. Was aber viel wichtiger ist, das ist der Geist, der all diese Dinge erschafft. Inzwischen gibt es Erweiterungen von Einstein's Relativitäts-Theorie, die 8 Dimensionen beinhalten und damit auch das Bewusstsein mit einbeziehen. Bewusstsein erschafft die Möglichkeit, Beobachter auf unterschiedlichen Domänen oder Verdichtungsebenen zu werden. Dort wo die Beobachtung stattfindet, dort folgt die Energie der Intention des Beobachters und beginnt, sich in der Materie auszuwirken. So, wie man man beim Lesen mitdenken muss, so muss man beim Beobachten bewusst sein. Hierzu gibt es zwei Formen von Energie. Zum einen ist das die *Aufmerksamkeit*, die gleichsam eine Taschenlampe in der Unendlichkeit ist, die ihr Licht auf einen bestimmten Punkt darin richtet, wodurch das Objekt der Beobachtung im Lichte erstrahlt. Die andere Energieform ist die *Konzentration*, durch die man die Oberfläche des Objektes der Beobachtug durchdringt und so in die Tiefe beobachten kann.

Dies sind die fundamentalen geistig-mentalen Tools, die in jedem Menschen angelegt sind und auf ihre Aktivierung warten.
Das sind die einfachen Faktoren, in denen der ganz einfache Sinn des Lebens zu finden ist. Doch nur wer bewusst sucht, der wird

auch fündig werden. Mit der Erlernung von *CYCLING* öffnen sich die inneren Tore zur Bewusstheit und weil viele Menschen diesen kausalen Mechanismus ihres Seins noch nicht kennen, kommen ihnen die Ergebnisse dieser Geistschulung wie ein Wunder vor. In Wirklichkeit nutzen sie aber nur das mächtigste Werkzeug zur Erschaffung von Kohärenz, das in jedem Menschen angelegt ist: Den Geist und das Herz!

Das Verlangen nach Sicherheit bringt Trägheit hervor, es macht das Geist-Herz unflexibel und dumpf, es verhindert, dass wir offen für die Wirklichkeit sind. Die Wahrheit offenbart sich nur in großer Unsicherheit.
Jiddu Krishnamurti

NEUTRINOS & ELEKTRONEN

In den vorhergehenden Kapiteln habe ich geschrieben, dass es 61 Elementarteilchen gibt, welche die Materie konfigurieren und wir haben einiges über kohärentes Licht berichtet. Gehen wir nun eine Ebene tiefer. Dort müssen wir nach *Wolfgang Ernst Pauli*[145] *(25.4.1900 – 15.12.1958)* ein Elemtarteilchen betrachten, über das ich noch nicht geschrieben habe, nämlich das *Neutrino*. Beim *Neutrino* handelt es sich um ein Teilchen, das jedoch keine Masse und keine Ladung besitzt, weswegen es ALLES durchdringen kann. 1959 wurde in Forschungslaboratorien in den USA mit großem Aufwand der experimentelle Nachweis für dieses Teilchen erbracht, wodurch die heutige *Neutrino-Physik* begründet wurde. Bereits Jahre zuvor wurde dieses Teilchen von Tesla erwähnt und durch die Tesla Spule unbeachtet nachgewiesen.

---

[145] **Wolfgang Ernst Pauli** war ein österreichischer Wissenschaftler und Nobelpreisträger, der zu den bedeutendsten Physikern des 20. Jahrhunderts zählt. Er formulierte 1925 das später nach ihm benannte Pauli-Prinzip, welches eine quantentheoretische Erklärung des Aufbaus eines Atoms darstellt und weitreichende Bedeutung auch für größere Strukturen hat.

Pauli stieß auf dieses Teilchen bei seinen Untersuchungen des Beta-Zerfalls, also des radioaktiven Zerfalls von Neutronen. Dabei ging nach seinen Berechnungen die Energiebilanz nicht auf, weswegen er mutmaßte, dass es da noch ein Teilchen geben muss, das bisher noch nicht beachtet wurde. Da es jedoch ohne Masse und Ladung nur sehr schwer nachzuweisen ist, musste man Parameter finden, die zum Nachweis taugten. In der Tat, man wurde fündig, weil auch das Neutrino schwingt.
Das bedeutet, dass das Neutrino in extrem schneller Abfolge von positiv zu negativ *(Aktivwert)* wechselt und da die Wechselschwingung so schnell verlief, konnte diese nicht gemessen werden, - lediglich der Mittelwert und der belief sich auf Null.
Auch die Geschindigkeit des Neutrinos stellte ein Problem dar, weil es sich mit Überlichgeschwindigkeit bewegt. Man weiß, dass Neutrinos aus *Schwarzen Löchern* kommen. Da schwarze Löcher jedoch alle Teilchen verschlucken die sich mit Lichtgeschindigkeit und darunter bewegen, ist es daher selbsterklärend, dass das Neutrino damit schneller sein muss als das Licht.

Die einzige Möglichkeit nun ein Neutrino zu messen besteht darin, es durch ein Di-Polfeld zu begleiten. Und da kommen wir zum Wasser, das ein enorm hohes Di-Polpotenzial hat, was an seiner besonderen molekularen Eigenschaft liegt.
H_2O bedeutet auf rein chemischer Ebene, dass zwei Wasserstoffatome sich an ein Sauerstoffatom binden. Der Abstand zwischen den Atomen beträgt etwa 1 Å *(Angström[146])* und die Wasserstoffatome stehen im Flüssigzustand in einem Winkel von 104,5° zum Sauerstoffatom.
Das besondere am Wassermolekül ist jedoch der Di-Poleffekt, der aus der Elektronenverteilung hervogeht, ebenso die Fähigkeit, stabile Wasserstoffbrücken zu bilden.

---

[146] 1 Å = 100 pm = 0,1 nm = 10^{-4} µm = 10^{-7} mm = 10^{-10} m

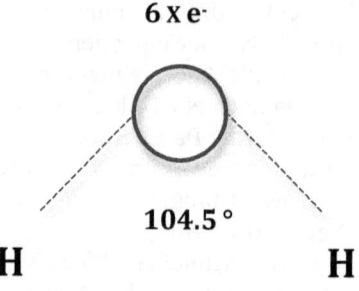

Insgesamt hat das Molekül 8 Elektronen, wobei sich 6 davon beim Sauerstoff befinden. So wird die elektronenschwache Seite des Moleküls von der elektronenstarken Seite stark angezogen. Treffen sich nun zwei Wassermoleküle, dann verbindet sich die elektronenschwache Wasserstoffseite mit der elektronenstarken Sauerstoffseite, woraus dann die von *Linus Pauling* postulierten Wasserstoffbrücken hervorgehen, die eine fundamentale Grundlage aller biogenen Abläufe sind.

Nun wieder zum Neutrino. Trifft das Neutrino nun mit einer negativen Ladung auf das Wasser *(es wechselt ja immer und so kann es beim Aufprall + oder − sein)*, so verhält es sich wie ein Elektron und spaltet das Wasser, was *Prof. Meyl* als *Neutrinolyse* bezeichnet. Das ist wichtig zu verstehen, denn um ein Wassermolekül zu spalten, wie das bei der Photosynthese passiert, reicht die Energie des Lichtes bei weitem nicht aus. Eine sehr wahrscheinliche Erklärung liefert das Neutrino.

Das war jetzt die Reaktion des Neutrinos mit Wasser im negativ geladenen Zustand. Das Neutrino kann jedoch auch im positiv geladenen Zustand auf Wasser treffen und dann verhält es sich wie ein *Positron*[147], d.h. es reagiert mit Materie und zerfällt zu Licht, - zu kohärentem Licht! Über die Wirkung von kohärentem Licht wurde ja schon hinreichend geschrieben, allerdings wurde noch nichts konkretes über die Entstehung geschrieben.

So ist es naheliegend, dass man mit der *In-Photonic* Technologie ein Verfahren gefunden hat, mit dem man positiv geladene

---

[147] Das **Positron**, Formelzeichen, ist ein Elementarteilchen aus der Gruppe der Leptonen. Es ist das Antiteilchen des Elektrons, mit dem es bis auf das Vorzeichen der elektrischen Ladung und des magnetischen Moments in allen Eigenschaften übereinstimmt.

Neutrinos und SiO_2 Moleküle zur Reaktion bringt. Das Resultat aus dieser Reaktion ist dann kohärentes Licht, das durch die Kompression emergente Effekte ausbildet, wie man das z.b. auch bei Elektronen erkennen kann.

Damit sind wir beim Thema Elektronen, das schon einmal kurz angesprochen wurde. Elektronen sind nicht nur die Potenzialgradienrten der Säure-Basen-Fluten was sich funktionell mit der Eigenschaft von Transversalwellen vergleichen ließe. Sie sind nämlich auch fundamentale Bauteile der Wasserstoffbrücken, die einen gerichteten Energiefluss ungerichteter Teilchen ermöglichen, wodurch sie die Eigenschaft von Skalarwellen haben. Und, sie sind das fundamentale Reaktionsmittel der *Neutrinolyse*, die erst über den Elektronen basierenden Di-Poleffekt des Wassers erfolgen kann! – Mit anderen Worten führt ein Elektronen-Mangel daher zu negativen Veränderungen des Lebensenergie-Metabolismus, was sich bis in die Zellen hinein auswirkt. Denken sie an das Wassermolekül-Modell und stellen sie sich vor wie die Bindungskräfte sich verändern, wenn es zu wenig Wasserstoffmoleküle mit einer ausreichenden Elektronenbesetzung gäbe, - was man übrigens in der Medizin ganz lapidar als *Übersäuerung* abtut! – Die logische Folge ist, dass sich die *Neutrinolyse* mangels Reaktionspartner reduziert. Das wirkt sich auf die Ausbildung von Mitochondrien aus, die im Querschnitt einer Tesla-Spule ähneln, aus der die Neutrinos hervorgehen.
Im Ergebnis bedeueet das, dass je größer der Elektronenmangel ist, desto weniger Reaktionspartner für die Neutrinolyse zur Verfügung stehen und das Energieniveau der Zelle abnimmt.
Infolgedessen nehmen auch die Mitochondrien ab, wodurch die Zelle immer mehr an Energie verliert. Elektronenmangel führt natürlich auch zur Bildung brüchiger Wasserstoffbrücken und das führt zu massiven Kommunikations- und Energieproblemen im gesamten biologischen System!
Daher ist es wichtig sich mit Elektronen zu versorgen. Das hört sich einfacher an, als es ist, denn wie soll man das in einem ebenso elektronenarmen Umfeld bewerkstelligen. Hierzu habe

ich, wie bereits erwähnt schon vor vielen Jahren ein Präparat entwickelt, das sich *Hannes Kolloide*[148] nennt. Bei der Herstellung werden dabei in nanogeclusterte Siliciumoberflächen *Di-Hydride*, also negativ geladener Wasserstoff eingelagert, was den natürlichen *Nano Bubbles* im Wasser gleich kommt. In nur einer Kapsel können wir daher aktive Elektronen Potenziale von 10^{17} Elektronen, retardiert über 12 Stunden freisetzen. Parallel dazu sollte man eine OH^- - Lösung trinken, die vor allem der Zelle helfen, sich ins Säure-Basen-Gleichgewicht zu bringen. Obwohl *Argee* und *McKinnon* im Jahr 2003 für Ihre Arbeiten im Bezug auf die zellgängigen Wasserstoff-Ionen den Nobelpreis erhielten, hat man deren Erkenntnisse, die für biologische Systeme von existenzieller Priorität sind, in ihrer Wirkung noch zu wenig verstanden und demzufolge auch nicht angewendet. Im Umgang mit Energie wird die Elektronenzufuhr jedoch von immer größerer Bedeutung. Erst wenn genügend große Elektronen-Potenziale zur Verfügung stehen, können sich emergente Effekte, wie z.B. unspezifische Kollektivwirkungen erzeugen lassen, die man zwar schon beobachtet hat, deren Wirkung jedoch bislang unverstanden ist. So gehört zu den wichtigsten Grundvoraussetzungen für jegliche Form von energetischer Arbeit das ausreichende Vorhandensein von Elektronen, damit Energie für die Bewegung in der Materie vorhanden ist.

Wenn mir Einstein ein Radiotelegramm schickt, er habe nun die Teilchennatur des Lichtes endgültig bewiesen, so kommt das Telegramm nur an, weil das Licht eine Welle ist. - **Niels Bohr**

---

[148] Erhältlich beim naturwissen Ausbildungszentrum: www.natur-wissen.com

Der Beobachter

In den vielen Jahren, in denen ich mich, meiner theosophischen Gesinnung folgend, nun mit Energie und Bewusstsein intensiv beschäftige, ist mir eines klar geworden. Die Energien sind verbunden mit der Ordnungsstruktur ihres Schöpfers! -
Die meisten Wissenschaftler, die an der Entwicklung von *Energy-Tools* arbeiten, sind hoch spirituell, - auch wenn die Betreffenden dies leugnen oder es ihnen gar nicht bewusst ist.
Ich habe die Menschen hinter der Wissenschaft kennengelernt, die mich in ihrer Energetik unterwiesen haben und ich habe dem Weg bis hin zum Endprodukt teilhaft werden dürfen, was mir eine ganzheitliche Sicht erlaubte. Dadurch konnte ich über die Energetik der Tool's den Weg der Energieverläufe nachvollziehen und am Ende die Wirkung in der Materie erkennen.

In der Materie jedoch wurde die Effizienz der zugrundeliegenden Energetik nie erreicht, was nicht an den Energien liegt, sondern am Menschen, am Beobachter, der ihnen einen selbstbestimmten Weg in die Materie baut.
Es wurde mir rasch klar, dass es am Entwickler liegen musste, ohne jedoch eine Schuld damit zu vergeben. Jeder gibt halt sein Bestes und niemand sollte das Beste eines anderen bewerten. Jeder darf so sein wie er ist, was aber nicht bedeutet, dass man es selber nicht besser machen darf. So lichtvoll, harmonisch und ausgeglichen alle Entwickler auch nach außen wirkten, so trugen sie doch auch alle Ängste, Misstrauen, Selbstwertmangel und ein ungesundes Maß an Unabhängigkeitsstreben in ihren Herzen.
Es ist das Herz, das für die Bewegung des Wassers im Organismus sorgt und es ist auch das Herz, das die größte energetische Abstrahlung kohärenter Wellen hat, was es der inneren Ursache erlaubt, sich als äußere Wirkung in der Materie zu kondensieren. Dies wirkte sich selbstverständlich auf ihre *EnergyTools* aus und nahm ihnen viel von der Effizienz, die sie hätten haben können.
Außerdem machte man aus meiner Sicht einen großen Fehler, der darin begründet lag, dass sich die Entwickler vor ihr geistiges Gut stellten, damit es niemand sehen konnte.
Nur was der Entwickler als fertige Applikation im Angebot hatte, konnte erworben werden. Damit erwarb man dann aber nicht

mehr die ursprüngliche Energetik, sondern ein *Energiegemisch* aus Naturenergetik und der Bio-Energetik des Entwicklers.

Richtig wäre es deshalb, wenn er sich hinter sein geistiges Gut stellen würde, damit es für alle ersichtlich ist, - sie darauf zugreifen und eigene Erfahrungen machen können. Nur so kann das geistige Gut auch in einem anderen geistigen Gut aufgehen, was auch der Grundgedanke der *Emergenz* ist.
So, wie kein Mensch die Wahrheit für alle haben kann, so kann auch kein Mensch eine Energie für alle haben. Wer mit Energie arbeitet, der muss sich den Resonanz-Gesetzen unterwerfen, was bedeutet, dass jeder Mensch ein spezifisches Umfeld an Resonanzpartnern hat, in dem ein fruchtbarer Austausch möglich ist.
So leben *EnergyTools* vom Individuum des schöpferischen Geistes der sie entwirft. Wichtig ist, dass die grundlegende Energetik ein hoher Ordnungsfaktor mit starker Kohärenzwirkung ist.
Die Kunst des *Mental Engineerers* ist es nun, in Form von Tools, die Grundenergie mit Informationen zu beschwingen und ihr einen Weg zu bauen, über den sie sich in der Materie zum Wohle des Menschen und der Natur entfalten kann. Diese informierte Kraftwirkung kommt aus dem Gedanken- und Herzfeld des Beobachters, weswegen die abgehende Energetik dem Weltbild seines Urhebers folgt. Um also möglichst viele Menschen anzusprechen ist es daher unerlässlich, dass es mehrere Urheber gibt.

Seit mehr als 90 Jahren ist die *Kopenhagener Deutung* bekannt, doch bezieht man sich dabei lediglich auf die Wellenfunktion und nicht auf den Beobachter, der ja die Ursache für die Änderung des Wellenverlaufes ist. – Tja, so ist das mit der Wahrheit. – Sie ist einfach, doch gibt es nur wenige, die danach suchen! – Die Quintessenz dieser inzwischen schon beinahe *antiken* Deutung würde bedeuten, dass der Beobachter und zwar jeder einzelne, der beobachtet, für sich ein Initiator der Schöpfung ist.
Die logische Folge daraus wäre aber ein Vernichtungsschlag gegen die etablierten Gesellschaftssysteme, die genau dies unterbinden wollen, dass sich jeder selbstverantwortlich und frei in seinem Lebensumfeld bewegen kann. Die Interessen einiger Weniger werden höher gewertet als die Interessen Aller.

Inzwischen haben sich die Energien der Erde, der Sonne sowie des gesamten Sonnensystems verändert und so wachen immer mehr Menschen aus ihrem geistigen Koma auf und wollen aus den engen Maschen der Netze der geistigen Konditionierung ausbrechen. Doch das ist nicht so einfach. Immerhin wurde man über viele Jahrhunderte zum abgestumpften *Grauhirndenker* erzogen, wohingegen die *weiße Hirnsubstanz* so gut wie gar nicht gefordert war. Da im Gehirn von Frauen 7 x mehr *weiße Hirnsubstanz* vorhanden ist als beim Mann, zwang man die Frauen dazu, ihren Mann zu stehen, was dazu führte, dass nun auch sie fast nur noch mit der *grauen Hirnsubstanz* denken und entscheiden.

Aus diesem Grunde verbot man auch Cannabis *(Hanf)* und stellte einen der ältesten Naturheilstoffe auf Erden unter strafrechtliche Verfolgung. *Tetra-Hydro-Cannabinol (THC)* ist ein zellkonform polarisierter Heilstoff, der wegen seiner existenziellen Bedeutung, Rezeptorbindungen zu ALLEN Zellen hat!
Etwas so gesundes, was wild vor der Haustüre wachsen würde, - das geht gar nicht! – Und noch viel weniger geht es, dass dieser Stoff auch noch die graue Hirnsubstanz einfach ausknipst und die weiße aktiviert! – Da *THC* das Reizempfinden um den Faktor 7 – 10 erhöht, ist das graue, rationale Hirn überfordert, was dazu führt, dass sich das kognitive, weiße Hirn aktiviert.
Das aber ist in einer Gesellschaft, in der Sklaven an ihre Freiheit *(= Konsum)* glauben müssen, nicht geduldet, da man dieses Spiel nur mit der *grauen Hirnsubstanz* treiben kann.

Wie auch immer, - beim *Mental Engineering* will man diesem Umstand Rechnung tragen und Lösungen kreieren, die einen echten Fortschritt bringen.

Als selbstverantwortlicher Beobachter muss die geistig-mentale Klarheit von größter Bedeutung bei der Arbeit mit Energien sein. Der Mensch in seiner göttlichen Funktion als Beobachter ist es, der die Initialzünder der elektroschwachen Felder aktiviert. Vor einigen Jahren, als ich mit *Dr. Harry Oldfield* Experimente mit seiner *Polycontrast Interference Photography (PIP)* machte, konnten wir beobachten, wie bei einem Menschen, der in

mentaler Konzentration war, aus dem Nichts hell leuchtende runde Felder unterschiedlicher Größen durch den Raum schossen und genau so verschwanden, wie sie gekommen sind. Diese Phänomene wurden von einem Gefühl der Behaglichkeit, des Vertrauens und der Freude begleitet; - der Raum schien davon erfüllt zu sein und kein negativer Gedanke konnte sich im Denken etablieren. Wir vermuteten damals, dass es sich um sog. *Orbs*[149] handeln würde, für die es aber keine wirklich schlüssige Erklärung gab, - damals! –
Heute vermute ich stark, dass wir hier elektroschwache Initiatoren gesehen haben, die sich vermutlich als statisches Feld in der Materie zeigten, bevor sie sich im Raum entladen haben.
Die dabei gefühlte Sphäre des Vertrauens, der Freude und der Harmonie war demzufolge eine Begleierscheinungen der elektroschwachen Entladungen, die natürlich auch die *weiße Hirnsubstanz* aktivieren mussten, sonst hätten wir das ja gar nicht wahrnehmen können.

Diese Phänomene tauchten jedoch nur dann auf, wenn man mit dem Herzen gedacht hat. Eine rein rationale Hirnanstrengung brachte keine *Orbs* hervor. Nur wenn Hirn und Herz im Einklang waren tauchten diese Phänomene auf.
Je intensiver die mentale Konzentration war, desto größer war die Zahl der *Orbs* und man konnte förmlich spüren, wie sich der ganze Raum mit einer Energie der Harmonie und Glückseligkeit anfüllte.

Ähnliche Erlebnisse kann man auch machen, wenn man meditiert. In der Meditation öffnet man sich der inneren Welt, man wird weit und leicht weil die rationale Zerrissenheit ruht, weswegen sich nach einiger Übung das kognitive Hirn *(rechte Hirnhälfte)* aktiviert. Üben muss man deshalb, weil der *innere Schweinehund,* in Form des rationalen, grauen Denkens, im Wachzustand die Kontrolle nicht abgeben will.
So versucht die Ratio das Wesen, das selbstbestimmt über die Schwelle der inneren Welt treten will, abzulenken.

---

[149] **Geisterflecke** sind diffus erscheinende, leuchtende, mehr oder weniger kreisrunde Scheiben in fotografischen Aufnahmen. Im englischsprachigen Raum werden diese Flecke häufig als **Orbs** bezeichnet.

Dabei verwendet sie alle *Gedankenfallen*, die im Portfolio der grauen Substanz vorhanden sind: Zweifel, Trennung, Angst, Mangel oder Ge- und Befangenheit und noch vieles mehr, was das Licht der Schöpfung verdunkelt.

Den meisten Menschen fällt dies jedoch gar nicht auf, weil sie nicht bewusst denken, oder, sie machen sich keine Gedanken über ihre Gedanken. Das Denken von Gedanken hat jedoch quantenphysikalische Auswirkungen, die sich als Ergebnis in der Materie wieder finden. Der Gedanke ist der Same und das Ergebnis in der Materie, die Pflanze, die daraus entstanden ist. Durch die Konditionierung nimmt der Mensch aber nur noch das Ergebnis wahr, das er sehen kann. An das säen kann er sich nicht mehr erinnern, weswegen ihm das Bewusstsein fehlt, dass es sein Samenkorn war, was zu der Pflanze geworden ist.
Wer bewusst sät, der beobachtet die verschiedenen Entwicklungen, die seine Saat durchläuft, bevor sie eine prächtige Pflanze wird.

Der Mensch und sein Denken ist ein fundamentaler Faktor im gesamten Schöpfungegeschehen, denn die Materie entsteht aus seinem inneren Licht. Ein Leben nach dieser kosmischen Wahrheit nennt man Bewusstheit, wobei der Beobachter und das beobachtete Objekt eins werden, ebenso der Denker und der Gedanke oder der Fühlende und das Gefühl. Aus der *grauen Hirnsubstanz (seperatives Denken)* kommt Trennung oder die Unfähigkeit, sich als ein Teil des Ganzen zu erkennen. Die *weiße Hirnsubstanz (kollektives Denken)* hingegen vereint und sieht das Individuum als einen Teil des Ganzen, was zu einem Höchstmaß an Selbstverantwortung führt, wohingegen seperatives Denken die Schuld immer bei anderen sucht.

Wer nicht für sich selbst verantwortlich sein kann, für den wird die Verantwortung übernommen, der er sich dann unterzuordnen hat! – Freiheit muss man sich also durch ein selbstverantwortliches Denken verdienen. Genau hier liegt der Ansatzpunkt der geistigen Befreiung, deren Knechtschaft zu all den Problemen geführt hat, die wir heute beobachten können.
Alle Versuche diese im Außen, - also in der Materie, - zu lösen,

werden daher scheitern. Wenn wir ernsthaft eine neue, lichtvolle Welt voller Liebe, Fülle und Harmonie erschaffen wollen, dann müssen wir zuerst beginnen, unseren Geist zu befreien.

Überlegen sie einmal, was für eine Qualität ein *EnergyTool* das sie erstellen haben, besitzen muss, wenn bei der Erschaffung ein latenter Schmerz aus einem alten Trauma mitschwingt?!
Ebenso kann es sein, dass man sich durch sein Werk erhöhen will, weil man sich im Inneren klein und machtlos fühlt? – Die innere Ordnung und Information wird ein Teil des in der Materie wirkenden Ordnungsfeldes und so ist es selbsterklärend, dass ein solches *EnergyTool* wohl nur einen sehr geringen Ordnungszustand hat und demzufolge ohne spürbare Wirkung bleibt.
Die Information in Form der Intention des Urhebers, lenkt die Energie in einen Bereich, in dem man alleine ist oder den man sich nur mit wenigen teilt. Die individuellen Blockaden des Urhebers schneiden ihn ab vom kollektiven Zugang und so erstellt der Urheber unbewusst ein Tool, das er im Grunde *(nur)* für sich selbst gemacht hat.

Gedanken und Gefühle sind zwei sehr unterschiedliche Energien, die stark miteinander wechselwirken und sich bedingen, womit sie ein Analog zur Transversal- und Longitudinal-Welle sind, - der gleiche Mechanismus in unterschiedlichen Domänen.
Die Schöpfung gab dem Menschen das Hirn, damit er dieses dazu nutzt, die Emotion aus der Beobachtung zu interpretieren, - um ihr eine feste und verständliche Form in der Materie zu geben. Gedanken die Gefühle auslösen sind dazu gemacht worden, um sich emotional wieder ins Gleichgewicht zu tarieren, damit die Gefühle geklärt sind, um in emotionaler Klarheit beobachten zu können. Gefühle lösen raum- und zeitlose Seinszustände aus, Gedanken hingegen halten daran fest und können diese verstärken, vermindern und sogar invertieren. Alle Formen von Problemen sind Gaben, die uns dazu dienen, durch deren Lösung aus uns selbst heraus, wieder Ganz und Heil zu werden.
Das Zauberwort heißt: LIEBE – denn Liebe ist die fundamentale Basis der Emergenz, die alle Kohärenzfaktoren vereint.
Liebe ist DER Seinszustand aus der Singularität des Universums, der in jedem kleinsten Teilchen als Erinnerung *(Urinformation)*

angelegt ist. Demnach strebt ALLES danach, diesen Seinszustand aus sich heraus zu expandieren, bis man schlussendlich eins wird mit diesem Zustand der Harmonie und Glückseligkeit.
Die Konditionierung basiert darauf, diesen Zustand nur im Außen zu suchen. Davon lebt die ökonomisch gesteuerte Wirtschaft, die dem Menschen vorgaukelt, Glückseligkeit und Freiheit mit Konsum erreichen zu können, wodurch ein unstillbarer Hunger entstanden ist, der mit den verfügbaren Mitteln niemals gesättigt werden kann und die Menschen dadurch ins Hamsterrad der konditionierten Gesellschaftssysteme treibt; - und das Rad dreht sich immer schneller, denn sie brauchen immer mehr, um die innere Leere zu verdrängen!

Für das *Mental Engineering* bedeutet das, dass man vor der Erstellung lichtvoller *EnergyTools* zuerst einmal lernen muss, die Sprache des Herzens zu verstehen.
Da dies die Grundbestimmung eines jedem Menschen ist, muss man das nicht wirklich neu erlernen! – Es muss lediglich geweckt werden, - das Wissen kommt von ganz alleine zurück. Das Problem dabei war aber, dass man dazu in alt hergebrachten Geist- und Mentalschulen einen langen Weg der geistigen Klärung gehen musste, was für viele Menschen aus den verschiedensten Gründen nicht möglich ist. Die Problemlösung lautet daher:

Finde einen Weg, der eine solche Entwicklung so schnell ermöglicht, dass es jedem Menschen möglich wird, seine inneren Pfade zu erkennen und zu beschreiten.

Anfangs dachte ich, mit *Cosmo Energetic* einen Weg gefunden zu haben. Doch nach einer 5jährigen Einzelunterweisung in dieser mentalen Königsdiziplin musste ich erkennen, dass dieses Ziel zu hoch geschraubt war.
Von mehr als 100 Schülern die ich unterwiesen habe, gibt es nur noch neun Schüler, die ihren Weg konsequent zu Ende gehen. Damit schied *Cosmo Energetic* als primärer Initialweg zu den inneren Pfaden aus, nicht aber als Tool, das es ermöglicht, positive Entwicklungen innerhalb eines Gruppengeschehens zu forcieren, oder aber um *EnergyTools* zu bauen, die in der Materie

eine starke naturrichtige Wirkung haben.

Damit war das Problem aber noch nicht gelöst.
Die Lösung kam dann in einer Zeit, als ich nicht mehr über Lösungswege theoretisieren konnte, sondern selbst ein Teil der Lösung für meinen Lebensweg werden sollte.
Die Trennung von meiner Frau und meinen Kindern sowie der Tod meiner Mutter war der initiale Funken, der alle negativen Gefühle in mir hervorbrachte, die so unerträglich waren, dass ich gewungen war, nach Wegen zu suchen, die mich wieder in die Urliebe und das Urvertrauen zurückführten, indem ich schon des öfteren schwelgen durfte.
Damals schien es mir unerreichbar. - Alleine schaffte ich es nicht und die Trauer, Wut und Angst die ich in mir trug verhinderte es, dass ich mir mit meinen *Cosmo Energetic* Kanälen selbst helfen konnte; - auch diese schienen in uerreichbare Weiten geraten zu sein.

Dann kam *CYCLING* in mein Leben. Es kostete mich viel Kraft und Überwindung, dieses Seminar zu besuchen, doch am Ende wusste ich, warum ich dort war.
Das auf den Grundlagen von *Prof. Dr. William Bengstons* wissenschaftlich evaluierten Studien entwickelt Mental-System war genau das Werkzeug, nachdem ich gesucht habe. Ich hatte Zeit und beschäftige mich viele Monate mit diesem Mental-System, bis ich es konnte. Beim Erlernen der Mental-Technik stellte ich fest, dass die Lehrmethode nur sub-optimaler Natur war und so begann ich eine eigene Lehrmethode zu entwickeln, die genau, wie es auch beim *Mental Engineering* der Fall ist, ein interdisziplinäres, emergentes Zusammenspiel hochaktiver Mechanismen aus mehreren Systemen der Geist- und Mentalschulen war.
Inzwischen habe ich das Lehrsystem soweit optimiert, dass es nun möglich ist, in nur zwei Tagen erfolgreich zu *CYCELN*, was normalerweise 3 – 6 Monate gedauert hätte.
Die Methode ist deshalb so unvorstellbar effizient, weil man mit dem Erlernen eines anderen Denkens *(kognitives o. Gamma-Denken)* autoregulativ die Pfade zum Herzen reinigt und weil man mit dieser Lehrmethode in nur 2 Tagen dorthin gelangt, was man als das *absolute NICHTS* bezeichnet. Dies ist ein *Nullpunkt-*

Feld[150] in dem höchste Ordnungszustände der Singularität alles wieder in Einheit bringen, was zuvor entzweit war. In diesem Feld gibt es keine Kausalität und demzufolge auch keine Wirkung, - nur das reine *SEIN* existiert dort, - ohne Form, Zweck oder Bestimmung.

Über diese Mental-Schule verändert sich in nur zwei Tagen das Denken fundamental, wodurch bei den meisten Menschen die Ketten der geistigen Knechtschaft fallen. Da ich noch der alten Schule folgen musste, hat es bei mir noch gut 2 Monate gedauert, bis sich die Wirkung meiner aktiven Geistkraft in der Materie gezeigt hat. Sie war unglaublich und öffnete mir Zugänge, an die ich nie hätte denken können. Und wer einmal vom *Elixier des Seins* gekostet hat, der wird sich nie wieder vom Genuß des abgestandenen Wassers der Materie verführen lassen!

Dieses *Nullpunkt-Feld*, das gleichsam das Labor des *Mental Engineerers* ist, kann man in seiner Qualität nur aus einem selbstbestimmten Denken errichten. Der Physiker, *Prof. Helmut Schmidt* verlautbarte einmal, als er sich damit auseinandersetzte, den Weg des Photons richtig vorherzusagen, was nach dem *binären Zufallsprozess* Quantentheoretischer Modelle möglich sein müsste, - es aber nicht ist, im Bezug auf den Beobachter:

Was dem Zufall anscheinend Einhalt gebietet, ist der lebende Beobachter. Eines der fundamentalen Gesetzte der Quantenphysik besagt, dass ein Ereignis in der subatomaren Welt in allen möglichen Zuständen existiert, bis der Akt der Beobachtung es einfriert oder es auf einen bestimmten Zustand festlegt. Technisch ist dieser Prozess als Zusammenbruch der Wellenfunktion bekannt, wobei die Wellenfunktion den Zustand aller Möglichkeiten bedeutet.

Der Beobachter hat damit die *freie Wahl* aus dem Zustand aller Möglichkeiten seine Realität zu erschaffen!
Die Quantenphysik bezieht sich aber nur auf die visuelle Beobachtung, also das was man gerade sieht. Nicht mit einbezogen

---

[150] **Lynne McTaggart:***Das Nullpunkt-Feld, - auf der Suche nach der kosmischen Ur-Energie.*, Goldmann Verlag, 2. Auflage, 2007.

ist damit die Beobachtung durch das Bewusstsein, was bedeutet, dass auch das Un- und Unterbewusste beobachtet und dadurch bestimmte Zustände erzeugt, die sich in der Materie auswirken.

Vielleicht wird es jetzt verständlich, warum es so eminent wichtig ist, aktive Bewusstseinsarbeit auf allen Ebenen zu leisten, - das ist der Kern des *Mental Engineerings* und das Hirn, bzw. die Entscheidung darüber, wie man denkt, ist das Universalwerkzeug für alle Eingriffe in die Materie.

Wir müssen lernen zu verstehen, dass der Mensch die Ursache ist und die Materie seine Wirkung! – Dort wo Herz und Verstand zusammenkommen, dort entsteht Leben und Ordnung.

Der geistige Impuls des Beobachters erschafft ein Ordnungsfeld, das sich in der Materie immer weiter und weiter ausdehnt. Nur wenn der Beobachter bewusst seine Impulse einsetzt, kann er seiner Bestimmung als Schöpfer, der nur seinem freien Willen unterliegt, nachkommen.

Andernfalls wird ein Sklave der Materie aus ihm, der dauerhaft unbewusste Impulse aus der Konditionierung *(Medien, TV, Radio)* auf seine Aufmerksamkeit und sein Denken wirken lässt.

Diese Impulse dienen nicht der eigenen, individuellen Wesensentwicklung, sondern lediglich den Interessen einiger Weniger, welche die kollektive Mentalkraft dazu missbrauchen, die von ihnen initiierten Zustände aufrecht zu erhalten.

Erst mit *In-Photonic* und *CYCLING* ist es gelungen, ein nach außen und innen wirkendes *Engineering-System* zu entwickeln.

Erstmals ist es daher möglich, energetische Modifikationen in der Materie mit den kausalen Initial-Energien, den Photonen und den Bosonen, vorzunehmen.

Damit fängt die Zukunft jetzt, in diesem Augenblick an.

Stille kommt nur, wenn der Inhalt des Bewußtseins vollkommen verstanden und hintangelassen wurde, und das heißt, daß der Beobachter und das Beobachtete eins sind, und niemand da ist, der kontrolliert.
Jiddu Krishnamurti

ANLAGE 1: LICHTSPEKTRALSPEKTRUM
Quelle: In-Photonic Group©, www.in-photonic.de

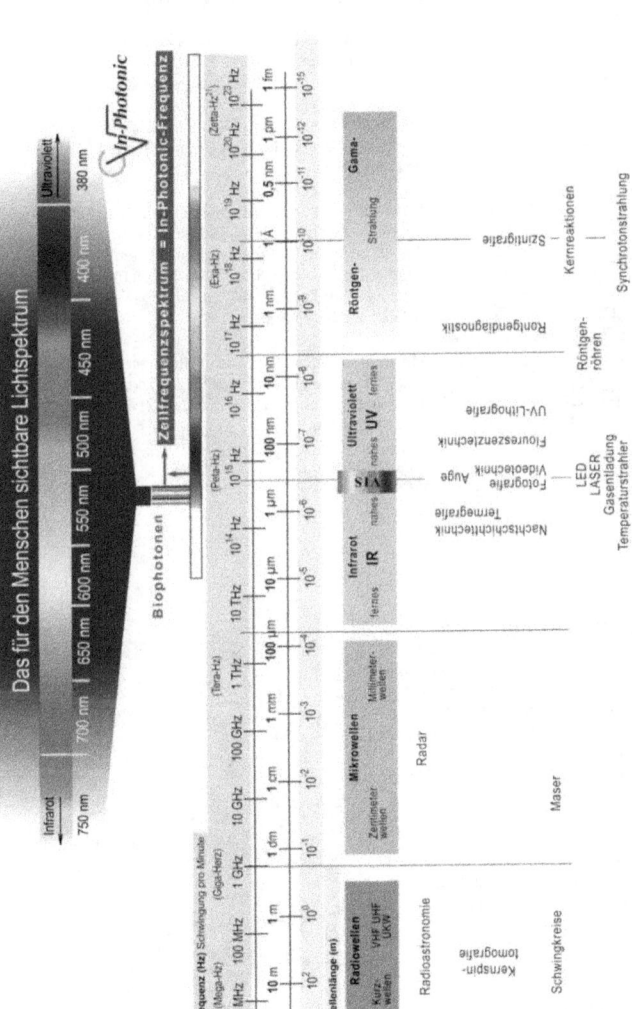

Das Lichtspektrum der Biophotonen, das Licht der Sonne im Umfang von 380nm bis 750nm (siehe Bilddarstellung) ist der Teil des elektromagnetischen Spektrums, der ohne technische Hilfsmittel zum Teil über das menschliche Auge wahrgenommen werden kann. Das sichtbare Lichtspektrum wird als der visuelle Bereich (kurz VIS oder auch VIS-Bereich genannt) sowie umgangssprachlich auch als Licht bezeichnet. Unser menschliches Auge umfasst einen sichtbaren Lichtbereich von ca. 400 bis 700nm (Nanometer).

Bestseller von Hendrik Hannes

CYCLING n. Prof. Dr. Bengston

Ein einmaliges Übungsbuch, das als Analog zu den Kursen zur Erlernung von CYCLING verfasst wurde. Mit CYCLING erreicht man Quantensprünge in der geistig-mentalen Entwicklung, die das gesamte Lebensumfeld mit einschließen. Mit CYCLING werden alle Wünsche wahr und das Leben wird zum Spiel des Beobachters.

Erfahren Sie in diesem Buch, wie auch sie schon in kurzer Zeit erfolgreich CYCELN können. Da CYCLING die erste wissenschaftlich evaluierte Mentalschule ist, kann es jeder lernen. Schon viele haben CYCLING nur durch das Studieren dieses einzigartigen Übungsbuches erlernt.

Mit vielen Übungen, die ausführlich beschrieben sind. Der Autor gilt als Spezialist für kognitive Lehrkonzepte und zählt zu den derzeit erfolgreichsten Mentaltrainern.

Erschienen im BoD Verlag, 2012.
Autor: Hendrik Hannes
ISBN: 978-3-8482-2452-4,   120 Seiten

CYCLING - Integration in den Alltag

Der Autor, Cosmo Energetic Großmeister und Mental-Trainer, hat das Lehrkonzept an die Bedürfnisse des Alltags angepasst und die Lehrmethode so modifiert, so dass man nur noch 5 Minuten benötigt, um täglich erfolgreich zu CYCELN.
Aus den vielen Kursen entstanden Schwerpunkte tiefenpsychologischer Natur, welche die Menschen an der erfolgreichen Umsetzung hinderten.

In diesem Buch kommt nun die Lösung, die ihren Ursprung in der psychiatrischen Autoregulation findet, wodurch man mit einfachen Mitteln, auch die komplxesten Probleme lösen kann.
Zudem sind viele Tools benannt, die das Praktizieren von CYCLING leichter und effizienter machen.

Mehr als 500 Kursteilnehmer sind so bereits nach nur 2 Tagen erfolgreich ins CYCELN gekommen!

Erschienen im BoD Verlag, 2012.
Autor: Hendrik Hannes
ISBN: 978-3-7322-4700-4,   139 Seiten

Bücher von Hendrik Hannes

Cosmo Energetic Matrix
Ein einziartiges Buch, das über eine ganz besondere Form der Mentalsteuerung berichtet, die etwa vor 900 Jahren in einem buddhistischen Tempel in Indienwieder belebt wurde. Mit CEM lernt man Energie zu sehen und zu steuern. Viele Wissenschaftler habensich der CEM Medien schon bedient, - so auch Sergej Koltsov, der Entwickler der *Functional State Correctors* welche seit August 2011, zusätzlich mit CEM Energien aufgeladen werden um dadurch ihre Wirkung zu potenzieren.

Erschienen im BoD Verlag, 2011.
Autor: Hendrik Hannes
ISBN: 978-3-8423-5433-3,   191 Seiten

Cosmo Energetic - 21 Übungen
Dieses Buch lebt! - Es ist das erste Cosmo Energetic Buch, das Bilder mit lebenden CEM-Signaturen enthält. Diese sollen den Übenden helfen, bei den Übungen maximale Erfolge zu erzielen. Die Übungen sind eine wichtige Voraussetzung für die Erstellung eigener Heilsphären, sowie zum Aufbau von kosmichen Bewusstsein. Mit mehr als 24 CEM Bildern

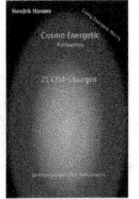

Erschienen im BoD Verlag, 2010,
Autor: Hendrik Hannes
ISBN: 978-3-8423-2611-8,   156 Seiten

Gutes Wasser - Aktiver Wasserstoff & Co.
Ein unterhaltsamer und informativer Kurzüberblick über die gängigen Wasseraufbereitungs-Systeme.Der Schwerpunkt liegt jedoch auf Verwirbelungen des Wassers, wodurch sich strukturell die höchsten Ordnungsgrade erzeugen lassen. Gutes Wasser ist wichtig für die physiologische aber auch geistige Gesundheit und Leistungskraft.

Erschienen im BoD Verlag, 2007.
Autor: Hendrik Hannes
ISBN: 978-3-8334-8247-2,   132 Seiten

Zelle gesund - Mensch gesund
Das erste kybernetische Nährstoffkonzept, das auf einer holistischen Sichtweise basiert und auch Quanten-Nährstoffe einbezieht. Der Autor errichtet einen klaren Weg, der vom Körper durch den Quanten-Raum führt um eindrucksvolle Brücken des Verständ-nisses zur Gesundheit zu bauen. Ein Quanten-Nährstoffkonzept, welches die 4-polige Basis der Selbstregulation harmonisiert. Eine neue Ära der Energie- und Quantenmedizin hat begonnen!

Erschienen im ehlers Verlag, 2009
Autor: Hendrik Hannes.
ISBN: 978-3934196-81-0. 193 Seiten.

Functional Correctors
Ein kompetentes Anwendungshandbuch für alle Nutzer der revolutionären Skalarwellen-Technologie des russischenen Natur- und Weltraumforschers, Setrgej Koltsov. Lesen Sie, wie Sie mit modernster Skalarfeld Technologie, Körper, Geist und Seele heilen können. Ein kompetenter Ratgeber, welcher dem Leser einen tiefen und verständlichen Einblick in die Technologie vermittelt und ihn gleichzeitig in den effizienten Umgangimt den Skalarfeld-Platten einführt.

Erschienen im BoD Verlag, 2011
Autor: Hendrik Hannes
ISBN: 978-38423-6970-2 130 Seiten

Immer vorne dran:

 Die Fachzeitschrift für Neues Denken in Medizin, Wissenschaft und Gesellschaft

Erstveröffentlichung
zu „*CYCLING – Energieheilung nach Bengston*" bereits
im Januar/Februar-Heft 2013 (Nr. 181)

raum&zeit informiert über

- neue Wege zu Heilung und Selbstvertrauen
- naturgemäße Technologien basierend auf Tesla, Schauberger u.a. sowie neueste Erkenntnisse der Quantenphysik
- Hintergründe, die Sie in den Massenmedien nicht finden
- natürliche Heilmittel und ganzheitliche Therapien
- den aktuellen Stand der Freien Energie-Forschung und -Anwendung
- die Gefahren des blinden Profitstrebens für Mensch, Tier und Umwelt
- praktikable Lösungen für eine gesunde Zukunft und den Erhalt unserer Lebensgrundlagen
- Bewusstseinstechniken, Spiritualität und mediale Fähigkeiten

r&z 181

r&z 184

Neugierig geworden?
Dann gleich kostenloses Probeheft anfordern:
www.raum-und-zeit.com/probeheft
oder telefonisch unter
08171/41 84-60

CYCLING-Seminare mit Hendrik Hannes

im *naturwissen* **Ausbildungszentrum**
Mehr Infos: www.natur-wissen.com/workshops
oder telefonisch unter 08171/41 87-67

natur **wissen**

www.ingramcontent.com/pod-product-compliance
Lightning Source LLC
Chambersburg PA
CBHW050208230526
45470CB00001B/297